U0230324

气象水文耦合预报关键技术与应用

田济扬　楚志刚　刘　宇　刘荣华　沈菲菲等　著

科学出版社

北　京

内 容 简 介

本书论述了气象水文耦合洪水预报的关键技术方法,包括高分辨率数值降雨预报技术、三维变分同化技术、混合同化技术、雷达质量控制技术、雷达临近降雨预报技术、洪水预报技术、气象水文耦合技术等。通过选取东南沿海地区典型流域和暴雨洪水场次,对上述关键技术进行研究与应用,提高了中小流域尺度降雨预报精度和洪水预报精度,延长了洪水预报预见期。主要特点是实现了气象、水文等多个学科的融合融通,涵盖了目前提高暴雨洪水预报精度的主要技术方法,为中小流域洪水预报、风险评估提供重要技术支撑。

本书可供水文学及水资源、气象学等专业的本科生、研究生学习,也可供从事水文、气象科学的相关研究人员和从事水旱灾害防御相关工作的技术人员参考使用。

审图号:GS(2021)5194 号

图书在版编目(CIP)数据

气象水文耦合预报关键技术与应用 / 田济扬等著. —北京:科学出版社,
2022.11
　ISBN 978-7-03-073822-6

Ⅰ. ①气… Ⅱ. ①田… Ⅲ. ①洪水预报–研究 Ⅳ. ①P338

中国版本图书馆 CIP 数据核字(2022)第 219783 号

责任编辑:刘　超 / 责任校对:杨　然
责任印制:赵　博 / 封面设计:无极书装

科 学 出 版 社 出版
北京东黄城根北街 16 号
邮政编码:100717
http://www.sciencep.com
北京建宏印刷有限公司印刷
科学出版社发行　各地新华书店经销

＊

2022 年 11 月第 一 版　开本:787×1092　1/16
2025 年 1 月第三次印刷　印张:13 1/4
字数:315 000
定价:160.00 元
(如有印装质量问题,我社负责调换)

前　言

中小流域汇流时间短，对洪水预报预见期的要求高，在进行洪水预报时，采用降雨预报信息非常必要。但延长预见期，就肯定会牺牲预报精度。因此，如何提高数值降雨预报、雷达临近降雨预报精度，满足中小流域洪水预报、风险评估的业务需求，并实现有效的气象水文耦合，打通技术路线，成为相关领域研究的热点和难点。梳理目前气象水文耦合洪水预报的关键技术方法，实现融合融通，并在典型流域进行应用验证，具有较强的示范作用，对流域洪水灾害防御具有重要理论和实践意义。

本书主要论述了如何提高流域降雨洪水预报精度、延长预见期这一关键科学问题。从雷达测雨与临近预报、数值降雨预报、流域洪水预报三个方面，详细介绍了天气雷达强降水识别方法、基于谱分解的变分光流外推临近预报法、数值大气模式物理参数化方案选取方法、三维变分同化、集合-三维变分混合同化、抗噪声的速度退模糊算法、流域分布式水文模型构建方法、气象水文耦合预报方法等气象水文耦合预报关键技术，并在典型中小流域中得到应用与检验。

本书研究成果得到了国家自然科学基金委员会青年科学基金项目（51909274）、中国水利水电科学研究院"五大人才"计划"基础研究型"人才项目（JZ0199A022021）、国家重点研发计划项目（2019YFC1510605）的共同资助。全书内容分为 8 章。第 1 章绪论，主要介绍气象水文耦合预报的必要性和研究难点，以及降雨预报方法、洪水预报技术的发展历程和目前气象水文耦合预报的研究现状，提出了本书的主要内容，由田济扬、楚志刚、刘荣华撰写；第 2 章研究区与数据，主要介绍研究流域的地理位置、气候、水文、地形、地貌等基本情况，重点阐述了研究选用的雷达数据、模式驱动数据、下垫面资料、降雨径流等数据资料，由田济扬、刘宇撰写；第 3 章雷达测雨与临近预报，详细介绍了天气雷达的原理，阐述了雷达降雨反演的基本方法、提升反演精度的关键技术和基于谱分解的变分光流外推临近预报方法，并对降雨反演和临近预报结果进行了检验评估，由楚志刚、田济扬撰写；第 4 章数值大气模式物理参数化方案选取，阐述了 WRF 模式在研究区的本地化过程，评估了 36 种物理参数化方案在研究区降雨模拟的适用性，由田济扬、刘宇撰写；第 5 章不同数据同化方法支持下的数值降雨预报，分别介绍了三维变分同化和混合同化的原理，以及基于抗噪声的速度退模糊算法，通过设定 9 种不同的雷达资料同化方案，分析了适用于中小流域尺度数值降雨预报的雷达资料同化方法，并简要对比了三维变分同化和集合-变分混合同化方法的优缺点，由田济扬、楚志刚、沈菲菲、刘宇撰写；第 6 章流域分布式水文模型构建，介绍了全国山洪灾害调查评价成果支持下的流域数字化处理和重点特征参数提取方法，依托中国山洪水文模型技术框架构建的梅溪流域分布式水文模型，及其在研究区的适用性，由刘荣华、田济扬撰写；第 7 章气象水文耦合预报效果分析，主要介绍了雷达测雨和临近预报、WRF 模式数值降雨预报等不同来源、不同预见期的降雨数据与梅溪流域分布式水文模型的耦合模式，对比分析了不同降雨输入条件下的洪水预报效果，由田济扬、楚志刚、刘荣华撰写；第 8 章结论与展望，由田济扬、楚志刚、刘荣华、沈菲菲撰写。全书由田济扬、刘宇统稿。

本书的撰写过程中，中国水利水电科学研究院丁留谦副院长给予了悉心指导，福建省水利水电科学研究院等单位在资料收集方面给予了鼎力支持和帮助，在此深表感谢！

由于气象水文耦合洪水预报涉及多个学科、多项技术，中小流域暴雨洪水形成过程复杂，鉴于作者水平有限，书中的一些观点、技术、方法等可能存在不足和不妥之处；同时，在引用文献时，也可能存在挂一漏万的情况，欢迎广大读者、专家学者给予批评指正，以便作者在今后的研究工作中不断完善。

作 者

2022 年 10 月

目　　录

第1章 绪 论

1.1 气象水文的机遇与挑战

水文学是研究地球上水的来源、转化、分布、循环运动等变化规律的学科，核心内容是研究地球表面不同时间和空间尺度的水文循环过程，旨在揭示包括降水、蒸发、下渗、土壤水运动及径流等水文过程在内的水循环运动基本规律，最终目的是服务于人类生产生活[1]。气象水文是水文学的分支，也是连接气象和水文的交叉学科，重点关注水循环和能量收支变化下的降水等有关问题[2]。近年来，气候变化导致流域降水量和蒸发量显著改变，极端强降雨多发、频发、重发，其诱发的洪涝灾害给经济社会发展带来巨大影响，受到社会各界的广泛关注，气象水文也成为当前的研究热点[3]。

经过长期治理，目前我国大江大河基本建成了以堤防、水库、蓄滞洪区等为基础的防洪工程体系，依靠已建的防洪工程体系和监测预警预报等非工程体系，大江大河已经具备了防御中华人民共和国成立以来发生最大洪水的能力，治理成效显著[4]。但中小流域洪水防御仍存在短板弱项，在气候变化和人类活动加剧的大背景下，防御形势不容乐观[5]。一方面，全国中小河流众多，还未完成系统的工程治理，防洪标准偏低，涵养水源能力偏弱；另一方面，中小流域汇流时间短，遇到局地突发性强降雨时，洪水陡涨陡落，仅依靠雨水情监测和"落地雨"驱动的洪水预报，预见期短，留给防汛决策的时间非常有限。

工程措施是从根本上提升中小流域防洪能力的必然选择，但工程投资巨大，需要循序渐进开展，目标是提高中小河流的防洪标准和完善流域的生态功能；非工程措施投资相对少，但能够在关键时候发挥巨大作用，加强非工程措施投入符合我国中小河流洪水防御的实际情况，而中小流域洪水预报是非工程措施的重中之重，获得准确的预报信息并尽可能延长预见期显得尤为重要[6,7]。

2021年河南郑州"7·20"特大暴雨灾害是继2020年长江中下游和淮河特大暴雨洪涝灾害后，近年来又一极端天气气候事件引发的重特大灾害[8]。2021年7月17~22日，河南全省普降大到暴雨、部分地区降大暴雨，郑州市面平均降水量达534mm，郑州市所下辖的新密、荥阳、登封、巩义山区四市降雨最集中的时段在19日20:00至20日20:00，四市平均降水量达到363.3mm，均突破历史极值。灾害共造成郑州380人死亡失踪，大部分为中小河流洪水和山洪灾害所致，直接经济损失达409亿元[9]。2021年湖北随县"8·12"暴雨期间，柳林镇断面以上流域最大1h、3h、6h、12h面雨量分别为96mm、252mm、380mm、422mm，诱发山洪灾害，造成24人死亡[10]。

未来极端强降雨引发的洪涝灾害仍有可能发生，而多起灾害调查结果却表明，获得"定点、定时、定量"的降雨预报仍然有很长的路要走，如何提高降雨的预报精度、有效延长预见期,并应用于中小流域洪水预报,既是气象水文领域的关键科学问题,也是现实中防洪减灾面临的难题和挑战。气象水文耦合预报的目的是提高降雨洪水预报精度、延长预见期,开展相关技术研究有助于提前预置防御力量,大幅提升中小流域洪水灾害防御能力。

1.2 降雨预报方法

1.2.1 临近预报技术

降雨临近预报一般是指未来 0~6h 的降雨预报,重点关注未来 0~2h 预报[11]。降雨临近预报技术总体上分为两大类:传统临近预报方法、基于机器学习的临近预报方法。传统临近预报方法主要包括统计类方法、雷达外推法和数值大气模式预报法,其中统计类方法是临近预报技术发展早期的主要手段,而数值大气模式法临近预报的准确性往往较雷达外推法差,因而业务化临近预报主要采用统计类方法、雷达外推法[12]。基于机器学习的临近预报方法是近年来提出的,其更多依赖于大量的历史观测数据,探求降雨系统的规律[13]。

1.2.1.1 传统临近预报方法

(1) 统计类方法

统计类方法是应用概率统计学的方法,从各类气象观测资料,以及预报产品中,寻求气象要素变化与降水量之间的一般规律,基于规律建立统计预报模型进行降雨预报,常见的统计类方法有相关分析、回归分析、灰色系统预测模型等[14]。由于统计类方法的关键是从众多表征降雨形势的因子中,挑选出最优的因子进行预报,因此因子选取至关重要。模糊聚类法、最小二乘回归法、最近邻算法、神经网络算法等是常用于因子选取的主要方法[15]。一般而言,统计类方法在降雨的形势预报上能够取得较好的效果,预报结果也能得到合理解释,但也存在两个主要问题:①不确定性较大,预报结果往往需要有经验的预报员进行干预,导致主观性较强;②强降雨发生频次相对较低,但各类因子间的关系却更为复杂,参数优选困难,很难准确描述因子间的关系与联系,导致定量预报结果可能出现较大偏差[16,17]。

(2) 雷达外推法

雷达外推法是目前开展降雨临近预报业务应用的主要方法,起源于 20 世纪 50 年代。发展至今,雷达外推法大致分为两类:识别和跟踪强雷暴单体的单体质心跟踪法、识别和跟踪较大范围降水区域的回波区域跟踪法[18]。

1)单体质心跟踪法。

单体质心跟踪法是一种三维风暴跟踪技术,首先对风暴对象进行识别,获得风暴对象的特征,然后追踪风暴的运动路径获得风暴的运动矢量,最后外推预测未来一段时间风暴的演变[19]。代表性方法包括风暴单体识别与追踪(Storm Cell Identification and Tracking,

SCIT）算法和雷暴识别、跟踪、分析和临近预报（Thunderstorm Identification, Tracking, Analysis and Nowcasting, TITAN）算法，单体质心跟踪法适合强对流风暴单体的跟踪和临近预报，但对层状云天气的降雨临近预报效果偏差[20,21]。为了提高预报准确性，出现了将三维范式中的 K 算法应用于追踪阶段探测单体分离和融合的 TRACE3D，以及在 TITAN 的基础上提出的基于数学形态学的风暴识别方法[22]。

2）回波区域跟踪法。

回波区域跟踪法是通过对区域整个雷达回波进行跟踪，适用于对混合型降雨回波和大片对流回波的追踪，外推后的运动场既能表征内部风暴的运动情况，也能表征风暴的衰减和增长变化[23]。较为典型的方法是交叉相关算法（Tracking Radar Echo by Correlation, TREC），通过在连续的雷达回波图像之间计算相关系数，将最大相关系数作为最佳匹配来确定回波的运动矢量，并外推确定回波未来的形状和位置[24]。在提升降雨临近预报准确率和拓展临近预报业务应用方面，TREC 做出重要贡献，但随着时间的推移，回波辐散失真[25,26]。COTREC（Continuity of Tracking Radar Echo by Correlation vectors）是一种改进的交叉相关算法，选用二维连续方程限制，加入变分技术平滑速度场，通过水平无辐散限制外推后的雷达回波，能够满足反射率因子连续方程并保持平滑，一定程度上提高了预报准确率，可应用于强对流天气下的降雨预报，但在超级单体的预报中误差较大[27,28]。随着图像识别技术的发展，继 TREC 后，又出现了光流法。光流法主要是通过对连续雷达回波图进行跟踪计算以获得其运动状态矢量，并根据所求的运动矢量对雷达回波进行外推，预测未来雷达回波的大小和位置，其与 TREC 最大的区别在于计算过程中采用雷达回波光流场代替了回波矢量场[29,30]。

雷达外推法已有 70 余年的发展史，技术的不断完善得益于计算方法的改进和观测手段的进步。但由于缺乏物理意义，受限于外推的基本理念，雷达外推法还存在三个主要问题，导致雷达外推预报的精度受限[31-33]：①多数雷达外推法将跟踪和预报分开进行，使误差容易积累放大；②强对流天气系统变化迅速，具有很强的不确定性，雷达外推法缺乏对强对流天气系统生长、发展和消亡过程的准确判断；③降雨系统在所有时间尺度上具有非线性特征，但多数雷达外推法是基于线性和确定性的。

1.2.1.2　基于机器学习的临近预报方法

人工智能的快速发展深刻改变着不同的科技领域，机器学习属于人工智能范畴，主要研究如何在经验学习中改善算法的性能。传统机器学习算法包括决策树、随机森林、人工神经网络、支持向量机等，已在科技发展的各个领域得到广泛应用[34-36]。直至 2006 年，Hinton 和 Salakhutdinov[37]提出了深度学习，证明了深层神经网络的可训练性，深层神经网络展现出更强大的特征提取和非线性拟合能力，其优势在于能以更加紧凑简洁的方式来表达比浅层网络大得多的函数集合，并在图形识别、语音处理等领域展现出突出能力。天气观测与模拟已经过了长时间的发展，积累了海量数据，具备开展深度学习的数据基础。近年来，机器学习在降雨临近预报中也有成功应用的案例。

利用深度学习强大的特征提取能力，能够提取对流系统在雷达回波上的生消演变特征，进而为预报其生消演变提供有效参考[38]。目前，根据对流系统的演变特征，提出相应的深度学习网络，如基于卷积神经网络和循环神经网络，自动学习降雨系统的回波演变特征，实现雷达回波的外推预报，并通过学习具备一定降雨系统生消演变的预报能力[39,40]。已有研究表明，在 TS 评分上，深度学习优于光流法、TITAN 等传统雷达外推法[41]。深度学习也可提取变分多普勒天气雷达分析系统（Variational Doppler Radar Analysis System，VDRAS）等快速变分同化分析场中的对流发生发展特征，实现对流区的有效临近预报。因能够综合提取多源观测数据中时间、空间上的有效信息，深度学习在融合多源观测数据进行临近预报方面也存在巨大潜力。已有研究利用卫星、雷达、地面站等的降雨观测数据，通过深度学习模型实现了更长预见期（0~8h）的降雨预报[42,43]。

机器学习正成为降雨临近预报的重要技术手段，但目前也存在几个问题：①机器学习的本质是通过对历史资料的学习提取特征和标记的相互联系，但实际应用更为关心的强降雨样本明显少于其他降雨过程，对流尺度历史监测资料的精细程度还有待提高，对机器学习的训练是重要挑战；②机器学习很难以一种算法适应所有气象应用场景，需要不同情境选用不同的算法，才能保证预报精度；③机器学习往往缺乏物理描述，不能完全代替基础天气观测、数值大气模式、天气学和大气动力学基础理论[44,45]。

1.2.1.3 临近预报业务化系统

世界各国建立临近预报业务化系统的主要目的是应对强对流天气的监测和预报预警。英国的临近预报系统 GANDOLF 可综合利用雷达反射率、气象卫星等数据资料，对对流单体和降雨进行实时预报，相关产品主要用于英格兰和威尔士地区的洪水预报[46]；法国的 CAPPI 系统采用 TREC 追踪不同阈值像元的运动轨迹，再进行外推预报[47]；澳大利亚的 SPROG 系统根据不同天气系统尺度特征，利用雷达资料的观测信息，通过简单的自动回归模型开展降雨临近预报[48]；加拿大的 MAPLE 系统能够提供加拿大 0~8h 内的降雨预报[49]；日本的 VS-RF 系统可提供未来 6h 5km 分辨率的降雨临近预报产品[50]；美国的 WDSS-Ⅱ 系统则采用 SCIT 算法、雷暴多尺度识别方法，以及冰雹监测方法来监测并预报强对流天气，可提供美国整个陆地范围内的风暴追踪和降雨临近预报，但强降雨临近预报能力一般[51]。

我国临近预报业务化系统建设起步较晚，但经过多年学习、积累和探索，也取得了较大进步。例如，中国气象局开发完成并投入使用的强对流天气临近预报业务系统 SWAN，其主要功能包括灾害性天气显示和报警、雷达拼图、雷达定量估测降雨、区域追踪及回波外推预报、降雨 1h 外推预报、分钟风暴单体识别和分钟外推预报等[52]；北京市气象局的 BJ-ANC 系统，其是在美国国家大气研究中心（National Center for Atmospheric Research，NCAR）研发的临近预报技术基础上，充分考虑本地气候气象特征，对算法进行了改进，可通过预测风暴的生长、演化和消亡过程，实现降雨临近预报[53]；深圳市气象局的 TRACER 系统，其利用雷暴云团边界相关追踪技术建立云团生命时序与族谱关系，从而实现雷暴云团外推，取得了良好的外推效果[54]；以广州中心气象台为主研发并在广东省应用的 GRAPES-SWIFT，其利用数值大气模式 GRAPES 提供高分辨率降雨产品，利用多普勒天气雷达信息及地面气象站，提供高分辨率的雷达定量估测降雨、降雨临近预报、雷暴单体追踪和预报等产品[55]；香港天文台的 SWIRLS 系统，其是利用光流法进行雷达回波外推，实现了珠三角地区的降雨临近预报[56]。

1.2.2　数值降雨预报

1.2.2.1　数值大气模式预报

数值大气模式依赖于气象学和计算机技术的发展[57]。一方面通过建立三维动量守恒、能量守恒、干空气质量守恒、所有相态下的水汽守恒，以及理想气体状态等方程，大气运动和相态转换过程可基于数学方法进行描述；另一方面在计算机技术的支撑下，可实现复杂数学物理方程的求解。当数值大气模式给定初值条件时，通过模式集成的数学物理方程便可计算未来一段时期内气象要素的变化情况，即数值天气预报。20 世纪初期，数值大气模式有了雏形，直到 80 年代，数值大气模式才得到快速发展，90 年代部分中尺度数值大气模式已较为先进，较为典型的是 Eta 模式、COAMPS（Coupled Ocean-Atmosphere Mesoscale Prediction System）模式、UKMO（UK Meteorological Office）模式、MC2 模式（Mesoscale Compressible Community Model）、MESO-NH 模式（Non-Hydrostatic Mesoscale Atmospheric Model）、JRSM 模式（Japan Regional Spectral Model）、MM5 模式（the Fifth-Generation Mesoscale Model）等[58]。其中，以 MM5 模式的应用最广，该模式既有静力又有非静力的动力框架，拥有非流体静力学模式选项，使模式能更加真实地模拟大气运动情况；具有多重嵌套功能，最多嵌套层数为 10 层，若选用非静力学模式，网格距可达 1km，垂直分辨率可达 40 层，为小尺度区域的模拟预报提供可能；增加了降水处理的显示计算方案，改善了大气辐射参数化和行星边界层物理过程参数化等；具有四维资料同化能力，提高了模式的预报精度[59]。

经过 100 年的发展，数值大气模式从模型结构与框架、物理参数化方案、时空分辨率等方面都进行了改善，预报水平也逐步提高，"定时、定点、定量"的精细化预报成为数值大气模式发展的趋势。在众多气象要素中，温度、风速、风向等已能够通过数值大气模式获得较准确的预报，但气象和水文领域共同关注的降雨预报依然存在较大的误差，特别是局地预报降雨的起止时间、强度、雨量及其空间分布上的精度和可靠性仍有待提高[60]。

新一代数值大气模式——天气预报（Weather Research and Forecasting，WRF）模式具有完善的动力框架、丰富的物理参数化方案、灵活的时空分辨率，这使其在中尺度天气模拟和预报方面具有突出的优势[61-63]。目前，WRF 模式已能够获得较大空间尺度的降雨模拟或预报，大多数定性评价效果较好，且 WRF 模式可用于揭示天气过程和分析降雨成因。倪悦等[64]基于 WRF 模式对福建典型的 4 次暴雨进行了模拟，结果表明，全省范围的降水量级模拟较为理想，且强降雨中心、降雨的空间分布与实际降雨情况偏差较小，但捕捉降雨起止时间、峰值时间的难度较大；吴胜刚等[65]以青藏高原夏季典型降雨为例，利用 WRF 模式对其进行模拟，通过增加积云对流方案提高了降雨模拟的效果，特别是降雨强度和空间分布的模拟结果较好；闵锦忠等[66]对苏皖地区的一次梅雨锋暴雨发生发展进行了数值模拟与分析，表明大尺度非地转强迫作用是强对流的触发机制之一，地面辐合线在暴雨区形成两个中尺度垂直次级环流，是降雨的增强机制；张杰等[67]对北京 2012 年 7 月

21 日强降雨的成因进行了分析，结果表明 WRF 模式能够较好地模拟出该场暴雨的落区、演变过程和累积降水量，且主要由低空中尺度系统造成，降雨落区和强度受中尺度系统随时间的变化影响；曹巧莲等[68]模拟分析了山西的一次暴雨过程，结果表明 WRF 模式较成功地再现了高低空环流形势的演变及暴雨时空分布特征，强烈的上升运动使低空西南急流和高空西风急流耦合是暴雨形成的主要原因。

然而，气象领域定量数值降雨预报往往无法满足水文领域中小流域洪水预报精度的需要。Dravitzki 和 Mcgregor[69]通过对新西兰怀卡托河（Waikato）小流域的 3 场降雨进行预报，发现 WRF 模式往往会严重低估累积降水量；Barstad 和 Caroletti[70]对挪威南部西海岸一个面积约 150km² 的小岛的降雨过程进行分析，结果显示 WRF 模式对降雨时空分布的模拟偏差较大；Amengual 等[71]采用 WRF 模式预报了发生在西班牙中尺度瓜达伦廷河（Guadalentín）流域的一场暴雨，在时间尺度上的预报效果比在空间尺度上的预报效果更差；田济扬等[72]在我国北方的紫荆关和阜平两个中小流域开展了 WRF 模式降雨预报能力评估，结果表明 WRF 模式对不同类型降雨的预报能力有较大差异，很难准确描述历时短、强度大、突发性强的降雨过程。因此，中小流域尺度下，仅借助数值大气模式本身还不能获得在时空分布和累积雨量上都令人满意的降雨预报结果。作为流域水文模型的主要输入条件，预报降雨的误差会通过降雨径流过程累积并放大，导致洪水预报失真[73,74]。

总体上，数值大气模式降雨预报的误差主要来源于三方面[75,76]：①模式对大气运动的概化；②模式的物理参数化方案；③模式驱动数据提供的初始场和侧边界条件。受大气运动的随机性和对大气运动过程认识程度的影响，模式动力框架对大气运动概化所产生的误差是不可避免的[77,78]；数值大气模式中的物理参数化方案数量众多，不同方案对大气物理过程的描述各有侧重，能否正确选择表达物理过程本质的方案对降雨预报尤为重要，通过历史降雨观测数据与天气系统资料，分析降雨成因，实现物理参数化方案的优选，已成为数值大气模式本地化的重要环节[79-82]；相对中小流域尺度的降雨预报要求，模式驱动数据的分辨率较低，提供的初始场和侧边界条件不够精确，导致模式的误差随运行时间的延长而不断积累放大，数据同化可利用实时观测资料不断修正并改善初始场和侧边界条件，是解决数值大气模式初值问题的有效手段和提高数值降雨预报水平的关键技术。同化算法和同化数据是影响降雨预报改进效果的主要因素[83,84]。

1.2.2.2 数据同化算法

(1) 数据同化算法的发展历程

数据同化算法经历了由简单到复杂、由特殊到一般的发展过程，代表性方法包括多项式拟合法、逐步订正法、最优插值法、变分法、滤波法，以及集合变分混合同化法[85]。

多项式拟合法被认为是数据同化的开端，是一个基于二维多项式的插值方案，其基本思想是将分析区域划分为许多小区域，对于某一个小区域（包含数个分析格点），采用一个多项式展开去拟合小区域中的所有观测点[86]。多项式的系数常用区域内的观测资料通过最小二乘法加以确定[87]。但该方法需要将分析区域划分为多个子区域单独拟合，会导致分析结果在拟合的各区域之间不连续[88]。1957 年，该方法在美国的联合数值天气预报中心投入使用仅 6 个月就被逐步订正法替代[89]。

逐步订正法不直接将测站上的观测值插值到网格点上，而是引入了背景场的概念。通过计算观测增量或分析增量对背景场进行不断修正，直至获得满意的分析场[90]。背景场的引入，使得逐步订正法解决了多项式拟合法在资料稀少地区的"不连续"问题，一定程度上改进了分析质量[91]。若采用比较准确的数值天气预报值作为背景场，是可以在缺资料地区得到比较满意的分析结果[92]。但逐步订正法并没有从根本上解决资料稀少地区的分析困难，分析过程中也不能很好反映各气象要素场之间的相互关系，无法对不同观测系统的资料进行综合分析[93]。逐步订正法是数据同化算法发展的重大进步，直到 20 世纪 80 年代后期，英国和澳大利亚等国家仍在使用该方法。

针对逐步订正法中增量计算的权重函数仅依赖于测站相对于格点的距离，而与测站的分布无关这一问题，1963 年，Gandin[94] 提出最优插值法。该法根据气象场的统计结构和观测误差，采用最小二乘法计算出权重，从而使得分析误差能在统计意义上达到最小[95]。最优插值法最大的改进是，权重考虑了背景场和观测误差的统计特征，即包含了观测、预报和分析之间的内在关系[96]。但最优插值法需要长期的数值天气预报结果或大量的气候资料，才能建立气象要素的统计和相关模式；在连接大气演变的非线性动力模式时，最优插值法向时间维扩展比较困难；最优插值法得到的分析场往往过于平滑[97,98]。20 世纪 80 年代，该方法在世界范围内广泛应用，成为业务数值天气预报最常用的一种资料同化方法[99]。直至 2006 年 1 月，中国、澳大利亚、德国和俄罗斯的全球数值天气预报系统仍在使用该方法。

数据同化算法发展至今，在业务预报中使用更为广泛的两类算法是变分法和滤波法，仍处于发展研究阶段的是集合变分混合同化法[100]。

（2）变分法

尽管最优插值法通过考虑背景场和观测误差的统计特征，得到了最优权重，但在求解时无法从全局角度解决问题[101]。1970 年 Sasaki[102] 提出了变分法，该方法在给定的条件下，使用全局最优算法，将同化问题转化为求一个以动力模式为约束的目标函数极小值问题。变分法考虑了观测场与分析场之间的非线性关系，可实现非常规资料的直接同化，并利用了模式的动力学信息和观测资料信息，将模式本身作为动力约束，或在目标函数中增加物理过程，从而得到具有物理一致性和动力协调性的初始场[103,104]。

目前，变分法包括三维变分（3-Dimensional Variational，3DVar）法和四维变分（4-Dimensional Variational，4DVar）法。三维变分法是将同化时间窗内所有观测资料看作是同一时刻的资料来处理的变分方法，即忽略资料在同化时间窗内时间维度上的变化，因而三维变分法的计算效率更高、速度更快，但也失去了部分变量在时间维度的变化信息[105,106]。四维变分法在三维变分法的基础上，通过模式对变分步长的限制，实现了在分析过程中一个时间间隔内观测资料的时程分布。与三维变分法集中插入观测资料不同，四维变分法可以在任何观测时间插入数据，能够利用观测资料的时间分布和发展方程来解决数值预报问题欠定性的过程，但由于四维变分同化在每次极小化过程中需要计算模式的伴随模式，因而相比于三维变分同化，其计算代价大得多[107,108]。变分法于 1991 年在美国投入业务使用，直至今日，仍然是世界各大气象中心全球数值天气预报业务系统开展数据同化的首选。

（3）滤波法

滤波法在构建误差协方差方面更有优势，较为典型的是卡尔曼滤波和集合卡尔曼滤波。卡尔曼滤波是一种综合利用所有可用的资料及其误差统计特征对特定变量进行估计，使估计的统计误差达到最小的最优递推算法[109]。卡尔曼滤波可以看作是最优插值的拓展，其克服了最优插值中误差统计特征不随模式积分而变的缺陷，能够在模式积分过程中随时调整预报误差，使其与模式动力保持一致[110]。集合卡尔曼滤波法的基本思想是用集合预报成员进行统计得到背景场误差协方差后再进行最优分析，从而实现对误差协方差的更新，正是由于误差协方差能够不断更新，同化效果才得以改善，集合卡尔曼滤波法也被认为是最具发展前途的同化方法之一[111]。

集合卡尔曼滤波法可利用一个集合来估计背景误差协方差，由于误差协方差考虑了随气流演变的过程，可以更加合理地分析观测资料的影响。集合卡尔曼滤波法可以同时同化常规资料和卫星辐射等非常规资料，也可以把矢量运算转换成标量运算，简化计算过程，无须发展线性和伴随模式，也不要求线性化预报误差协方差。但受限于计算量和对该方法的了解程度，目前集合卡尔曼滤波法还仅限于理想试验，尚未在业务中应用[112,113]。

（4）集合变分混合同化法

随着集合预报的快速发展，利用集合预报扰动场改善背景误差协方差矩阵，使其具有流依赖属性。自2003年，Lorenc[114]首次提出将集合估计背景误差协方差矩阵通过扩展控制变量的方式融入变分同化的框架中，并证明了其理论可行性之后，混合同化逐渐成为资料同化领域的前沿问题。充分利用变分算法和滤波算法的优势构建的集合三维变分混合同化（Ensemble Transform Kalman Filter-Three-Dimensional Variational，ETKF-3DVar）正成为数据同化的研究与发展重点[115]。相比三维变分法采用的静态背景场误差协方差，ETKF-3DVar在背景场误差协方差中增加了集合估计的预报误差协方差矩阵，一定程度上克服了变分资料同化方案中背景误差协方差结构固定的不足，对提高模式预报精度产生积极的作用。但集合变分混合同化法的计算量庞大，在业务预报中还较少被采用，目前还仅限于研究和重点地区试验阶段[116-118]。

1.2.2.3 多普勒天气雷达数据质控与同化

随着气象观测资料的丰富、数据传输与共享能力的提升，可供同化的常规和非常规气象观测数据大量增加，为数据同化提供了良好的数据基础。孟晓文[119]采用三维变分法同化了常规探空资料，同化后模式对重庆地区一次大暴雨过程的模拟结果提升明显；Ha等[120]将无线电掩星观测数据同化于数值大气模式中，结果表明三维变分同化能够提高朝鲜半岛的暴雨预报精度；Seto等[121]通过集合卡尔曼滤波法同化卫星遥感数据，明显改善了局部大气状态，为精确的降雨预报提供了条件；Routray等[122]利用三维变分法同化了来自全球通信系统（Global Telecommunication System，GTS）的高空观测资料和地面观测资料，在印度西海岸开展降雨模拟研究，结果表明经过数据同化，降雨的落区和雨量都得到了很大改善。

在众多可同化的观测数据中，常规气象观测数据质量较好，但其时空分辨率低，特别是山丘区的观测资料非常有限，同化后并不能直接改善中小流域尺度降雨的预报效果[123,124]。卫星数据连续性较好，观测范围广，同化卫星数据对于大范围的降雨预报有明显的改善作用，但对局地降雨的预报能力提升效果不显著[125-127]。多普勒天气雷达数据则具有更高的时空分辨率，对中小尺度天气的观测具有明显优势[128]。同化雷达反射率可直接影响模式形成降雨的条件，而同化雷达径向速度可改善对大气动力特征的描述[129,130]。相比其他类型的观测数据，同化雷达数据可以更有效地提升局地数值降雨预报精度，在中小流域尺度数值降雨预报中具有不可替代的作用[131]。

同化雷达数据可以改善数值大气模式对局地气象要素的模拟，显然雷达数据（包括雷达反射率和雷达径向速度）质量的优劣对同化效果有重要影响。一般而言，当雷达硬件参数被标定后，其质量问题主要有：地物杂波、速度模糊、距离折叠、衰减等，其中地物杂波是影响雷达反射率的主要因素，速度模糊是影响雷达径向速度的主要因素。因此，大量的雷达数据质控研究都集中于如何去除地物杂波和实现速度退模糊。

多普勒天气雷达的工作原理是目标对雷达发射的电磁波进行散射和吸收，再将电磁波返回雷达，经过信号处理获得目标的反射率因子。此外，利用目标移动产生的多普勒效应，还可提供目标的径向速度。电磁波发射后，可能同时探测到气象因子和非气象因子，而非气象因子一旦被处理到反射率因子基数据中，就会产生杂波，使雷达反射率数据受到污染。Steiner 和 Smith[132]率先提出了针对回波的三维结构，利用自动滤波法针对雷达波束异常传播产生的地物杂波进行识别，取得了较好的效果。Kessinger 等[133]提出了雷达回波分类（Radar Echo Classifier，REC）技术，在一定条件下可有效去除超折射回波（AP）和地物回波（GC），但当地物杂波与降水回波同时存在时，较难进行准确分类。Berenguer 等[134]基于模糊逻辑技术提出了一种统计杂波特征的滤波算法，从垂直延伸、水平梯度、低径向速度各方面来判断回波是否为杂波。国内崔哲虎和程明虎[135]设计了一种区域膨胀法和阈值法相结合的剔除地物杂波的方法，其特点是通过分区统计设定阈值，将阈值范围外的地物进行识别并剔除。孙鸿娉[136]对多普勒天气雷达速度图上非降水回波的空间结构进行了分析，尽管非降水回波强度很弱，但其回波显示出风速的辐合（散）与冷暖平流相关联的一些特征，为剔除杂波提供了新思路。张林等[137]提出了"模板匹配法"来识别强超折射回波，利用大量强超折射回波数据的检验和分析表明，该方法可有效滤除雷达的强超折射回波，且不影响负仰角扫描模式。总体上，地物杂波的抑制与消除技术较为成熟。

速度退模糊可分为软件退模糊和硬件退模糊两种，硬件退模糊方法主要是在雷达硬件系统中，采用扩大雷达测速范围的方式消除模糊，虽然可以从根本上解决速度模糊问题，但仍存在探测距离问题和数据质量问题[138]。目前，大多数雷达硬件系统具备硬件退模糊的条件，因此通过软件进一步进行速度退模糊成为雷达径向速度质量控制的研究热点[139]。软件退模糊是通过一系列基于软件的算法找出参考速度，把雷达探测的径向速度恢复成真实径向速度，使速度场变得连续一致。

退模糊算法大致分为三类：连续性比较法、简谐曲线拟合法、等价问题转换法。连续性比较法最早是一种一维退模糊算法，受噪声、缺测、风切变影响较大，且存在初始模糊问题，参考速度往往不可靠[140]；二维退模糊算法将速度场分为不同区域，识别各区域的边界退模糊，并引入一个风场模型来处理孤立回波的模糊[141]，之后 Eilts 等[142]设计了 VDA（Velocity Dealising Algorithm）方法，在相邻两条径向数据上和 VDA 风廓线上，搜索参考速度，再用这个参考速度来识别和校正模糊数据，该方法也是 WSR-88D 雷达的业务化算法。后续大量的研究均是在 VDA 方法的基础上进行改进的。简谐曲线拟合法是以方位向拟合的曲线作为参考的退模糊方法。该方法早期是用方位向拟合的 VAD 曲线来退模糊，是选择数据点较多的距离圈，利用拟合的 VAD 曲线为参考，沿方位向识别和校正速度模糊[143]。在 VAD 的基础上，Tabary 等[144]忽略了零次谐波，提出了 MVAD（Modified VAD）方法，除模糊区边界外，其他位置的模糊数据对它几乎没有影响。VAD 或 MVAD 退模糊方法的问题是对方位向的数据覆盖率要求高，且对连续噪声和风切变比较敏感，随着径向距离的增加，拟合误差也会增大。为了降低退模糊的复杂程度，等价问题转换法被提出并应用。等价问题转换法的抗噪声干扰能力有所增强，但算法的污染作用也较大，一旦出现错误会影响更多的数据[145]。

速度模糊是一项非常复杂的技术问题，以至于目前业务雷达中速度模糊的情况仍然存在未知，多少数据是模糊的，什么时段模糊最多，以及哪些类型回波模糊发生频率最高等问题还未研究透彻。而这些速度模糊特征对速度退模糊算法的优化具有重要的参考价值。例如，模糊数据的比例决定了采用的速度退模糊算法的类型[139]；速度模糊的空间分布特征可用于解决速度退模糊算法中的初始模糊问题[146]；速度模糊的类型和时间分布能够验证算法的可靠性[142]。速度退模糊算法能够消除模糊数据，但其缺点是将一部分不模糊的数据变成模糊的数据，使本来正确的数据受到污染。目前，对于如何减轻或根除污染作用的研究较少。此外，退模糊算法都依赖于速度场的空间连续假设，当速度场不连续时，数据易被污染，退模糊容易出错，主要原因之一是连续噪声的干扰[147]。因此，如何抑制连续噪声和降低数据污染是速度退模糊算法需解决的关键问题。

研究表明，对于中小尺度天气的观测，雷达相比常规气象观测手段和卫星等具有明显的优势，同化雷达数据，可以使数值大气模式对中小尺度天气的描述更加准确[148]。而经过质量控制的雷达数据，用于数值大气模式的数据同化中时，效果更好[149]。钟兰颒等[150]对都江堰地区的一次特大暴雨过程进行了数值预报，通过雷达的数据同化，提高了陡峭地形条件下的降雨预报水平。汤鹏宇等[151]利用三维变分法实现了雷达观测数据的同化，模拟了北京"7·21"特大暴雨过程，表明同化雷达数据后，暴雨数值模拟的雨量及其分布形态更接近实际情况。潘敖大等[152]对连云港地区的一次区域性暴雨过程进行了数值模拟，结果表明同化雷达资料后，模式对暴雨落区和量值的预报效果更接近实况。张晗昀[153]利用订正后的雷达反射率作为同化资料，对江苏地区的暴雨过程进行了数值模拟，结果表明订正后的雷达反射率同化效果更佳。张晓辉等[154]对雷达资料进行了稀疏化，避免了由观测资料间相关性导致的同化结果不理想问题，使模式初始场包含更丰富的中尺度特征信息，有效调整了初始场的环流结构，改善了模式对暴雨过程的模拟效果。苏万康[155]对福建中南地区一次强飚线天气过程进行了模拟，通过设置不同的循环同化时间间隔，表明缩短同化时间间隔能够提高飚线预报能力。但目前雷达数据的同化研究还不够精细，如在雷达数据质控的基础上进行的同化效果如何、同化数据如何选择、同化时间间隔如何设定等。

1.3　洪水预报技术

洪水预报技术是在人类与洪水灾害长期斗争的客观需求推动下发展起来的，形成目前技术形态的起点在 20 世纪 30 年代，霍顿下渗理论、谢尔曼单位线、洪水演进马斯京根法、综合单位线等均产生于这一时期。但这一时期水文研究相对独立，不够系统。50 年代起，系统理论向洪水预报技术渗透，这一时期产生了瞬时单位线概念，以期通过建立地形特征和单位线参数间的关系，解决缺资料地区洪水预报应用的问题。之后，洪水预报技术得到快速发展，逐步将水文学的推理公式、产流理论、汇流理论等系统性贯穿起来，再结合不同区域自身特点，形成了各有侧重的水文模型。

我国洪水预报技术，特别是现代洪水预报技术的发展起点，一般认为是 20 世纪 70 年代末 80 年代初。这一时期我国水文学界加强了与国际水文学界的学术联系，在短短几年时间内，取得了多项研究成果，在现代洪水预报技术理论研究上步入了符合我国实际的洪水预报研究道路。目前，我国洪水预报采取的方法主要包括实用洪水预报方案和流域水文水动力模型。

1.3.1　常规洪水预报技术

1.3.1.1　实用洪水预报方案

实用洪水预报方案是我国洪水预报的重要基础，是多年来水文工作者总结出的行之有效的预报方法[156]。近年来，随着我国气象水文站网密度的增加，以及水文资料系列的延长，目前我国已建立七大江河干支流主要控制站、全国防洪重点地区、重点水库和蓄滞洪区，已有 600 多个断面和近 1000 套洪水预报方案[157,158]。例如，降雨径流相关图、产流公式、单位线等降雨径流预报方法，以及水位-流量相关、马斯京根法、汇流系数、调洪演算、洪峰相关等河道预报方法。由于流域内水利工程建设及其他人类活动的影响，资料的代表性也可能发生变化，洪水预报方案需要不断调整、补充和完善，以提高其预报精度和可靠性[159]。

1.3.1.2　流域水文水动力模型

(1) 水文模型

水文模型是在产汇流理论提出后得到快速发展的，总的来说可分为集总式和分布式两类[160]。集总式水文模型将流域看成一个均一化的整体，不考虑流域的空间异质性，即认为降雨的空间分布是均匀的，边界条件和流域的几何特征不存在突变，模拟过程中的水文过程不存在变异性。集总式水文模型的运行通常对流域资料的要求较低，一方面，模型本身的参数较少，因而针对参数率定的资料需求减少了[161]，另一方面，未考虑水文过程在流域中的变化，因而不需要过多的资料对流域的空间特征进行描述，更适用于一些无资料地区的水文模拟[162]。出现最早的、理论基础较为完善的集总式水文模型是 Stanford 模型，之后很多水文模型都是在该模型的基础上建立的[163]。1961 年，日本国立防灾中心的菅原正巳提出了 Tank 水文模型，在假定流量和蓄量为非线性的基础上，将降雨径流过程模拟概化为水箱的调蓄作用[164]。1971 年美国环境保护署发布了主要用于城市暴雨洪水及其水质模拟的暴雨洪水管理模型（Storm Water Management Model，SWMM），该模型目前已广泛应用于城市规划设计和城市水文模拟[165]。1973 年，美国气象局水文办公室萨克拉门托预报中心基于 Stanford 模型提出了萨克拉门托（Sacramento，SAC）流域水文模型，该模型对透水面和不透水面进行了划分，透水面上可形成地面径流、壤中流、地下径流，而不透水面上只形成地表径流[166]。国内水文模型起步较晚，最为著名的是赵人俊[167]提出的新安江模型，该模型最初是二水源集总式流域水文模型，之后借鉴山坡水文学发展成三水源水文模型。新安江模型适用于湿润地区，而在北方往往难以取得较好的模拟效果，为此，赵人俊[168]针对黄土高原的产流特征，提出了陕北模型，以超渗产流为基础，取得了良好的模拟效果。

随着计算机运算能力的提升，水文学家开始考虑降雨的时空不均匀性，以及下垫面条件的空间异质性，分布式水文模型应运而生。1977 年，第一代分布式水文模型 SHE 模型被提出，该模型是基于网格的分布式水文模型，且模型中的参数均具有一定的物理意义，其缺点是计算时需要大量的基础资料，这使得其在实际应用中的范围并不广[169]。1979 年，英国 Beven 和 Kirkby 提出 TOPMODEL 模型，该模型充分考虑了流域不同地貌、不同地形，以及土壤等因素对产汇流过程的影响，虽然属于半分布式水文模型且结构简单，但其参数具有明确的物理意义，利用地形指数的差异性代表流域水文响应的差异性是一大亮点[170]。20 世纪 90 年代，出现了两个应用广泛且具有一定影响力的分布式水文模型：VIC 模型和 SWAT 模型。VIC 模型是一个大尺度的可变下渗容量的分布式水文模型，其特点是模型根据水热平衡原理和物理动力机理计算，基于栅格化的思想实现流域的分布式模拟，因此 VIC 模型易于与数值大气模式等进行耦合[171]。SWAT 模型具有较强的物理机制，不仅能够模拟流域水文过程，还可对发生的物理化学过程进行模拟，实现水量、水质的联合模拟与预测[172]。国内的分布式水文模型研究开始得也较晚，研究较为深入的是分布式三水源新安江模型，其余模型只在特定流域进行过计算与验证，但较少有能够推广应用且应用效果良好的分布式水文模型。

总体而言，分布式水文模型较集总式水文模型在模拟的精细化程度上具有明显优势，由于考虑了降雨的时空分布特征和下垫面的空间异质性，其模拟结果往往也优于集总式水文模型。

（2）水动力模型

水动力模型与水文模型仅输出流量过程不同，其输出结果通常是积水淹没范围的时空变化过程及淹没区域特定位置的水深和流速[173]。水动力学方法着重于水流运动规律的精细化模拟，可以反映河道内细微差别，根据是否考虑水利要素的横向和垂向变化，水动力模型可分为一维水动力模型、二维水动力模型、三维水动力模型[174]。

一维水动力模型只考虑流动要素在河道顺流方向的变化，建模所需数据量少且计算效率高，得到水位和流量这两个重要的水力参数，但是计算精度不高。常见的一维水动力模型包括求解非恒定流的圣维南方程和求解恒定流的伯努利方程[175]。二维水动力模型主要计算原理是建立河流流态的质量和动量平衡方程,可用于复杂计算域和地形的水位流量关系计算,如二维浅水方程(2-Dimensional Shallow Water Equations),常用于考虑沿河道横向水力要素变化的河湖及低洼积水区,适用于对江、湖、河口等区域的水位和流速分布的描述[176]。三维水动力模型能够较好地考虑复杂河道地形与各式样的水工建筑,也可考虑水力要素沿垂向的变化,常用于江河入海口、城市大型地下蓄水隧洞进口附近的复杂流态条件下的水动力特性研究[177]。

在流域洪涝模拟和预报中,通常一维水动力模型和二维水动力模型即可满足要求,应用三维水动力模型的情况较少,主要原因是三维水动力模型部分模块是流域洪涝模型中不考虑的,致使计算量增加,相对于一维水动力模型和二维水动力模型更复杂费时。由于水动力模型的基本理论一致,因此各类模型的差异主要体现在求解方法上。水动力模型的数值求解方法主要包括有限差分法、有限元法和有限体积法等[178]。

差分法数值离散格式简单易懂,通过前差分、后差分和中心差分等算法,可以构造出不同精度的差分格式,将偏微分方程转换为差分方程求解。目前,使用差分法的模型有英国 Wallingford 和 Halcrow 公司开发的 ISIS 模型[179]、丹麦水力研究所开发的 MIKE 11 模型[180,181]、美国陆军工程兵团水文工程中心开发的 HEC-RAS 模型[182]、澳大利亚 WBM 公司联合昆士兰大学开发的 TUFLOW 模型[183]等。有限差分法多使用结构化网格,不便于网格局部加密,同时矩形构造网格划分对复杂边界形状的适用性较低。国内采用有限差分法对洪涝模拟的研究也比较成熟,已有不少实际应用的案例[184]。

有限元法求解问题的基本步骤是将所讨论问题的域划分成若干微小单元,选取基函数将节点离散变量转化成连续变量,先在单元上积分形成单元系数矩阵,再合成全区域的整体方程,得到关于未知量的代数方程组。常规的有限元格式是针对结构力学问题的,不适合求解洪水运动的双曲方程组。对于洪水运动的模拟,需要选取适合对流比较强的高精度有限元格式,数值格式稳定且计算精度良好的有限格式也不在少数。

有限体积法是当前水动力模型中比较常用的数值计算方法,Fluent、MIKE 21、OpenFOAM 等[185-187]均采用有限体积法。Godunov 型格式将水流运动的数值计算近似为局部黎曼问题,数值格式精度良好[188]。张大伟等[189]建立一维、二维溃坝水流耦合数学模型,采用非构造网格对控制方程进行空间离散。王静等[190]采用有限差分法和有限体积法相结合的数值格式,对一维水动力方程和二维水动力方程进行求解,并将水文模型与水动力模型进行耦合,建立 FRAS(Flood Risk Analysis System)模型。

1.3.2　中小河流洪水预报技术

与大江大河相比,中小河流大多位于资料短缺的山丘区,洪水具有突发性强、汇流时间快、预见期短,以及分布广等特点[191,192]。因此,中小河流洪水预报难度大,是当前国际研究的前沿,预报精度和预见期是亟须解决的关键问题[193]。暴雨、初始土壤含水量、下垫面(地形、地貌、土壤特性、植被、水利工程等)是影响中小河流洪水过程的重要因素。

1.3.2.1 洪水预报模型

除了常规洪水预报技术可作为中小河流洪水预报模型外，随着能够获取的下垫面资料越来越精细，近年来，中国水利水电科学研究院研发了两种典型的中小流域洪水预报模型：时空变源混合产流模型和中国山洪水文模型[194,195]。

（1）时空变源混合产流模型

时空变源混合产流模型认为中小流域受流域几何特征及下垫面条件影响显著，产汇流机制复杂多变，多以超渗/蓄满混合产流模式为主[196]。模型基于山洪灾害调查评价成果中小流域划分数据及基础属性数据划分地貌水文响应单元，根据响应单元的产流机制确定不同区域的产流模型算法，建立小流域平面混合产流模型；对在空间上识别为混合产流机理的地貌水文响应单元构建垂向混合产流模型，垂向混合产流模型采用组合概念水库方法来模拟包气带与饱和带土壤水量交换（分水源）。该模型从产流模式的平面混合、垂向混合和时段混合三个方面进行小流域时空变源混合产流模拟，这是其最大的特点。

1）平面混合产流模型。

平面混合产流模型构建的基本方法是利用小流域及下垫面数据进行地貌水文响应单元划分。根据响应单元的产流机制，确定不同的产流模型算法，建立小流域平面混合产流模型。为快速识别小流域主导产流机制，将小流域地貌水文响应单元初分为快速响应单元、慢速响应单元、滞后响应单元和贡献较小单元，对不同类型的响应单元匹配不同的主导产流机制。为了给小流域不同产流模式单元匹配相对适合的产流模型，采用非饱和数值模拟方法，得到9种典型土壤最大影响深度[197]、非饱和下渗过程和下渗速率等，以此将快速响应单元和滞后响应单元进一步细分为快、中、慢三种类型。

2）垂向混合产流模型。

垂向混合产流模型采用不同的概念水库来模拟土壤包气带与饱和带之间的水量交换[198]，从上至下依次是毛细水库、重力水库和变动面积饱和产流水库，以及地下水库。为了更好地模拟降雨入渗过程中的表层土壤水动态变化过程，将毛细水库所模拟的土壤区又细分为浅层土壤区和深层土壤区，在浅层土壤区根据瞬时下渗率、下渗能力、土壤含水量和储水能力判定超渗/蓄满过程，动态计算超渗产流量和因浅层土壤暂态饱和形成的蓄满产流量，深层土壤区则以蓄满产流机制计算。模型根据每个计算时段内模拟得到的水文响应单元土壤含水量和累计下渗量，计算超渗与蓄满产流的面积变化，同时通过对比瞬时下渗率与下垫面入渗能力，实现超渗/蓄满产流在每个地貌水文响应单元的时空转化。

3）非线性土壤下渗计算方法。

时空变源混合产流模型采用的土壤下渗计算方法是 GARTO 数值模拟模型，该模型是由 Lai 等[199]综合 T-O 算法和 Smith 等[200]提出的土壤水再分配模型（GAR）[201]建立的，不但解决了非线性 Richard 方程求解过程中数值计算量大、不易收敛等难题，而且克服了传统 Green-Ampt 方程在对透水性较好土壤下渗模拟及双峰降雨过程中土壤下渗模拟精度不高的局限性。

（2）中国山洪水文模型

中国山洪水文模型采用 7 类水文单元构筑数字流域，包括小流域、节点、河段、水源、分水、洼地、水库，可无缝兼容全国山洪灾害调查评价数据成果，并以自然小流域（$10 \sim 50 \mathrm{km}^2$）为基本计算单元，相关参数可基于全国小流域基础数据集、全国土壤质地类型数据集等确定，模型主要包括气象模块、产流模块、汇流模块、河道洪水演进模块、水利设施调控模块等。

中国山洪水文模型最大的特点是研发了基于高精度地形地貌数据和考虑雨强影响的分布式单位线技术。基于高精度地形地貌数据（25m DEM①和 2.5m 土地利用和植被类型信息数据），发展了"流域内各点到达流域出口汇流时间的概率密度分布等价于瞬时单位线"的思路，提出基于 DEM 网格、考虑雨强影响汇流非线性特征的分布式单位线方法[202,203]。分布式单位线是全国山洪灾害调查评价数据的成果之一，涉及全国 53 万个小流域，具有广泛的数据基础和应用基础。该法充分考虑流域内地形、植被等下垫面的空间分布特质，以及雨强因子的影响，不依赖流域实测水文数据，尤其适用于缺资料地区中小流域暴雨洪水预报。

1.3.2.2　缺资料中小河流模型参数确定方法

中小河流大多位于资料短缺的山丘区，站网布设少、密度低，且观测频率偏低（多为日观测），甚至部分地区缺少监测站点，这导致中小河流大部分气象水文资料缺乏，而水文模型参数一般需要利用长系列数据进行率定（优化），因此资料缺乏对洪水预报模型参数有效率定和验证有很大影响。资料缺乏流域水文模型参数确定常用的方法为区域化（Regionalization）方法[204-208]，其主要思想是通过有资料流域的模型参数推求缺资料流域的模型参数，包括将有资料流域（根据距离相近或流域属性相似选取）率定好的参数移用到缺资料流域（又称距离相近法和属性相似法），或者利用有资料流域率定好的模型参数建立与流域物理属性（如土壤、地形、植被和气候等）之间的回归关系推求无资料流域的模型参数等（又称回归法）[208,209]。

Merz 和 Blöschl[210]利用奥地利 308 个中小流域研究了多种参数区域化方法的效果，结果表明基于距离相近的方法比基于流域属性的方法（全局回归法和局部回归法）效果更好。Young[211]利用 PDM 模型对英国 260 个中小流域进行研究，结果表明回归法优于距离相近法和属性相似法。Oudin 等[212]利用 GR4J 和 TOPMO 模型对法国 913 个中小流域进行研究，结果表明距离相近法最优，属性相似法次之，回归法最差。Li 等[213]对澳大利亚210 个中小流域进行研究，结果表明距离相近法优于属性相似法；Kay 等[214]利用 PDM 和TATE 两个水文模型对英国 119 个中小流域进行研究，结果发现对于 PDM 模型，属性相似法略优于回归法，而对于 TATE 模型，回归法表现最优，说明区域化方法的结果可能与所用水文模型有一定关系，区域化方法的适用性还有待进一步研究。

近年来，机器学习也有在参数区域化中进行复杂样本处理的应用案例。刘昌军等[215]把构建的样本库数据输入 CART 模型，将树节点限制在 $3 \sim 9$ 个，最大限度地提高交叉验证测量的精度，以建立流域主成分与预测标签之间的关系，确定相似流域判别标准。王雅莉[216]利用机器学习算法建立水文模型参数与流域特征关系，能够快速准确识别无资料流

---

①　数字高程模型（Digital Elevation Model，DEM）。

域的参证流域，进行无资料地区参数区域化。

1.3.3 洪水预报实时校正技术

实时校正是实时洪水预报系统不可缺少的环节，是指依据洪水预报过程中不断采集的实测或预报信息，对预报的输入、模型参数、状态变量或预报值等合理校正，进而实时降低洪水预报误差[216-219]。因此，实时校正方法校正能力的强弱是洪水预报精度的决定性因素之一[220]。

1970 年，Hino[221,222]首次将卡尔曼滤波技术应用于水文预报问题，开创了这一方向研究的先河。1978 年，Wood 等[223]完整描述了使用卡尔曼滤波递推算法进行降雨径流预报的流程。至此，以卡尔曼滤波理论为代表的一批信息处理和校正技术被逐步引入洪水预报领域[224]。1980 年，Ambrus[225]引入自校正预报器算法，在多瑙河一河段运用差分模型——自回归滑动平均（Auto Regressive Moving Average，ARMA）模型进行实时预报，取得精度较高的校正效果。20 世纪 80 年代后，随着新理论的涌现和实际应用需求的提升，洪水预报实时校正的研究亦由浅入深地向前发展，其中一大特征是从校正数学算法的直接引用发展到适应复杂洪水预报模型和校正模型开拓性的应用研究。纵观这些校正技术与方法，大体上可以归纳为两类：终端误差校正（Terminal Bias Correction，TBC）法和过程误差校正（Process Bias Correction，PBC）法。

TBC 法的实质是不直接考虑预报逐环节（子过程）的误差，以及误差在各子过程中的传播，而是直接分析处理最终流量或水位的预报误差（终端误差），对终端误差进行校正，以满足实时更新原预报值的目标。TBC 法主要包括实测流量代入法、水文模型流量预报实时校正法、误差自回归（Auto-Regressive，AR）校正算法、反馈模拟实时校正法（FACT 因子校正系数法）、基于水文相似预报误差修正方法、K 最邻近（K Nearest Neighbor，KNN）校正法、反向传播（Back Propagation，BP）神经网络实时校正法。

PBC 法的本质是先对水文预报各个子过程（如降雨、产流、汇流等）或预报模型的状态变量、参数变量等进行误差校正，校正后再重新进行模型运算得到新的预报值，通过降低预报各环节的误差，以达到降低终端误差的目的。PBC 法主要包括递推最小二乘校正法、卡尔曼滤波法、基于 K 均值聚类分析的实时分类修正方法、动态系统响应曲线方法。

1.4 气象水文耦合预报

为了延长洪水预报的预见期，将定量降雨预报与水文模型结合，特别是采用数值大气模式的预报降雨作为水文模型的输入开展洪水预报，成为气象水文领域普遍认同的发展方向之一[226]。

1.4.1 耦合模式

根据耦合方式不同，气象水文耦合分为单向耦合和双向耦合。单向耦合是由数值大气模式输出的气象要素（主要是降雨）预报信息驱动流域水文模型，从而实现未来一段时间的水文过程预报。由于数值大气模式与水文模型之间的数据是单向传输的，即仅考虑了气象要素对流域水文过程的影响，而未考虑水文过程对大气过程的反馈作用，因而单向耦合具有更高的灵活性，耦合模型结构简单、调试方便，更适用于洪水预报业务应用和中短期水文预报研究。双向耦合是数值大气模式与水文模型之间通过共用的陆面模式，以降雨、气温、风速、潜热通量、感热通量等为纽带，形成一个完整的实时互相反馈系统。双向耦合不仅考虑了气象要素动态变化对水文变量的作用与改进，同时还考虑了实时水文过程对陆面过程模拟的反馈作用，再由陆面过程向数值大气模式反馈水文过程的作用。理论上，双向耦合更加完备合理，符合水与能量循环的一般规律，物理意义更加明确。但双向耦合机制和模式系统结构十分复杂，灵活性差，运算量大，调试困难，因而双向耦合大多仍处于研究发展阶段，业务应用较少[227-229]。

1.4.2　关键问题

气象水文耦合研究的关键问题涉及两个方面：降雨预报精度和不同模型间尺度匹配[1]。

1.4.2.1　降雨预报精度

对于气象水文耦合预报而言，精确的定量降雨预报是成功预报洪水的先决条件，对汇流时间相对较短的中小流域显得尤为重要。数值大气模式必须尽可能精确地预报降雨的时间、强度、雨量和空间分布，在暴雨路径、覆盖范围和雨量上的较小误差，都很容易在预报洪水过程时被放大，导致较大的洪水预报误差。大量研究表明，气象水文耦合洪水预报的误差，主要由预报降雨的误差导致。如何提升降雨预报精度参见1.2.2节。

1.4.2.2　不同模型间尺度匹配

数值大气模式的驱动数据来源于全球模式产品。全球模式由于受到计算条件等的限制，采用的网格往往较粗。然而，粗网格的驱动数据不能反映复杂对流气象条件下的降雨信息，难以做到"定点、定时、定量"预报。因此，粗网格的预报用于流域尺度的洪水预报还存在不足，尽管当前全球模式产品的空间分辨率已达到0.25°×0.25°，但对于中小流域洪水预报来说，仍需要进行降尺度。相对于数值天气预报模式，中小流域洪水预报一般在一个较小的尺度下进行，如分布式水文模型采用的网格大小为0.01~1km。因此，将数值大气模式和水文模型耦合起来进行洪水预报时，需解决二者之间的尺度问题。目前，动力降尺度、统计降尺度和动力-统计降尺度是主要解决方法。

动力降尺度是中尺度区域数值大气模式的重要工具，粗网格的全球模式产品可通过中尺度数值大气模式的动力降尺度方法，转化为较高分辨率的预报产品，再用于洪水预报。考虑到模式计算的稳定性和可靠性，中尺度区域数值大气模式设置嵌套时，网格尺度的跨度不应过大。要获得更高分辨率的结果，一般采用多重嵌套。例如，为了将全球模式100km的结果降尺度到4km，可通过采用36km、12km和4km三层嵌套的方法。动力降尺度方法由于考虑了中尺度大气动力和物理过程，因此具有物理意义明确、应用区域不受观测资料限制，以及便于进行多分辨率降尺度等优点，是目前业务预报应用最普遍的方法。

统计降尺度是利用由实测资料预先建立的次网格气象变量尺度转化统计关系，将全球模式产品进行降尺度。尺度转化关系主要考虑次网格地形和气象变量分布的统计特征。该方法的优点是简单实用、计算量小，但需要大量详细的历史资料支持，如基于自相似、多重分形和比例缩放原理方法等。已有研究结果表明，基于详细资料构建的统计降尺度能够很好地反映更小尺度的雨量变化特征，可用于降雨的降尺度。

动力–统计降尺度充分考虑到动力降尺度和统计降尺度各自的优缺点，实现了动力与统计方法的有机结合，该方法可分为两类；一类是先采用数值大气模式进行一次降尺度，在此基础上再运用统计降尺度的方法进一步降尺度；另一类是采用统计学的方法对大气动力学方程组进行合理简化，推导出降尺度关系。

1.4.3 耦合预报应用

目前，关于气象水文耦合预报的应用主要集中在单向耦合。Karsten 等[230]采用五种高分辨率的数值大气模式耦合分布式水文模型 WaSiM- ETH（Water Flow and Balance Simulation Model），对复杂地形区进行水文模拟分析，对比了不同模式对水文模拟结果的影响；Kenneth 等[231]采用 MM5 耦合分布式水文–土壤–植被模型（Distributed Hydrology Soil Vegetation Model，DHSVM）对华盛顿西部典型的 6 次洪水进行了模拟分析，结果表明数值大气模式与水文模型相结合的洪水预报方法在延长预见期方面有明显优势，在实际应用中应重视实时校正技术的应用；Ludwig 等[232]对慕尼黑西南部的流域进行洪水模拟，认为利用数值大气模式和水文模型相结合的最大问题是降雨精度差，且数值大气模式模拟降水的空间分辨率低；Charles 等[233]采用 MC2 耦合新安江模型对 1998 年和 2003 年淮河流域的洪水进行了模拟，结果表明尽管 MC2 的模拟降水量偏高，但耦合系统的洪峰流量模拟效果较好，纳什效率系数达到 0.91，可用于洪水预报。

国内的国家气象中心、长江水利委员会、黄河水利委员会、武汉大学、河海大学、中国水利水电科学研究院等单位也都开展过相关的数值试验，部分研究已取得了较好的研究成果。杨文发等[234]将降雨预报和洪水预报相结合，对 1998 年汛期发生在长江上游三峡区间的一次暴雨洪水过程进行了预报试验，取得了较好的模拟结果。王庆斋等[235]在黄河流域，利用小浪底–花园口之间的暴雨洪水过程开展气象水文耦合预报研究，指出预报降雨的时空分布精度还有待提高。郭靖等[236]基于 MM5 和 VIC 构建了汉江流域水文气象耦合模型，对丹江口以上流域开展洪水模拟试验，应用效果较好。殷志远等[237]利用 WRF 模式获得湖北荆门漳河水库流域的预报降雨，分别与集总式新安江模型、半分布式 Topmodel 模型耦合进行洪水预报，结果表明空间耦合尺度并非越精细越好。大量的国内外研究表明，尽管气象水文耦合进行洪水预报的研究取得了一定的成果，但大多应用于较大尺度的流域或地区，局地降雨预报能力依然是影响气象水文耦合洪水预报的关键。

1.5　本书主要研究内容

本书从雷达测雨与临近预报、数值降雨预报、流域洪水预报三个方面，详细论述天气雷达强降水识别方法、基于谱分解的变分光流外推临近预报法、数值大气模式物理参数化方案选取方法、三维变分同化、集合–三维变分混合同化、抗噪声的速度退模糊算法、流域分布式水文模型构建方法、气象水文耦合预报方法等气象水文耦合预报关键技术，并以东南沿海地区梅溪流域的三场典型降雨洪水过程模拟结果作为评估对象，评价耦合预报的效果。主要内容分为五个方面。

1）雷达测雨与临近预报研究。介绍天气雷达的发展历程、硬件组成部分、工作原理、监测数据，以及重要参数等，阐述雷达降雨反演的基本方法和提升降雨反演精度的各类方法，在整合平流场估计、降水谱分解和 AR 预报模型等的基础上，构建基于谱分解的变分光流外推临近预报法，以实现确定性预报或经扰动后生成集合预报。通过相对误差（Relative Error，RE）、时间尺度和空间尺度的均方根误差（Root Mean Square Error，RMSE），对采用降雨反演方法得到的 QPE 和采用临近预报方法得到的 QPF 进行评估。

2）数值大气模式物理参数化方案选取。阐述数值大气模式 WRF 在梅溪流域的基本设置，介绍影响降雨预报效果的主要物理参数化方案，并结合各物理参数化方案的特点，设定 36 种物理参数化方案。采用 WRF 模式对梅溪流域三场典型降雨过程进行模拟，详细分析 3 种微物理过程（WSM6、WDM6、Lin）、3 种长/短波辐射（RRTM/Dudhia、RRTMG/RRTMG、CAM/CAM）、4 种积云对流方案（BMJ、KF、G3D、GD）的特点，并依据相对误差、临界成功率指标（Critical Success Index，CSI）、均方根误差三个指标，从累积降水量、降雨时空分布等多个角度评价各物理参数化方案对梅溪流域降雨模拟的适用性，并最终确定了一套应用效果较好的物理参数化方案组合。

3）数据同化支持下的数值降雨预报研究。介绍三维变分同化和混合同化的基本方法和原理，提出了基于抗噪声的速度退模糊算法，以提高雷达径向风的数据质量，并按照不同同化时间间隔、不同类型雷达数据，设计 9 种不同的同化方案，从累积降水量、降雨时空分布等三个方面评价雷达数据同化对降雨预报结果的影响、同化雷达反射率与径向速度，以及不同同化时间间隔对降雨预报的改进效果。

4）梅溪流域分布式水文模型构建。首先介绍基于全国山洪灾害调查评价成果进行流域数字化的方法和小流域重点特征参数的提取，其次对以中国山洪水文模型技术框架为基础构建的梅溪流域分布式水文模型进行阐述，介绍梅溪流域分布式水文模型中的蒸散发模型、产流模型、汇流模型、河道演进模型，以及水库调蓄模型的计算原理，指出模型需要率定的 13 个主要参数，并采用 SCE-UA 算法对参数进行率定，利用洪峰相对误差、峰现时间误差、确定性系数、径流深相对误差等指标对模型率定结果进行评估。

5）气象水文耦合洪水预报效果分析。介绍雷达测雨和临近预报、WRF 模式数值降雨预报等不同来源、不同预见期的降雨数据与梅溪流域分布式水文模型的耦合模式，分析基于强降水识别并经过雨量计订正的雷达反演降雨驱动下的洪水预报效果、不同预见期雷达临近预报驱动下的洪水预报效果，以及基于不同数据同化方案数值降雨预报驱动下的洪水预报效果，对比分析雷达临近预报和数值降雨预报在中小流域洪水预报中的适用性，并探讨降雨时空分布对流域洪水过程的影响。

第2章 | 研究区与数据

2.1 梅 溪 流 域

梅溪为闽江的一级支流，主要位于闽清县境内，发源于闽清县南部省璜镇莲花山，流经省璜、塔庄，在坂东镇与芝溪汇合，再依次流经白中、白樟、梅溪等乡镇及闽清城关，于溪口注入闽江。梅溪干流全长为78.6km，流域面积为956km²，河道平均坡降为4.2‰，主要支流有芝溪、金沙溪、文定溪和岭寨溪。芝溪和金沙溪分布在梅溪左侧，芝溪发源于后佳，长为40km，流域面积为229.4km²，金沙溪发源于闽清与尤溪县交界处的宝坑山，长为37.6km²，流域面积为180.4km²。梅溪流域地形南高北低，流域中部河谷盆地发育，较为平坦开阔，流域的上游与下游地形起伏。流域位置及高程信息见图2-1。

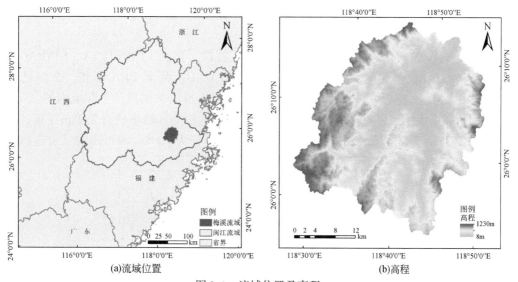

(a)流域位置　　　　　　　　　　　　(b)高程

图2-1　流域位置及高程

梅溪流域属于亚热带季风气候。由于流域地形变化较大，河谷平原和边缘山地的气候略有差异，河谷平原温度高、湿度小、降水量少，而边缘山地温度低、湿度大、降水量多。流域年均气温为15~20℃，7月平均气温最高，1月平均气温最低。流域多年平均降水量为1560mm，且降雨时空分布明显不均，水面年蒸发量在900~1200mm。

受台风影响，梅溪流域洪涝灾害频繁，对人口稠密的地区，特别是下游闽清城关造成严重威胁，加之整个流域防洪基础设施相对薄弱，致使中华人民共和国成立以来，流域内发生洪灾20余次，其中全流域受灾10余次。20世纪的最大洪水发生在1952年7月，洪峰流量达到 4350m³/s，属于超百年一遇洪水。历史最大洪水发生于 2016 年 7 月 9 日，受"尼伯特"台风影响，该次强降雨引发的洪水洪峰流量达到 4710m³/s，洪水造成 9.5 万人受灾，10 人死亡，11 人失踪，直接经济损失达 21.7 亿元。

本书所选取的梅溪流域在我国东南沿海地区具有较强的代表性：①流域内降雨强度大、突发性强；②流域汇流时间短，洪水多具有洪峰高、峰量集中等特点；③土地利用以有林地和耕地为主，土壤类型主要为黏壤土和砂黏壤土两类。此外，梅溪下游便是闽清城关，人口密集。通过在梅溪流域开展气象水文耦合预报研究，将有助于提升流域暴雨洪水的预报预警能力，保障流域下游地区的防洪安全，不仅具有一定的理论价值，还具有重要的现实意义和显著的社会经济效益。

2.2 雷达数据与模式驱动数据

雷达数据具有在对流尺度上保持高时空分辨率、观测值准确等优点，且探测数据均在对流层，单个雷达覆盖范围的半径为 200~300km，非常适用于中小尺度的天气观测。本书用到的雷达数据包括雷达反射率和径向速度。依据两种数据的探测原理，反射率可以表征大气中单位体积内的降雨粒子的数量和大小，也能反映大气的动力学特征，而径向速度只能表征大气的动力场[238,239]。其中，雷达反射率用于开展雷达降水反演，而雷达反射率和径向速度都被用于数据同化。

我国新一代天气雷达主要采用 C 波段和 S 波段，包括 CINRAD/SA、CINRAD/SB、CINRAD/SC、CINRAD/CB、CINRAD/CC 和 CINRAD/CD。截至 2016 年底，全国已布设 233 个新一代天气雷达站。本书选用的多普勒天气雷达是位于福州长乐区境内的 SA 波段雷达，雷达数据由中国气象局提供。该多普勒天气雷达扫描区域半径为 250km（雷达覆盖范围见图 2-2），而梅溪流域几乎全部落在雷达扫描半径为 100km 的范围内。雷达每 6 分

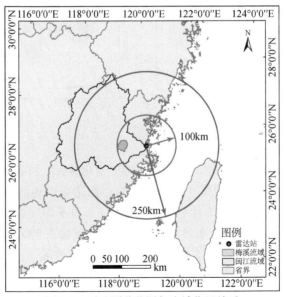

图 2-2　雷达覆盖范围与流域位置关系

钟完成一次体扫，共 9 个不同的仰角，分别为 0.5°、1.5°、2.4°、3.4°、4.3°、6.0°、9.9°、14.6°、19.5°。长乐区多普勒天气雷达的反射率和径向速度均通过程序转化为 WRF-3DVar 可同化的数据格式。

模式驱动数据选用 NCEP 的 GFS（Global Forecasting System）数据，为 WRF 模式提供的初始场和边界场。GFS 数据的分辨率为 1.0°×1.0°，可预报未来 8 天共 192h 的天气情况，每隔 6h 更新一次，该数据为实时产品，未进行同化分析处理，常被用于气象事件的预测和预报。需要指出的是，目前的大气模式产品对东亚和中国区域的应用结果与观测结果相比仍然存在一定的差异，且不同区域、不同时段的可信度也不相同。大气模式产品在我国东部地区的应用效果优于西部地区，温度、压力和风等要素的描述要好于水汽、湿度和降水等要素[240]。但 GFS 数据基本能合理反映出我国区域气候变化及气象要素变化的时空分布特征，且数据较容易获得，在我国业务化应用较多。

2.3 下垫面资料

构建分布式水文模型所需的 1:5 万数字高程模型（DEM）、30m 和优于（含）2.5m 分辨率数字正射影像图（Digital Orthophoto Map，DOM）均来源于国家基础地理信息中心。在 30m 和优于（含）2.5m 分辨率 DOM 基础上，结合基础地理信息数据和参考资料等，通过多源信息辅助判读与解译、自动处理与人机交互解译、外业调查与核查相结合的方法，在梅溪流域内提取与坡面（河道）糙率、土壤下渗特性等相关的下垫面地貌特征分类图斑，分别形成基于 30m 和优于（含）2.5m 分辨率 DOM 的土地利用和植被类型数据[241]，见图 2-3（a）。流域土地利用以有林地为主，占流域总面积的 68% 以上，其次为耕地，占 21%（表 2-1）。

表 2-1 梅溪流域土地利用类型占比 （单位：%）

有林地	耕地	草低	房屋建筑（区）	其他	水域及水利设施用地
68.5	21.0	8.6	1.0	0.7	0.2

土壤类型数据来源于全国第二次土壤普查数据，按照《中国土壤分类与代码》（GB/T 17296—2009）进行分类和代码赋值，生成土壤类型矢量数据，见图 2-3（b）。流域的土壤类型主要包括黏壤土和砂黏壤土两类，其中黏壤土占 81.5%，砂黏壤土占 18.5%。进而对土壤类型数据、土壤剖面数据，采用土壤质地分类三角图法（图 2-4）[242]，结合《中国土种志》等资料，生成流域土壤质地数据，为流域下垫面下渗特性提供数据支撑。

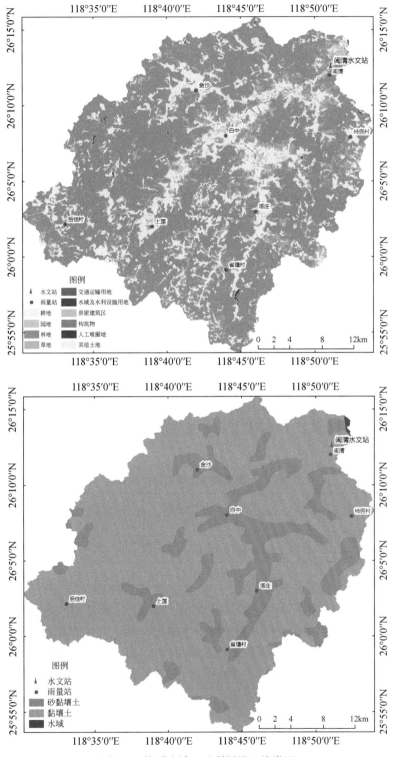

图 2-3　梅溪流域土地利用及土壤类型

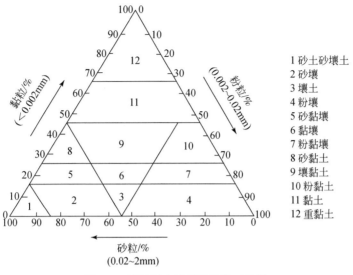

图2-4 国际制土壤质地分类三角图

右侧图例：

1 砂土砂壤土
2 砂壤
3 壤土
4 粉壤
5 砂黏壤
6 黏壤
7 粉黏壤
8 砂黏土
9 壤黏土
10 粉黏土
11 黏土
12 重黏土

2.4　降雨–径流数据

逐小时的降雨、径流数据分别来自梅溪流域内的1个水文站和8个雨量站，数据由福建省水利水电科学研究院提供（表2-2）。

表2-2　梅溪流域站点资料

站点编码	站点名称	站点类型	建站时间（年.月）	数据年限
71240500	后佳	雨量站	1965.7	2002~2016 年
71240800	上莲		1964.7	1964~2016 年
71240100	省璜		1964.5	1964~2016 年
71241100	白中		1964.7	1964~2016 年
71240300	塔庄		1964.5	1964~2016 年
71241600	柿兜		1964.7	1964~2016 年
71241350	金沙		1956.3	1964~2016 年
71242100	闽清		1964.5	1964~2016 年
71211850	闽清水文站	水文站	1989.1	1989~2016 年

本书选取了3场典型的台风雨，降雨历时均选为24h，每场降雨的降雨历时、面雨量、在流域内形成的洪峰流量见表2-3，降雨过程和洪水过程见图2-5。

表2-3　3场降雨洪水过程

降雨场次	降雨历时（年/月/日 时：分）	面雨量/mm	洪峰流量/（m³/s）
I	2012/8/3 00：00～2012/8/4 00：00	84	992
II	2014/6/17 21：00～2014/6/18 21：00	66	1170
III	2016/7/8 18：00～2016/7/9 18：00	242	4710

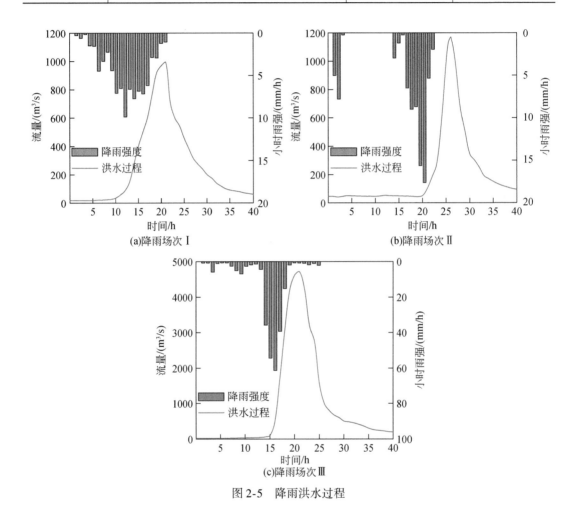

图2-5　降雨洪水过程

尽管3场降雨均由台风引起，但不同场次降雨的特征不同，这是由于台风结构不同、台风在发展过程中所处的环境不同，导致的洪水过程差异也很大。

2012年台风"苏拉"强度强、移速慢、局地雨强大、影响时间长范围广，"苏拉"生成后处于弱引导气流的环境中，并与台风"达维"形成双台风效应，导致"苏拉"路径多变，移动缓慢[243]。2012年8月2日，"苏拉"在台湾花莲县登陆后转而北上，绕过台湾岛北部于3日在福建福鼎再次登陆。登陆福建后主要向西行进，穿过福建北部进入江西减弱为热带低压。"苏拉"登陆后，台风西侧的福建南平西南部、三明、龙岩等地出现暴雨到大暴雨天气。此次暴雨主要分布在台风路径的左侧，且台风后仍然形成局地强降雨。

这是由于"苏拉"登陆后，涡旋中心垂直轴线向南倾斜加大，使路径南侧对流层中、下层的差动温度平流和差动涡度平流加强，有利于对流不稳定层结发展和动力抬升；中心南倾还造成上下层风的垂直切变加大，不稳定能量增强；在上升运动的激发下，对流和中大小尺度扰动得到发展，导致路径南侧暴雨。同时，北侧区域在台风登陆前已受冷空气影响，温湿条件均不如南侧。从环流背景分析，8 月 3 日"苏拉"登陆时，500hPa 西风槽位置偏北，副热带高压加强西伸，但位置偏北偏东，受"苏拉"北侧"达维"的引导，高空涡旋中心逐渐南倾。由于台风登陆后环境风垂直切变增大，对流同样发生在环境风垂直切变左侧方向，即在福建的西部。到了 3 日 14:00，台风中心西南侧低层辐合，高层出现明显的辐散，垂直上升运动在三明北部上空十分强烈，强降雨区正是出现在台风南侧的强辐合和上升运动区域，因此此次台风引起的强降雨对梅溪流域的影响并不大。

2014 年台风"海贝思"于 2014 年 6 月 14 日 14:00 在南海东北部海面生成，属南海近海台风。生成后一直稳定向偏北方向移动[244,245]。6 月 15 日 16:50 在广东汕头濠江区登陆，登陆时强度为热带风暴级别。15 日 20:00 减弱为热带低压，17 日早晨移入东海海面后"起死回生"，于 17 日 14：00 再次加强为热带风暴，夜里变性为温带气旋，直到 18 日才再次减弱，由于"海贝思"全程都是向偏北方向移动直至登陆，因此其在福建东南部也造成了强降雨。在 14 日 20:00 的 500hPa 形势场上，东亚中高纬度为两槽一脊型，西槽在乌拉尔山至咸海，东槽位于东西伯利亚至贝加尔湖一带，中低纬多小槽活动，大陆高压在江西、湖南、广西一带，太平洋副热带高压呈带状且较稳定，台风"海贝思"恰好位于两高压之间的南部，并向偏北移动。15 日 20:00"海贝思"开始向东北方向移动，台风引起的降雨开始影响福建漳州。至 16 日 20:00，由于中低纬浅槽东移，"海贝思"移至福建东北部，一直到 18 日才逐渐减弱，梅溪流域在这一时段内降雨明显。而在"海贝思"向东北方向移动时，中低层的垂直上升运动中心位置也随之向东北移动，且上升运动明显加大，受影响区域的水汽通量也增大，为降雨的产生、发展等提供了良好的条件。

2016 年"尼伯特"台风于 7 月 3 日 08:00 在太平洋中部洋面生成，沿偏西方向移动，逐渐向我国沿海靠近，强度逐渐加强，于 5 日 14:00 加强为超级台风。8 日 5:00，台风"尼伯特"以超强台风登陆台湾台东太麻里乡沿海地区，登陆时中心附近最大风力 16 级。9 日 13:00，"尼伯特"正式登陆福建泉州石狮，之后穿过泉州、龙岩、三明，逐渐减弱后进入江西[246]。其间，9 日 5：00，莆田有强盛的对流云团开始发展，随着台风中心向西北方向移动，台风开始影响福州。7 ~ 10 日，欧亚中高纬为两槽一脊形势，副高强盛，脊线位置在 25°N 附近。7 日 20：00，随着北方低涡东移及台风逐渐北上，副高断裂成大陆高压和海上高压两环。随着台风接近登陆，海上高压环流随着台风环流西北行，继续西伸加强，大陆高压持续减弱，其北侧有低压发展，不断东移。台风登陆后，大陆高压进一步西移减弱，赤道到华南沿海地区为海上高压控制，切断了台风南侧的水汽输送，台风以本体环流影响为主。之后台风继续北上，与北方低压槽结合。10 日 20:00，台风逐渐向东北方向移动，对梅溪流域的影响减弱，降雨结束。事实上，台风"尼伯特"登陆泉州前，沿海区域有明显的不稳定层结。台风与冷空气相互作用是触发暴雨的原因之一。因为冷空气侵入造成强迫抬升，加强台风内螺旋雨带的强对流，加剧不稳定能量释放，触发强降水[247]。台风"尼伯特"登陆泉州前，螺旋云带对流发展在其西北象限，存在中小尺度的对流云团发展导致沿海强降水发生。因此，该场暴雨是各种尺度天气系统相互作用的产物，东南和西南的暖湿气流、北侧的冷平流交汇明显，形成的中尺度对流天气系统直接引发了强降雨。

2.5　本章小结

　　本章介绍了研究区梅溪流域的基本情况，包括流域所在位置、水系、气候、水文、地形、地貌等，指出选取该流域进行研究的原因。重点阐述了研究选用的数据资料，包括雷达数据、全球模式产品、下垫面资料、降雨和径流数据。雷达数据一方面用于降雨反演和临近预报；另一方面用于数值大气模式的数据同化，以提高降雨预报的精度；全球模式产品 GFS 被用于驱动 WRF 模式开展降雨预报；针对研究区降雨特性，选取了 3 场典型的台风雨及其引发的洪水过程作为研究对象，详细分析了台风及其引发的降雨的成因，为气象水文耦合预报关键技术研究奠定坚实的数据基础。

第3章 雷达测雨与临近预报

3.1 天气雷达原理

3.1.1 天气雷达发展概述

从第二次世界大战后雷达技术引用到气象部门至今已有 70 多年历史，用于探测云降水、监测强对流天气的天气雷达已成为雷达的重要应用领域之一。目前约有 1000 部以上的天气雷达布设在世界各地，专用于监测强对流天气、定量估计降水，是气象水文部门的重要探测和监测手段之一[248]。

天气雷达的发展大致经历了四个阶段。

第一阶段：20 世纪 50 年代以前，用于气象部门的天气雷达主要由军用的警戒雷达进行适当改装而成，如美国国家气象局用的 WSR-1、WSR-3，英国生产的 Decca41、Decca43 等[249,250]。国内也曾在 1950 年引进 Decca41 雷达用于监测天气。当时选用的波长主要是 X 波段（3cm），少量选用 S 波段，性能与军用的警戒雷达有一定差距[251]。

第二阶段：20 世纪 50 年代中期，根据气象探测需求开始设计专门用于监测强天气和估测降水的雷达。1953 年美国空军设计研制了 CPS-9 X 波段天气雷达，用于监测强对流天气和机场的飞行保障。1957 年美国气象局设计生产了 WSR-57 S 波段天气雷达，用于监测强对流天气、大范围降水和定量估测降水。20 世纪 60 年代，日本开发了 C 波段的天气雷达，如 JMA-1-9 等[252]。这一阶段的天气雷达主要还是模拟信号接收和模拟显示雷达图像，观测资料的存储采用照相方法，雷达资料处理仍是事后进行人工整理和分析。国内生产的 713 型和 714 型天气雷达基本属于此类产品。

第三阶段：20 世纪 70 年代中期以后，数字技术和计算机开始广泛使用。为适应气象部门对天气雷达定量估测降水和对观测资料做进一步处理的需求，天气雷达开始应用数字技术对资料进行处理，建立数字化天气雷达系统，较为典型的产品是美国 WSR-81S 天气雷达系统。同时，数字技术也用于对原有常规天气雷达的改造，使其具有数字化处理功能。国内相当一部分天气雷达通过改造具有了数字化处理功能。数字化天气雷达系统不仅在技术上采用了数字技术，可提供数字化的观测数据，更重要的是应用了计算机对探测数据进行再处理，形成了多种可供用户直接使用的图像产品数据[253]。

第四阶段：20 世纪 70 年代末，数字技术、信号处理技术和计算机技术的发展，为多普勒天气雷达在大气探测中的深入应用创造了条件。美国在 20 世纪 80 年代初开始设计专为气象业务使用的多普勒天气雷达，称为新一代天气雷达（Next Generation Weather Radar,

NEXRAD），并于 1988 年开始批量生产布站，型号定为 WSR-88D。2013 年底，完成了对新一代天气雷达的双偏振升级改造[254,255]。我国的业务天气雷达网从 1998 年开始建设，称为中国新一代天气雷达网（China New Generation Weather Radar Network，CINRAD）。2018 年起，开始逐步从多普勒天气雷达升级为双偏振雷达[256]。CINRAD 和 WSR-88D 不仅有强的探测能力，较好的定量估测降水性能，还具有获取风场信息的功能，并有丰富的应用处理软件支持，可为用户提供多种天气监测和预警产品。

3.1.2 天气雷达的工作原理及组成

3.1.2.1 天气雷达工作原理

天气雷达的基本工作原理与一般雷达相同，通过间歇性地向大气中发射脉冲电磁波，并接收被气象目标散射回来的散射电磁波，再根据散射波的返回时间、来向、振幅、相位、极化等信息，确定云降水目标的空间位置和特性[257]。因此，天气雷达探测必须解决两个问题：一个是定位，即明确探测目标云雨的位置；另一个是定性，即探测目标云雨的性质。与确定目标物的位置相比，如何确定云降水的性质更为复杂。

在天气雷达探测中，目标的空间位置采用球坐标表示，即用探测目标离雷达站的距离 R、相对于雷达站的仰角 φ 和方位角 θ 来表示，如图 3-1 所示。

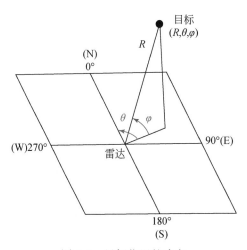

图 3-1　目标位置的确定

探测目标离雷达的距离是根据电磁波的传播速度，以及雷达发射出探测脉冲与收到回波信号之间的时间间隔 Δt 来确定。电磁波在大气中的传播速度与在真空中稍有不同，但对测距精度的影响很小，故仍可取 $c = 3 \times 10^8 \mathrm{m/s}$。因此

$$R = \frac{c \cdot \Delta t}{2} \tag{3.1}$$

目标方位角和仰角的测定是依靠天线的方向性来判断的。天气雷达的天线具有很强的

方向性，能将探测脉冲的能量集中地向某一方向发射，然后接收来自该方向的回波信号。根据这一原理，当雷达接收到回波时，就认为雷达天线所指的方位角和仰角就是目标相对于雷达的方位角和仰角。

3.1.2.2 硬件结构

天气雷达主要由天线馈线（天馈）分系统、伺服分系统、发射分系统、接收分系统、信号处理分系统、监控分系统、数据处理与显示分系统组成[258]，各部分相互配合，构成了天气雷达的主体，如图 3-2 所示。

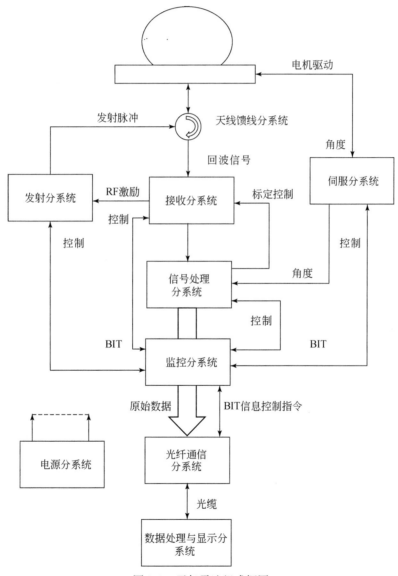

图 3-2 天气雷达组成框图

（1）天线馈线分系统

馈线为连接发射机与天线之间的波导管，其主要功能是将发射机输出的高频振荡电磁波送往天线。天线的主要功能有两个：一个是将发射机经馈线送来的电磁波辐射出去；另一个是接收目标散射回来的电磁波。如果这两个功能由同一个天线来完成，则称该天线为收发共用天线，这也是多数天气雷达所采用的。

（2）伺服分系统

伺服分系统的作用包括两个方面：一方面是根据用户在数据处理与显示分系统上给出的命令，通过天线传动系统操纵雷达天线进行相应动作的扫描；另一方面是通过同步系统将天线指向的方位角和仰角数据送入信号处理分系统。由于天气雷达探测的是三维空间中的气象目标，所以天线应能指向任何方向。

（3）发射分系统

发射分系统也称为发射机，其主要功能是周期性产生大峰值功率的高频振荡电磁波，经过天线馈线分系统后再发射出去。发射分系统是间歇性工作的，在短暂的工作时间中产生电磁波并发射出去，然后停息直到进入下一个工作周期。这种间歇性工作方式类似脉搏跳动，所以也称为脉冲发射，相应的雷达称为脉冲波雷达。

天气雷达发射波通常为极化波，即场强在各方向分布不均匀。如果电矢量只在一个平面内振动，称为线极化波；如果电矢量振动的轨迹为圆，称为圆极化波；如果电矢量振动的轨迹为椭圆，称为椭圆极化波。目前的单偏振天气雷达大多只发射并接收水平线极化波，双偏振天气雷达大多同时或交替发射接收水平和垂直线极化波。

（4）接收分系统

接收分系统又称接收机，主要任务是将天线接收的经馈线传入的目标散射回波，放大后送往信号处理分系统进行处理。雷达天线所收到的回波信号是非常微弱的，因此雷达接收机必须具有检测微弱信号的能力（称为接收机灵敏度），用接收机的最小可辨功率表示，即回波信号刚刚能从噪声中分辨出来时的回波功率。接收机必须具有足够的放大倍数，以便使微弱的回波信号能够放大达到后续处理的要求。接收机的放大倍数用增益表示。

（5）信号处理分系统

在现代雷达系统中，信号处理分系统的作用越来越重要，其功能也越来越强，承担了很多原本由接收机做的工作。在多普勒天气雷达中，信号处理分系统的主要功能是对来自接收分系统的 I/Q 正交信号进行处理，得到反射率因子的估测值（即回波强度），并通过脉冲对处理（Pulse Pair Processing，PPP）或快速傅里叶变换（Fast Fourier Transform，FFT）处理，得到散射粒子群的平均径向速度和速度谱宽，最后传送至数据处理与显示分系统进行进一步的处理和显示。

（6）监控分系统

监控分系统负责对雷达全机工作状态进行监测和控制，可自动检测、搜集雷达各分系统的故障信息，送往数据处理与显示分系统。数据处理与显示分系统发出对其他各分系统的操作控制指令和工作参数设置指令，传送到监控分系统，经监控分系统分析处理后，转发至各相应的分系统，完成相应的控制操作和工作参数设置。操作人员在终端显示器上能实时监视雷达工作状态、工作参数和故障情况（图 3-3）。

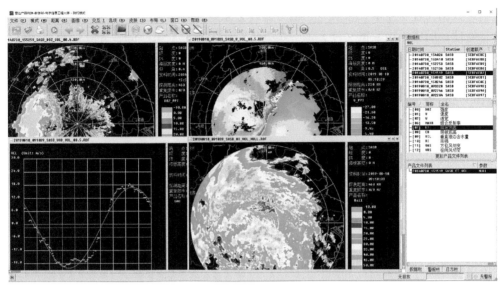

图 3-3 监控分系统软件

（7）数据处理与显示分系统

雷达的数据处理与显示分系统也起着越来越重要的作用，其功能也越来越强。一般来说，数据处理与显示分系统是一个功能强大的软件系统（图 3-4），可以完成对整个雷达

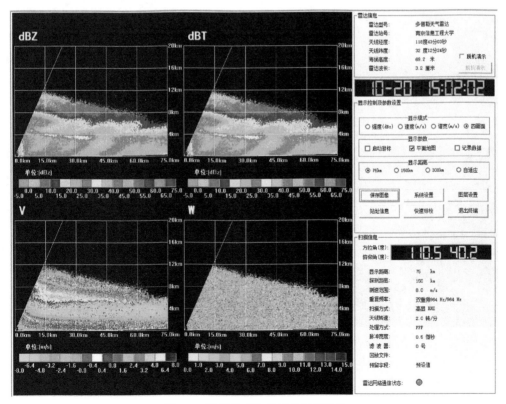

图 3-4 数据处理与显示分系统软件

的控制。数据处理与显示分系统对于信号处理分系统传输来的气象目标回波原始数据进行采集、处理，形成原始数据文件，进一步处理制作出各种气象产品，并在终端显示器上显示，或通过服务器和通信网络将原始数据和气象产品传送给其他用户。

3.1.3 天气雷达扫描方式

3.1.3.1 PPI 扫描

平面位置显示器（Plan Position Indicator，PPI）是天气雷达中应用最广泛的一种显示方式。多普勒天气雷达通过旋转扫描，可获得四周云雨区的位置和强度，以及径向速度和速度谱宽分布。PPI 图中的十字线分别指向东南西北四个方位，同心圆表示距离圈（图 3-5）。由于雷达观测仰角一般不为 0°，所以 PPI 图中显示的回波并非来自一个平面上的云雨区，而即使雷达观测仰角为 0°，显示的回波也不是来自一个平面上的云雨区，因为电磁波在大气中传播时会因折射而发生弯曲[259]。

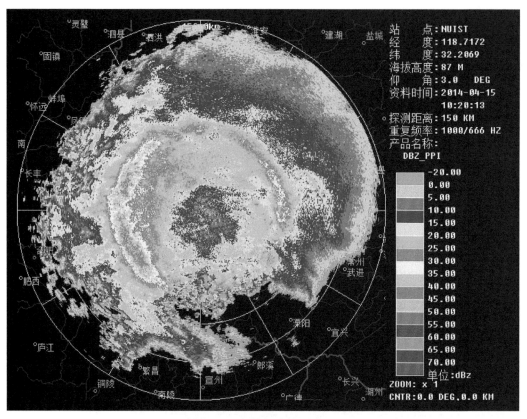

图 3-5 反射率因子 PPI 图

3.1.3.2　RHI 扫描

距离高度显示器（Range Height Indicator，RHI）是天气雷达中常用的一种显示方式，此时雷达作俯仰扫描，可提供云雨目标的垂直剖面。图 3-6 即为多普勒天气雷达的 RHI 图，垂向竖线为等距离线，水平横线为等高度线[260]。

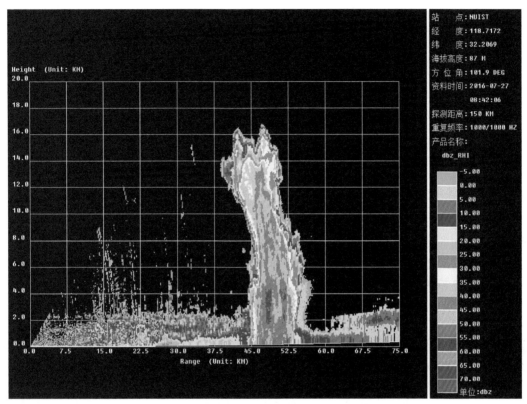

图 3-6　反射率因子 RHI 图

3.1.3.3　体扫描

体扫描（Volume Scan，VS）是由多个仰角 PPI 组成的立体三维扫描。业务雷达通常采用体扫描，优势是选定扫描模式后，雷达连续不间断运行，提供三维云降水风的观测信息，可实现无人值守。根据观测目的不同，体扫描分为降水模式体扫描和晴空模式体扫描，可采用不同的仰角数、天线转速、脉冲宽度和数据处理模式[261]。

3.1.4　天气雷达重要参数

3.1.4.1　波长

发射分系统产生的高频振荡电磁波的波长，一般用 λ 表示，也可用电磁波的频率 f 来表示，是决定天气雷达性能的重要参数之一（表 3-1）。由于同一目标对不同波长的电磁波的散射和衰减特性存在很大差别，所以不同用途的天气雷达往往具有不同的波长。天气雷达通常使用的是厘米波，习惯上划分为不同的波段。第二次世界大战时为了保密起见，曾用不同的英文字母表示，这种表示方式一直沿用至今。目前地基天气雷达一般采用 X 波段、C 波段和 S 波段，星载测雨雷达一般采用 Ku 波段和 Ka 波段[262]。

表 3-1　天气雷达常用波段、波长及频率

波段	波长 λ/cm	频率 f/GHz	典型波长/cm
S	8～15	2～4	～10
C	4～8	4～8	～5
X	2.5～4.0	8～12	～3
Ku	1.7～2.5	12～18	～2
Ka	0.75～1.20	27～40	～0.8

3.1.4.2　脉冲重复频率与脉冲重复周期

每秒钟发射的脉冲数目称为脉冲重复频率（Pulse Repetition Frequency，PRF），两个相邻脉冲之间的时间间隔称为脉冲重复周期（Pulse Repetition Time，PRT），脉冲重复频率与脉冲重复周期之间互为倒数关系[263]。

脉冲重复频率决定了雷达的最大探测距离，也称为最大不模糊距离：

$$R_{max} = \frac{c \cdot \mathrm{PRT}}{2} = \frac{c}{2\mathrm{PRF}} \tag{3.2}$$

式中，c 为电磁波传播速度，近似为 3×10^8 m/s。例如，某型多普勒天气雷达探测时脉冲重复频率选为 300Hz，则最大探测距离为 500km。

脉冲重复频率也决定了多普勒天气雷达的测速范围，即最大不模糊速度或 Nyquist 速度，是雷达能够不模糊地（准确地）测量的最大平均径向速度：

$$V_{max} = \frac{\lambda \times \mathrm{PRF}}{4} \tag{3.3}$$

式中，λ 为雷达波长。例如，某型 S 波段多普勒天气雷达探测时脉冲重复频率选为 1000Hz，则最大不模糊速度为 25m/s。

3.1.4.3　脉冲宽度

探测脉冲的振荡持续时间称为脉冲宽度 τ。由于探测脉冲具有一定的持续时间，因而它在大气中传播时也有一定的空间长度 h：

$$h = \tau c \tag{3.4}$$

为精确测定降水区的大小和内部结构，天气雷达通常采用较窄的脉冲宽度。脉冲宽度一般为 1μs 或 2μs。部分天气雷达为了适应探测不同距离目标的需要，设置了几种脉冲宽度。在探测近目标时采用较窄的脉冲宽度，而在探测远目标时采用较宽的脉冲宽度，以便增大回波信号的强度。

3.1.4.4 发射功率

发射机发出脉冲的峰值功率称为发射功率 P_t。为了增强天气雷达的探测能力,其发射功率一般很大,以 S 波段天气雷达为例,其发射功率在 700kW 左右。不过发射机的平均发射功率并不大,因为在脉冲间歇期间并不发射能量,所以雷达的平均功率一般只在数十瓦至数百瓦。

3.1.4.5 主波束宽度

如果天线辐射出去的电磁波能量在空间各个方向均匀分布,则称该种天线为全向天线。如果天线辐射出去的电磁波能量在空间各个方向分布不均匀,并在某个方向能量最强,则称该种天线为定向天线。

描述天线辐射的电磁波能量空间分布图,称为天线方向图。天线方向图可在室内或室外,用仪器及另一标准天线进行测量。天线方向图应是一个以天线位置为原点的立体图,但为便于理解,一般采用过原点的纵切剖面(垂直面)和横切剖面(水平面)来表示。图 3-7 为一纵切剖面示意图,其中天线的指向为 0 度,天线的背面为 180 度。曲线上各点与坐标原点的连线长度,代表该方向辐射能流密度的大小,通常以最大辐射能流密度进行归一化后绘制。图 3-7 中在最大发射方向上的称为主瓣,侧面的称为旁瓣或副瓣,相反方向的称为尾瓣。当旁瓣较多时,从最接近主瓣的开始依次称为第一旁瓣、第二旁瓣等。

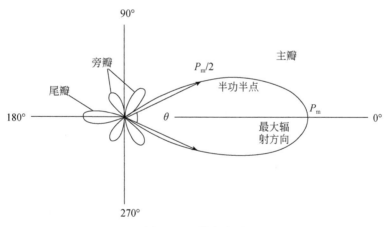

图 3-7　天线方向图

在天线方向图上,两个半功率点方向的夹角,称为波束宽度,是天线的一个重要技术参数。在水平面上的波束宽度,用 θ 表示;在垂直面上的波束宽度,用 φ 表示。波束宽度越小,角度的分辨率越高,探测精度也越高。天气雷达天线的波束宽度,通常为 1° 左右。

天线波束宽度的大小,除与电磁波的波长有关外,还与天线反射体的形状、截面的几何尺寸有关。天气雷达采用的是圆抛物面型反射体,其在水平和垂直方向上的波束宽度相同。圆抛物面天线的波束宽度一般为

$$\theta = 70\frac{\lambda}{d} \qquad (3.5)$$

式中，θ 为波束宽度（°）；λ 为波长（cm）；d 为反射体的口面直径（cm）。可见，波长越短、天线直径越大，波束越窄。

3.1.4.6 天线增益

辐射总功率相同时，定向天线在最大辐射方向的能流密度与各向均匀辐射的天线的能流密度之比，称为天线增益，用符号 G 表示。天线增益 G 与波束宽度 θ、φ 有下述关系：

$$G = \frac{\pi^2}{\theta\varphi} \qquad (3.6)$$

天线增益通常很大，一般用分贝（dB）数来表示。天气雷达的天线增益一般在 40dB 以上。天线增益 G 与雷达波长 λ、天线几何面积 A_p 有关：

$$G = \frac{8\pi}{3\lambda^2}A_p \qquad (3.7)$$

可见，天线的尺寸越大、波长越短，天线增益就越高。大的天线增益对于提高雷达探测能力和精度都是很有利的，所以天气雷达通常拥有较大的天线。为了增强天线的抗风性能，同时减轻重量，天线反射体有时做成栅状或外加防风罩。

3.1.5 天气雷达观测量

当电磁波束在大气中传播，遇到空气介质或云滴、雨滴等悬浮粒子时，入射电磁波会从这些介质或粒子上向四面八方传播开来，这种现象称为散射。天线接收到的来自云滴、雨滴粒子后向的散射而形成回波。从平均回波功率可得反射率因子 Z，从散射波相位变化可得到平均径向速度 V 和速度谱宽 W。

3.1.5.1 反射率因子

反射率因子 Z 为单位体积内粒子直径的 6 次方和：

$$Z = \int_0^\infty N(D)D^6 \mathrm{d}D \qquad (3.8)$$

式中，$N(D)\mathrm{d}D$ 为直径介于 $D\sim D+\mathrm{d}D$ 的云滴、雨滴粒子数；Z 值的大小只取决于云滴、雨滴谱分布的情况，Z 正比于 D^6，一方面表明粒子越大 Z 越大，另一方面也表明少数大粒子将提供回波功率的绝大部分。Z 的线性单位为 $\mathrm{mm}^6/\mathrm{m}^3$，实际应用中采用对数单位 dBZ，转换公式为

$$1\mathrm{dBZ} = 10\times\lg Z \qquad (3.9)$$

3.1.5.2 径向速度和速度谱宽

天气雷达利用多普勒效应测量目标物沿观测方向的运动速度，即径向速度。公式为

$$\frac{\mathrm{d}\varphi}{\mathrm{d}t} = \frac{4\pi}{\lambda}v \qquad (3.10)$$

式中，$d\varphi$ 为相邻脉冲的散射波相位差；dt 为时间间隔；λ 为雷达波长；v 为径向速度。

雷达接收的散射波是采样体内所有粒子的合成散射波。粒子群散射的相位依赖于粒子间的相对距离，单次测量的结果是波动的。故需要对几十个脉冲对的测量值取平均，即平均径向速度，也称径向速度，用 V 表示。V 代表目标物沿雷达观测方向的移动速度，朝向雷达为负，离开雷达为正。同时，计算几十个脉冲对的标准差，即速度谱宽，也称谱宽，用 W 表示。

3.2　雷达降雨反演

定量降水估计（或定量估测降水）（Quantitative Precipitation Estimation，QPE）是天气雷达的重要应用领域之一，其准确率也是水文领域最为关心的。天气雷达可以获取高时空分辨率的降水分布，空间分辨率从几十米到几千米，时间分辨率为几分钟，探测半径从几十千米到几百千米。与地面雨量站相比，天气雷达的主要优势在于能够获得高时空分辨率的面雨量，充分体现降雨的时空变化，理论上更适用于中小流域降雨监测预报和洪水预报[264]。

3.2.1　雷达估测降水的基本原理

3.2.1.1　雷达估测降水原理

由式（3.8）可知，天气雷达的反射率因子 Z 取决于采样体内的粒子滴谱分布，而降水强度也主要由滴谱决定。当忽略近地面垂直气流时，降水强度 I 可定义为

$$I = \frac{\pi}{6}\int_0^\infty N(D)D^3 v(D)\,dD \tag{3.11}$$

式中，$N(D)$ 为滴谱函数；$v(D)$ 分别为直径为 D 的粒子在静止大气中的下落末速度；I 为降水强度（mm/h）。通过观测发现下落末速度 $v(D)$ 与雨滴直径 D 存在下列关系：

$$v(D) = cD^\beta \tag{3.12}$$

中，c 和 β 为系数。

一般而言，降水的滴谱满足三参数的伽马函数分布：

$$N(D) = N_0 D^\mu e^{-\Lambda D} \tag{3.13}$$

式中，N_0、μ 和 Λ 分别为数浓度、形状和斜率参数。

联立式（3.8）～式（3.13）可以得到 Z 和 I 之间的关系[265]：

$$Z = AI^b \tag{3.14}$$

式中，$A = N_0^{\frac{\beta-3}{4+\mu+\beta}}\left[\frac{1}{6}\pi\rho c\Gamma\ (4+\mu+\beta)\right]^{-\frac{(\mu+7)}{4+\mu+\beta}}\Gamma\ (\mu+7)$；$b = \dfrac{\mu+7}{4+\mu+\beta}$。

对于层状云降水，雨滴谱可以简化为 MP 分布，即 $\mu=0$，N_0 受雨强影响较小，近似为常数 0.08cm^{-1}，雨滴下落末速度参数可以在实验室中测量，$c_2=1300$，$\beta=0.5$，将这些系数带入式（3.15），即可得到近似公式：

$$Z = 200I^{1.6} \tag{3.15}$$

利用上述关系估计降水，统称为 $Z\text{-}I$ 关系法。但 $Z\text{-}I$ 关系法中有一些假定，使用时必须注意以下几点。

1）假定降水粒子对雷达发射波的散射为瑞利（Rayleigh）散射。这个假定在降水粒子较小时成立，对暴雨、冰雹等灾害性天气并不总是成立。

2）假定滴谱分布在雷达有效照射体积内处处相同，但雷达有效照射体积随距离的增大而增大，因此这个假定离雷达越远处越难以满足。

3）未考虑降水粒子对电磁波的衰减作用，对较大范围较强的降水或短波长雷达，衰减必须考虑。

4）系数 A 和 b 由降水滴谱分布决定。不同地区、季节、降水类型的滴谱是不同的，甚至同一次降水过程中，滴谱也会变化。

5）粒子下落末速度不仅受重力的影响，还受垂直气流的作用，而式（3.12）未考虑垂直气流对降水粒子的作用。

尽管 $Z\text{-}I$ 关系是在诸多假设条件下确定的，但也给出了雷达估计降水的基本关系式，是雷达定量估测降水的理论基础。

3.2.1.2 建立 $Z\text{-}I$ 关系的方法

（1）统计 $Z\text{-}I$ 关系法

通过实测的雨滴谱资料，可计算得到 Z 和 I 值，只要雨滴谱资料较多，就可统计二者的关系，式（3.14）可改写为

$$\lg Z = \lg A + b \lg I \tag{3.16}$$

基于最小二乘法，利用一系列用雨滴谱资料计算的 Z 和 I 值，可以估计出 A、b 值。但从全球各地基于实测滴谱资料统计的 $Z\text{-}I$ 关系看，系数 A 和 b 的变化范围很大。为了提高统计 $Z\text{-}I$ 关系的适用性，根据不同地区的气候特点、降水类型，分类统计 $Z\text{-}I$ 关系，有助于提高系数 A 和 b 的稳定性。

（2）最优化 $Z\text{-}I$ 关系法

利用雨量站实测的降水资料 I 和雨量站上方雷达测量的反射率因子 Z，由式（3.16）可以直接统计 $Z\text{-}I$ 关系。尽管最小二乘法是方差最小意义下的线性无偏估计，但由于 $Z\text{-}I$ 关系的幂指数形式，最小方差方法确定的 A、b 所估算的平均降水量明显低于雨量计测量的平均降水量。最优化方法引入了判别函数：

$$\mathrm{CTF} = \min\left\{ \sum_i \left[(I_i^R - I_i^g)^2 + (I_i^R - I_i^g) \right] \right\} \tag{3.17}$$

式中，I_i^R 为待定系数为（A，b）时，雨量站 i 处的雷达估测降雨强度；I_i^g 为雨量站 i 观测的降雨强度，该方法在方差最小的基础上增加了偏差最小项，使 CTF 最小的系数（A，b）就是最优估计。该方法以降水量为判据，同时考虑估测降水量的误差方差和偏差，使两者同时达到最小化。

3.2.1.3 $Z\text{-}I$ 关系分析

$Z\text{-}I$ 关系估测降水时，对于 Z 值相同的两种雨滴谱分布，其可能对应不同的雨强；同

样，对于 I 相同的两种雨滴谱分布，也可能对应不同的 Z 值。

滴谱的多样性导致 Z-I 关系的多样性，因此寻找一个最优的 Z-I 关系是不可能的。以中国某地区为例，Z-I 关系非常多，大多数均匀分布在 $Z=200I^{1.6}$ 和 $Z=250I^{1.2}$ 关系之间，目前无法找到一个普适的最优关系（图 3-8）。Z-I 关系的多样性会导致降水估计的误差，尤其是强降水估计，其是雷达 QPE 的主要误差源之一[266]。

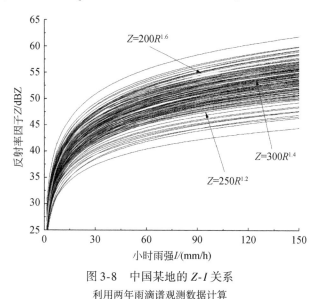

图 3-8   中国某地的 Z-I 关系
利用两年雨滴谱观测数据计算

近年来，随着双偏振技术的成熟，双偏振雷达的应用对提高降水估计精度起到了积极作用，双偏振雷达利用水平和垂直极化电磁波探测，具备了更精确地反演滴谱参数的能力，从而提升了 QPE 精度。但偏振量往往相对误差较大且对小雨不敏感，因此在小雨区、偏振量数据质量不高的区域，Z-I 关系仍是不可或缺的。

3.2.1.4　雷达估测降水中的误差源

除 Z–I 关系误差外，雷达估测降水还存在许多误差来源：一类是系统性误差，一旦存在将对整个雷达估测降水场产生影响；另一类是局地性误差，主要影响局地降水估测[267,268]。

系统性误差的来源可能来自雷达系统观测的误差，即所有影响雷达准确测量降水区反射率因子的因素。①雷达常数：雷达方程中影响反射率因子计算的所有雷达参数项，包括雷达发射功率、最小可测功率、脉冲宽度、天线增益、波束宽度等，都必须准确测量和标定以保证获得正确的雷达反射率因子；②雷达天线罩的衰减：如果本站有雨，湿天线罩的衰减会造成降水的系统性低估；③地球曲率：造成雷达波束高度随距离的增大而增大，远距离处的雷达回波不能代表地面降水。

局地性误差主要来源有：①雷达测量的是空中降水，雨滴从空中落到地面的过程中，可能存在破碎、碰并、蒸发、倾斜等现象，使雷达估测值与地面降水测量值出现误差；②非球形大雨滴、冰雹等粒子不满足瑞利散射，导致雷达测量的 Z 值存在误差；③零度层亮带是雷达回波中经常见到的现象，其混杂在降水回波中时，会使雷达估测降水值偏大；④地物对雷达波束的部分阻挡使回波变弱，从而低估降水；⑤地物杂波或超折射地物杂波会导致虚假或过高的降水估计。

3.2.1.5 雨量计对雷达 QPE 的订正方法

如前所述，Z-I 关系的不稳定及多种误差源，使得雷达 QPE 难以准确描述扫描范围内的面雨量。因此，需要雨量计观测订正雷达 QPE，也称为雷达-雨量计融合 QPE。

雨量计是目前在降雨单点监测的标准仪器，尽管监测精度高，但雨量计的取样空间小，测量结果在空间范围的代表性较低。雷达 QPE 可以探测较大范围的面雨量，但监测精度相对较差。通过雨量订正的方法，将雷达测雨和雨量计测雨各自的优势发挥出来，进行有机融合能够形成高精度的面雨量[269,270]。

（1）空间平均校准法

最简单的方法是空间平均校准法，取某一个区域所有的雨量计观测降水的平均值 $\overline{P_g}$，以及基于雷达得到的整个区域的降水初估场所计算得到的区域面平均降水量 $\overline{P_R}$，计算两者的偏差 $\overline{P_g}/\overline{P_R}$，即校准因子，然后利用这个校准因子和雨量测量值 P_R 来校正每一网格的初估降水量 $\hat{P_R}$：

$$\hat{P_R} = \frac{\overline{P_g}}{\overline{P_R}} P_R \tag{3.18}$$

这种方法所求的是平均校准因子，即认为每个格点的雷达 QPE 误差是相同的，这种假设忽略了滴谱在空间的变化，如对流降水和层状云降水，也忽略了局部性的偏差，如远距离波束高度带来的偏差等。

（2）最优插值校准法

在雷达探测范围内，受地形、下垫面条件、天气系统、降水类型等各种因素的影响，雷达估测降水的误差具有一定的空间分布特征。最优插值是一种无偏、最小方差插值方法，将雨量站处雨量计测量降水和雷达估测降水的偏差插值到所有格点，校准所有格点上的降水值，该法既保留了雨量站在格点上测量的精度，又体现了雷达探测的降水分布特征，能较好地反映降水场的真实分布。其插值原理如下：

$$I_j = I_{j,r} + \sum_{k=1}^{N} W_k (I_{k,g} - I_{k,r}) \tag{3.19}$$

式中，I_j 为格点 j 的雨强最优估测值；$I_{j,r}$ 为格点 j 上的雷达估测的雨强；$I_{k,g}$ 和 $I_{k,r}$ 为第 k 雨量站点上雨量计实测值和雷达估测值；N 为参与插值的雨量计个数；W_k 为雨量计 k 的权重值，由下列方程组确定：

$$\sum_{l=1}^{N} W_l u_{k,l} + W_k n_{k,i} = u_{i,k} \qquad (k = 1,2,\cdots,N) \tag{3.20}$$

$$u_{k,l} = \mathrm{e}^{-r^2/a} \tag{3.21}$$

式中，$u_{i,k}$ 为格点 i 和雨量计 k 之间雨强的相关系数；r 为格点 i 和雨量计 k 间距离；a 为相关距离因子；$n_{k,i}$ 为 k 点雨量计观测误差方差与 i 点雷达观测误差均方差之比。

最优插值校准法兼具雨量计在点上测量的高精度和雷达测量对降水场结构的客观描述

的优势，在雨量计校准雷达估测降水中有较多应用。在应用时，该方法必须事先确定不同格点之间雨强的相关函数。最优插值校准法的缺点是用于校准的雨量站和要估测的降水点间距离不能太远，距离越远，两点上降水估测偏差之间的相关越小，校准的效果越差。雨量站密度越高，校准效果越好。

（3）卡尔曼滤波校准法

卡尔曼滤波是由数学家卡尔曼（R. E. Kalman）在 1960 年针对随机过程状态估计首先提出的，在信号处理、最优控制等领域得到广泛应用。卡尔曼滤波是一种高效率的递归滤波器（自回归滤波器），它能够从一系列不完全包含噪声的测量中，估计动态系统的状态。

卡尔曼滤波校准法就是为了消除时间序列上随机噪声对雷达降水估测的干扰。它的基本思想是由状态方程得到偏差估计值 f_1，再用测量方程得到的偏差估计值 f_2 去校准，校准的结果使得最佳估计 $\hat{f}$ 的方差最小。

在定量估测区域降水量中，卡尔曼滤波校准法的状态方程和测量方程如下。

1）状态方程。

校准因子 $f = \dfrac{I_g(t)}{I_r(t)}$ 为一个随机变量，当有多个雨量站时，用各站取得的偏差平均值作为 f，则 f 就与空间无关，仅仅是时间的函数，可以表示为 $f(t)$，$f(t)$ 的变化带有随机性，假设满足"一维无规则行走"，则数学表达式为

$$f(t+1) = f(t) + W(t) \tag{3.22}$$

式中，$W(t)$ 为均值为 0 的白噪声；$f(t+1)$ 与 $f(t)$ 为状态的偏差；式（3.22）表示的是偏差值 f 这个状态量随时间变化的方程。

2）测量方程。

设 I_R 和 I_g 分别代表实际雷达测量值和雨量计值，则有测量偏差为

$$\beta(t) = \dfrac{I_g}{I_R} \tag{3.23}$$

测量过程有其他的噪声干扰 $\varepsilon(t)$，使得 $\beta(t)$ 与给出的状态方程不相等，因此测量方程可以写为

$$\beta(t) = f(t) + \varepsilon(t) \tag{3.24}$$

式中，$\beta(t)$ 为均值为 0 的白噪声，但和 $W(t)$ 是两个不同序列的白噪声，它们相互独立。

状态方程（3.22）和测量方程（3.24）就组成了卡尔曼滤波方程。通过一组递推方程，可以求出每个时次的最优校准因子估计值，随着观测次数的增加，估测的精度会逐渐提高。

卡尔曼滤波在导出平均偏差场时，考虑了测量过程的噪声，提供了一种估计误差的方法。该方法是由前一时刻的偏差估计及其误差方差计算得到当前的偏差估计，进而预测下一个时刻的偏差。

卡尔曼滤波递推方程组如下。

状态估计值公式：

$$\hat{f}_{k/k} = \hat{f}_{k/k-1} + K_k(\beta_k - \hat{f}_{k/k-1}) \tag{3.25}$$

预测估计值误差的方差公式：

$$P_{k/k-1} = P_{k-1} + Q_{k-1} \tag{3.26}$$

滤波误差方差：

$$P_k = (1-K_k)P_{k/k-1} \tag{3.27}$$

式中，Q 和 K 为常数（分别为 Gauss 白噪声 $W(t)$ 和 $\varepsilon(t)$ 的方差）；k 为离散化后的时间，其中 $\hat{f}_{k/k-1}$ 为经滤波输出的 k 时刻偏差估计值。

由于雷达观测资料的误差是随机的，而卡尔曼滤波校准法得到的正是这个误差的校准因子，故其在整个雷达的观测范围内可以用来校准雷达值，另外卡尔曼滤波校准法滤除了随机噪声，因此效果比空间平均校准法好。

3.2.2 雷达估测降水的实现

为了实现雷达估测降水，除了应用上述方法外，还必须进行反射率因子的质控、预处理、混合扫描面的生成、降水检测算法等[271-273]。

3.2.2.1 基本滤波

云降水回波是成片连续分布的，但雷达观测中的非气象目标回波或噪声会形成不满足连续性的孤立值或离群值。基本滤波可以消除这些孤立值或离群值。方法是中值滤波或窗口滤波。

中值滤波是在滤波窗口上排序计算窗口内回波的中值，利用中值覆盖窗口中心值。中值滤波可以针对某一类数据，如强回波或空值，实现过滤离群的强回波或填补缺测等功能。

窗口滤波是在二维数据上，以当前点为中心，选定 $N \times N$ 窗口，统计窗口内有效数据点所占比例 P，如果 $P < P_{\text{THRES}}$，将中心点设置为空值。窗口滤波可以消除孤立的小回波块，改善数据质量。图 3-9 为观测个例的窗口滤波效果。

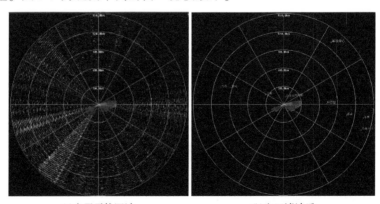

(a)电子干扰回波　　　　　　　(b)窗口滤波后

图 3-9　窗口滤波个例

3.2.2.2 地物抑制

地物杂波和超折射地物杂波会造成虚假的降水或使得 QPE 过高估计。消除地物杂波是雷达数据质量的一个主要内容。一种方法是利用地物回波与降水回波的垂直高度特征来设计，可称为参考平面法。原理如图 3-10 所示，地物高度低，通常在近地面几百米，而降水回波高度可以从几千米到十几千米，故可选取某一个高度层的回波作为参考平面。如果低层有回波且参考平面的对应位置也有一定强度的回波，则判定为气象回波。如果低层有，参考平面没有，则判定为地物杂波。

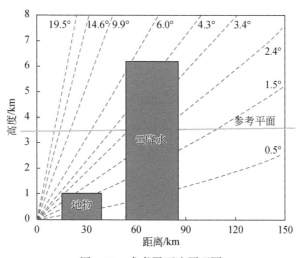

图 3-10　参考平面法原理图

红色虚线为天气雷达常用扫描的波束高度

参考平面法对于近距离地物判断是比较有效的，但远距离时波束高度接近参考平面，所以当面对远距离超折射回波时该方法无法准确判断。

另一种常用方法是模糊逻辑（Fuzzy Logic）法，利用气象回波与地物杂波的水平结构差异，识别地物。方法是选择主要的几个特征变量，如反射率因子纹理、沿径向的库间变化、径向速度的平均值、径向速度的标准差、谱宽的平均值，统计或指定每个特征量的一组成员函数，计算每一个特征量的评分值，累加后标准化得到地物概率（0 ~ 1）。本书采用该方法对地物杂波进行抑制。

3.2.2.3 地物阻挡补偿

在有地形影响的情况下，如果主波束被地形阻挡部分小于等于波束截面积的 60%，则对反射率因子值按照表 3-2 做相应的补偿。如果被阻挡的部分大于波束的 60%，则使用上面一个仰角的相应值来代替。波束阻挡截面积可以用高精度的 DEM 结合标准大气折射计算得到。

表 3-2 地物阻挡补偿 （单位：dBZ）

波束阻挡率	反射率因子订正
0 ~ 10%	0
11% ~ 29%	+1
30% ~ 43%	+2
44% ~ 55%	+3
56% ~ 60%	+4

3.2.2.4 回波距离补偿订正

由于部分波束充塞造成对远距离的降水估计过低，这种低估主要与距离、降水强度有关，订正式可表示为

$$I_{corr} = a \left[(I_R)^b r^c \right] \tag{3.28}$$

式中，I_{corr} 和 I_R 分别为订正前和订正后的降水强度（mm/h）；r 为距离（km）。系数 a、b 和 c 将随季节和台站地点变动，可以用历史资料统计得到。

3.2.2.5 冰雹污染的订正

冰雹的散射能力强，但对降水量的贡献却很有限。纯液态雨滴的反射率因子一般不超过 55dBZ。但如果有冰雹存在，反射率因子则大大超过 55dBZ，甚至达到 70dBZ 以上，导致 QPE 过高估计。为了避免冰雹的影响，将用于降水估计的反射率因子设置一个上限值（51 ~ 55dBZ），超过该上限值的反射率因子一律按等于上限值处理。大部分业务雷达采用 53dBZ，以对流降水估计关系来计算对应的降水强度，为 104mm/h。这也意味着雷达 QPE 能估计的最强降水强度为 104mm/h。

3.2.2.6 降水检测算法

降水检测算法可以判断降水的开始和终止，这样雷达 QPE 仅工作于有降水时段，可以有效避免晴空回波的虚假降水，同时可以累积整个过程的降水量生成风暴累积降水产品。检测方法是设置反射率因子强度和面积两个阈值，如果非地物回波的反射率因子超过一定的强度和面积阈值，则判定有降水发生。降水判定开始后，如果在 1h 内没有检测到降水，则认为降水事件结束。

3.2.2.7 混合扫描面

为了自动获取三维云降水和风场，天气雷达通常采用多仰角的体扫模式，一般最低仰角从 0.5°起。首先必须从体扫回波中提取用于降水估计的雷达回波。一个体扫包含多个仰角的 PPI 数据，理想情况下选择最低仰角的 PPI 用于估计降水，可以避免波束下蒸发、合并、倾斜等误差源。但实际上，最低仰角 PPI 也是受地物影响最严重的 PPI，尽管经过了地物抑制，但地物影响无法 100% 消除或订正。为此，选择 QPE 的雷达回波

要遵从一个原则，即选取受地物影响最小的且高度最低的一层回波，即混合扫描面技术。

例如图 3-11 中，在距雷达 0～30km 范围使用 3.4°仰角，20～35km 范围使用 2.4°仰角，35～50km 范围使用 1.5°仰角，50～230km 范围使用 0.5°仰角，这样由多个仰角扫描拼成的平面称为复合平面，该平面上的回波用于降水估测。以业务雷达为例，利用最低四层仰角，组合成一个混合扫描面。小于 20km 距离的区域选择 3.4°仰角，20～35km 距离的区域选择 2.4°仰角，35～50km 距离的区域选择 1.5°仰角，对于 50km 之外的区域，如果 0.5°仰角数据质量较好，选 0.5°，否则选 1.5°。如果考虑地形的话，不同方向上的距离和仰角要随地形调整，形成更科学合理的混合扫描面。

3.2.2.8 降水强度的转换

利用 Z-I 关系，从混合扫描面的反射率因子转换成降水强度（图 3-12），我国常用的层状云降水 Z-I 关系为 $Z = 200I^{1.6}$，式中，Z 和 I 的单位分别是 mm^6/m^3 和 mm/h。常用的对流云降水估计关系为 $Z = 300I^{1.4}$。接近热带的地区可采用公式 $Z = 250I^{1.2}$，该公式对热带降水或极端强降水事件可得到更精确的降水估计。此外，也可以建立雷达本地的 Z-I 关系。

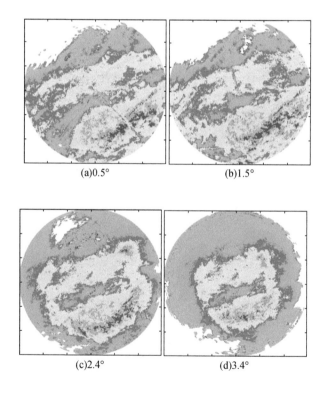

(a)0.5°　　　　　　(b)1.5°

(c)2.4°　　　　　　(d)3.4°

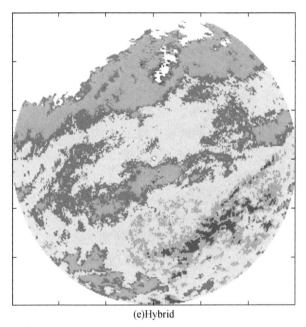

(e)Hybrid

图 3-11　混合扫描面示例

0.5°～3.4°分别为四个仰角 PPI，Hybrid 为混合扫描面

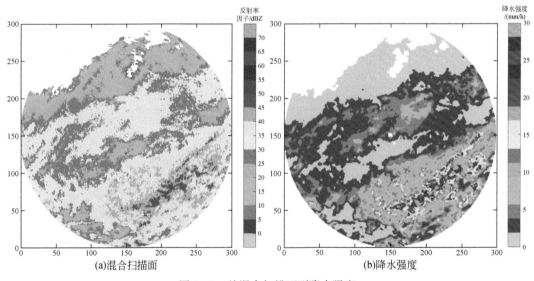

(a)混合扫描面　　　　　　　　　　　　(b)降水强度

图 3-12　从混合扫描面到降水强度

3.2.2.9　强降水识别技术

为提高强降水区域识别的准确性，本书提出基于天气雷达观测的强降水识别技术。基于单雷达体扫资料，自动识别天气雷达降水的降水类型，把降水类型分为对流性降水（以下简称 CV）、不受亮带影响的层状云降水（以下简称 ST）和受亮带影响的层状云降水

（以下简称 BB），以便在雷达定量降水估计时可以针对不同降水类型引入更能代表其特征的不同 Z-I 关系，主要由三个步骤组成。

（1）对流核识别

"对流核"可以认为是雷达回波中对流性特征比较明显的点，一般是强降水的区域。在进行对流核识别前，首先利用探空资料或者模式资料检查零度层高度。如果零度层高度过低，则认为没有对流产生，避免把低高度的零度层亮带误识别为对流而造成 QPE 高估的现象。

对流核识别算法是基于单雷达体扫数据，在极坐标下实现。算法考虑了地面雷达探测的特性，即①离雷达越远，波束宽度越大；②离雷达越远，雷达探测高度越大。根据探测位置离雷达基站的距离，划分三个区域（图3-13），在不同区域采用不同的判据来识别对流核。识别对流核基于多个层次的反射率值和垂直整层含水量（以下简称 VIL）等，避免仅判断特定层次的反射率或者组合反射率所导致的把强亮带误识别为对流核的问题。在 I区，由于雷达获得的信息多为雨区信息，因此利用雷达以上 1.3km 的反射率值作为判断对流核的依据，如果反射率高于45dBZ，则认为该格点为对流核，否则不是。在Ⅲ区，由于雷达获得的信息为冰区信息，因此通过判断–10℃层的反射率值作为判断依据，基于的原理是亮带在这一高度极少超过35dBZ，如果超过，则为对流核。在Ⅱ区，这一区域雷达可以探测到雨区、混合相态区和冰区，雷达探测质量最好，因此用更严格的方法去判断对流核，以尽量避免误识别的问题。首先判断 VIL，如果 VIL 大于 $6.5kg/m^2$，则认为这一格点可能为对流核，再通过判断几个层次的雷达反射率，通过整体把握对流核与其他降水在垂直结构上的差异，进一步确定是否为对流核。

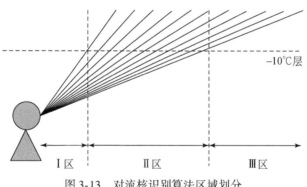

图 3-13　对流核识别算法区域划分

对流核识别算法是降水识别算法中的关键步骤，识别有误的对流核在之后的计算过程中会造成大片区域的误识别。因此，在对流核识别算法中，最后还加入了对流核识别检验算法，该算法主要依据对流核区和层状云亮带区 VIL 水平梯度不同的特征，把误识别的对流核筛选出去。

（2）对流区识别算法

在识别出对流核之后，利用区域增长的方法识别出整个对流区。区域增长方法思路如下：寻找对流核四周的格点，如果它们满足特定条件，则把它们定义为对流区，并继续以它们为新对流核，继续寻找它们四周的格点，直至找出满足条件的所有格点，即是整个对流区。

为避免在对流混合在层状云亮带区时，把层状云亮带误识别为对流区而导致 QPE 的高估，在对流区识别算法中，用组合反射率（大于 45dBZ）、最大反射率高度（最大反射率高度不在零度层高度附近）、反射率垂直梯度（反射率垂直梯度较小，小于 4dBZ/km）这三个物理量综合判断识别对流区。具体判断如下，如果某格点组合反射率超过 35dBZ 且满足下面条件之一，则为新对流区：①组合反射率大于 45dBZ（用于识别强对流。亮带区受波瓣宽度影响，很少能超过 45dBZ，因此这样高的反射率被认为是对流）；②最大反射率高度不在亮带影响高度（说明高反射率值不是由融化效应导致的）；③反射率垂直梯度小于 4dBZ/km（对流在垂直方向上均一性较好，反射率垂直梯度较小）。

（3）层状云亮带识别算法

在识别出整个对流云区后，其他有降水观测但不是对流区的雷达格点即为层状云降水区。由于层状云降水区可能会存在亮带，因此必须对层状云亮带进行识别，否则会造成层状云降水区的严重高估。

层状云亮带识别算法，首先识别出最大可能受层状云亮带影响的区域（BBA），区域定义为从最高仰角接触到零度层高度的位置到最低仰角接触到零度层高度的位置。然后，在受层状云亮带影响区域中寻找层状云亮带，采用的也是区域增长方法。首先寻找层状云亮带核，定义为在层状云区雷达组合反射率超过 35dBZ 的格点，然后用区域增长的方法寻找出整个亮带区，区域增长的判定条件为组合反射率超过 30dBZ。

3.2.2.10　雨量计订正

首先对雨量计与雷达进行时间匹配。雨量计测量的降水是一段时间的降水累积量，而雷达探测的是瞬时降水强度。因此，在使用雷达雨量计联合估测降水时，必须对雷达测量值进行时间积分，才能和雨量计的测量值比较，进而对雨量计与雷达进行空间匹配（图 3-14）。然后将雷达数据由极坐标转换到直角坐标，得到分辨率为 1km×1km 格点数据，对于每个雨量计，提取距离该雨量计附近的 9 个格点，选择与雨量计的值最匹配的格点作为雨量计雷达配对数据。最后采用最优插值校准法实现雨量计对雷达 QPE 的订正（图 3-15）。

3.2.2.11　降水累积

Z-I 关系得到的是降水强度，单位 mm/h。业务上常需要某一时段的降水量 mm，如 1h 降水量。将降水强度进行时间积分可得到降水量：

$$\int_{T_0}^{T_1} I(t)\,\mathrm{d}t = \sum_{T_0}^{T_1} I(t)\,\Delta t \tag{3.29}$$

实时业务中，还需考虑业务数据缺失的处理。体扫数据时间间隔 6 分钟，但由于雷达硬件软件的故障或网络延迟，相邻体扫间隔可能超过 6 分钟，导致降水累积结果的误差。为了控制误差，体扫间隔时间设置一个上限阈值（可调参数），如 30 分钟，超过阈

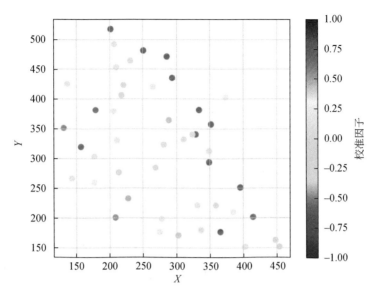

图 3-14 时空配对后的雨量计站点上的校准因子

单位为 lg10

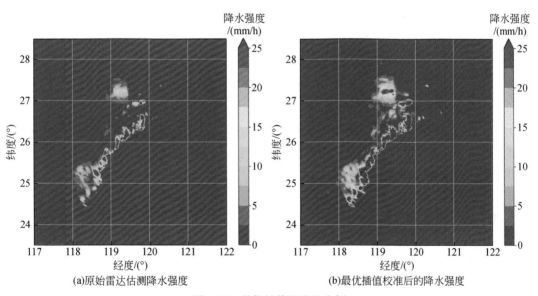

(a)原始雷达估测降水强度   (b)最优插值校准后的降水强度

图 3-15 最优插值校准法个例

值则中断降水累积过程。业务过程中，往往将雷达反演的累积降水和雨量计观测的累计降雨进行对比，图 3-16 为一典型 24 小时降雨过程的雷达反演降雨和雨量计观测降雨的对照图。

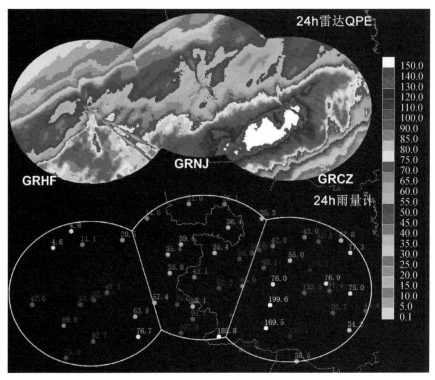

图 3-16　雷达 24h 累积降水量与雨量计 24h 累积降水量个例

3.3　雷达临近预报

为提高面雨量的临近预报精度，本书采用面追踪方法开展临近预报。面追踪方法将回波划分成一定分辨率的网格，追踪每个网格的历史位置和发展趋势，利用线性预测模型生成回波或降水的外推预报[275,276]。

3.3.1　平流场估计

面追踪方法基于网格化的雷达回波或雷达 QPE，通过连续多个时次的雷达回波或雷达 QPE，判断每个网格的历史位置，估算每个网格的移动速度矢量，形成平流场。平流场也称为回波速度场。为了避免与雷达观测的径向速度混淆，本书采用平流或移动速度这两个词。

一种最简单的平流估计方法是假设回波静止，即移动速度为零。用这个平流场来预报降水，相当于将当前的雷达 QPE 作为未来的降水预报，这种方法称为欧拉守恒（Eulerian Persistence，EP）算法。欧拉守恒算法并没有实际应用价值，仅作为参考预报，用来评估检验其他降水预报方法。

拉格朗日守恒是目前最常用的平流估计方法，其假设总降水强度不随时间变化，用公

式描述为

$$\frac{\mathrm{d}R}{\mathrm{d}t}\equiv 0 \tag{3.30}$$

式中，R 为降水强度或降水率（mm/h）。式（3.30）可进一步表示为

$$\frac{\mathrm{d}R}{\mathrm{d}x}\frac{\mathrm{d}x}{\mathrm{d}t}+\frac{\mathrm{d}R}{\mathrm{d}y}\frac{\mathrm{d}y}{\mathrm{d}t}+\frac{\mathrm{d}R}{\mathrm{d}t}=0 \tag{3.31}$$

或

$$\mu\frac{\mathrm{d}x}{\mathrm{d}t}+\nu\frac{\mathrm{d}y}{\mathrm{d}t}+\frac{\mathrm{d}R}{\mathrm{d}t}=0 \tag{3.32}$$

或

$$\boldsymbol{v}\cdot\nabla R+\dot{R}=0 \tag{3.33}$$

式中，μ 和 ν 分别为降水移动速度的 x 和 y 坐标的分量（m/s）；$\dot{R}=\frac{\partial R}{\partial t}$；速度矢量 $\boldsymbol{v}=(\mu,\nu)$。式（3.32）中的未知量 R、μ、ν 及式（3.33）中的 R 和 $\boldsymbol{v}$ 均可由雷达反射率因子 z 来替换。在计算机科学，上述公式称为光流（Optical Flow，OF）方程，因此在雷达 QPE 中，这种技术被统称为光流法。

实际应用中光流方程为

$$\mu\frac{\Delta R_n}{\Delta x}+\nu\frac{\Delta R_n}{\Delta y}+\frac{\Delta R_n}{\Delta t}=0 \tag{3.34}$$

式中，R_n 为第 n 时刻的降水强度；μ 和 ν 为降水的移动速度分量。$\frac{\Delta R_n}{\Delta x}$ 和 $\frac{\Delta R_n}{\Delta y}$ 为从第 n 时刻的 R_n 中计算降水强度在 x，y 坐标上的增量；$\frac{\Delta R_n}{\Delta t}$ 为从第 n 时刻的 R_n 和前一时刻的 R_{n-1} 来计算时间上的增量。

光流方程有两个未知量 μ 和 ν，在单一网格点上无法求解。假设相邻两个网格点的 μ 和 ν 是相同的，则理想情况下利用相邻两个网格点可以求解。但实际应用中，观测误差和降水的空间均一性可能导致方程无解或误差。为此，求解光流方程时，通常选择包含多个网格点的空间 Ω，在 Ω 上定义代价函数 J，通过最小化 J 来寻找 μ 和 ν 的最优解。不同的代价函数 J，形成了不同的光流算法。

常用的代价函数 J 为

$$J=\sum_\Omega \omega(\boldsymbol{v}\cdot\nabla R+\dot{R})^2 \tag{3.35}$$

式中，权重 ω 为关于距离或坐标的函数。GANDOLF 系统中采用最小化 $\frac{\partial^2 u}{\partial x^2}+\frac{\partial^2 u}{\partial y^2}$ 和 $\frac{\partial^2 v}{\partial x^2}+\frac{\partial^2 v}{\partial y^2}$，这种方法相当于增加了平滑约束，使估计的平流场更平滑、更连续。COTREC 采用最小化 $\frac{\partial u}{\partial x}+\frac{\partial v}{\partial y}$ 的方法。

另一种效果较好的求解光流的变分方法是 VET（Variational Echo Tracking），它最初用

于反演单多普勒天气雷达的三维风场，后用于 QPN 的平流场估计。VET 在选定的空间 Ω 上通过最小化代价函数 $J_{\mathrm{VET}}(v)$ 来寻找 $v(\mu, \nu)$ 的最优解。

$$J_{\mathrm{VET}}(v) = J_Z + J_2 \tag{3.36}$$

式中，$J_{\mathrm{VET}}(v)$ 为代价函数，其由 J_Z 和 J_2 两部分组成；J_Z 为光流方程的残差项；J_2 为平滑约束项。分别定义为

$$J_Z = \iint_{\Omega} \beta(x) \left[Z(t_0, x) - Z(t_0 - \Delta t, x - \nu \Delta t) \right]^2 \mathrm{d}x \mathrm{d}y \tag{3.37}$$

$$J_2 = \gamma \iint_{\Omega} \left(\frac{\partial^2 \mu}{\partial x^2}\right)^2 + \left(\frac{\partial^2 \mu}{\partial y^2}\right)^2 + 2\left(\frac{\partial^2 \mu}{\partial x \partial y}\right)^2 + \left(\frac{\partial^2 \nu}{\partial x^2}\right)^2 + \left(\frac{\partial^2 \nu}{\partial y^2}\right)^2 + 2\left(\frac{\partial^2 \nu}{\partial x \partial y}\right)^2 \mathrm{d}x \mathrm{d}y \tag{3.38}$$

式中，Z 为雷达反射率因子（dBZ），也可以用降水强度的分贝形式 dBI，转换方法是 dBI $=10\lg I$；$\beta(x)$ 为数据质量权重；γ 为 J_2 平滑约束项的权重，用来调节平滑度。为了避免代价函数收敛到局部最小，VET 采用分尺度循环分析的方法，网格尺寸从大到小，逐步寻找代价函数的全局最小值。

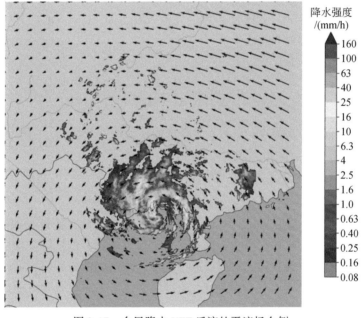

图 3-17　台风降水 VET 反演的平流场个例

3.3.2　降水谱分解算法

降水场中包含着多种尺度，不同尺度降水的生命期和可预报性是不同的。尺度越小的降水，生命期越短，可预报性越差。为了准确描述不同尺度降水的特征，谱分解算法将降水或回波分解。例如，$L \times L$ 大小的回波场，可分解为多个尺度的层，每一层为不同尺度的降水，总回波或降水等于所有层累加（分贝单位）或乘积（线性单位）。以雷达回波为例：

$$dBZ_{i,j}(t) = \sum_{k=1}^{n} X_{k,i,j}(t) \quad i=1,\cdots,L, j=1,\cdots,L, \quad L=2^{n} \tag{3.39}$$

式中，$dBZ_{i,j}(t)$ 为 t 时刻位置 (i, j) 的反射率因子（dBZ）；$X_{k,i,j}(t)$ 为 t 时刻位置 (i, j) 的第 k 个尺度的反射率因子（dBZ）。如果是降水场，可用 dBI 替换 dBZ。这种方法最早被 S-PROG 系统使用。图 3-18 为一个降水场谱分解的示例。

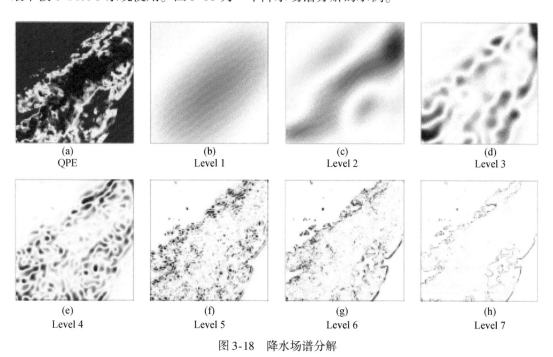

图 3-18　降水场谱分解

单位为 dBI；（a）为雷达 QPE，（b）~（f）为分解后不同尺度的降水场，尺度从 300km 到 1km

降水场分解成多个尺度层后，独立预报每一时刻每一层的降水，最终的总预报降水将同一时刻的不同层降水预报按权重累加，权重与不同尺度的降水生命期有关，尺度最大的降水生命期最长，权重也较大。

3.3.3　临近预报方法

平流场计算和降水场尺度分解后，则可进行降水的外推预报，一般预报 0~3h 的逐 6 分钟或逐 15 分钟的降水预报场，可以生成确定性预报，也可以生成集合预报或概率预报，该方法称为基于谱分解的变分光流外推临近预报法。

外推预报的基本原理是将观测的或实况降水按平流场逐网格点前向或后向外推得到预报时刻降水。如果从观测时刻按平流场逐网格或区域外推到未来预报时刻，为前向方法。如果从预报时刻按平流场逆向外推到观测场，寻找对应的观测场中对应的网格点或区域，为后向方法。

本书采用一种 n 阶自回归（Auto-Regressive，AR）预报模型，n 为 1，2，3，…。其中，二阶 AR 模型最为常用，也称 AR2 模型。在 AR2 模型中，对谱分解后的每一降水层

k，计算两个相关系数$\rho_{k,1}(t)$和$\rho_{k,2}(t)$。其中，$\rho_{k,1}(t)$为$Z_k(t-1)$和$Z_k(t)$的相关系数，$Z_k(t-1)$要按平流场移动$(\Delta x,\Delta y)$的距离。$\rho_{k,2}(t)$为$Z_k(t-2)$和$Z_k(t)$的相关系数，$Z_k(t-2)$要按平流场移动$(2\Delta x,2\Delta y)$距离。同样的强水强度I也可以用dBI。利用$\rho_{k,1}(t)$和$\rho_{k,2}(t)$建立AR2模型的参数$\varnothing_{k,1}(t)$和$\varnothing_{k,2}(t)$：

$$\varnothing_{k,1}(t)=\frac{\rho_{k,1}(t)\{\rho_{k,1}(t)[1-\rho_{k,2}(t)]\}}{1-\rho_{k,1}(t)^2} \tag{3.40}$$

$$\varnothing_{k,2}(t)=\frac{\rho_{k,2}(t)-\rho_{k,1}(t)^2}{1-\rho_{k,1}(t)^2} \tag{3.41}$$

则在$t+1$时刻的预报为

$$Z_{k,i,j}(t+1)=\varnothing_{k,1}(t)Z_{k,i,j}(t)+\varnothing_{k,2}(t)Z_{k,i,j}(t-1) \tag{3.42}$$

更通用地，在$t+n+1$时刻的预报为

$$Z_{k,i,j}(t+n+1)=\varnothing_{k,1}(t)Z_{k,i,j}(t+n)+\varnothing_{k,2}(t)Z_{k,i,j}(t+n-1) \tag{3.43}$$

式中，$Z_{k,i,j}(t+1)$相当于第k尺度降水场外推$(\Delta x,\Delta y)$；$Z_{k,i,j}(t+n+1)$相当于第k尺度降水场外推$(n\Delta x,n\Delta y)$。最终输出的预报场把同一预报时刻的k个不同尺度的预报场累加在一起：

$$Z_{i,j}(t+n+1)=\sum_{l=1}^{k}Z_{l,i,j}(t+n+1) \tag{3.44}$$

尺度越小的降水，生命期越短，自相关系数$\rho_{k,1}(t)$和$\rho_{k,2}(t)$也越小。随着预报步长的增加，小尺度降水会慢慢消失。

由于小尺度降水随着预报时长的增加会逐渐消失，降水预报场越来越均一，预报区域的平均降水强度会减小，不满足拉格朗日守恒原则。因此，预报降水场需要订正能量损失。可采用的方法是让大于一定阈值的预报降水面积的比例等同于原始回波的比例。例如，以15dBZ为阈值，将大于阈值的视为有降水，小于阈值的视为无降水。计算观测回波中超过15dBZ面积占总面积的比例f_{15}，然后计算预报场中占相同比例的回波值Z_f，由于预报场更均一，所以Z_f一定小于等于15dBZ。最后预报场订正为

$$\mathrm{dBZ}_{i,j}=\begin{cases} \mathrm{dBZ}_{i,j}+(15-Z_f) & \mathrm{dBZ}_{i,j}>Z_f \\ 0 & \mathrm{dBZ}_{i,j}\leqslant Z_f \end{cases} \tag{3.45}$$

式中，(i,j)为格点位置。

以2016年9月15日华东地区降水过程为例，利用南京、合肥、铜陵三部S波段业务雷达数据，经过混合扫描面拼图和$Z=300I^{1.4}$估计降水强度后，融合国家级自动站雨量数据，形成雷达雨量计融合QPE，空间分辨率1km×1km，时间分辨率6分钟。以VET估计平流场，从300m到1km分7个尺度对降水场进行分解后，利用AR2模型外推，得到的确定性降水预报，如图3-19所示。与实况对比，可见0~30分钟预报，对系统性线型对流降水的位置和强度预报效果较好，但小尺度局地对流降水由于生命期短，仍然难以预测。

与QPE类似，对预报的降水强度在时间上积分，得到累积雷达降水临近预报（Quantitative Precipitation Forecast，QPF）。图3-20为1h累积降水量预报与实况的对比。

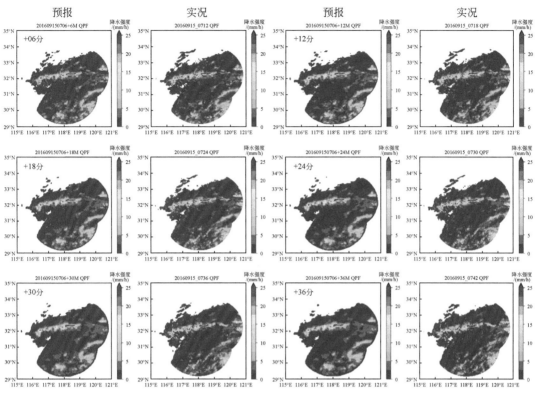

图 3-19　雷达降水临近预报与实况对比

从 06 分到 36 分确定性预报，实况为雷达 QPE

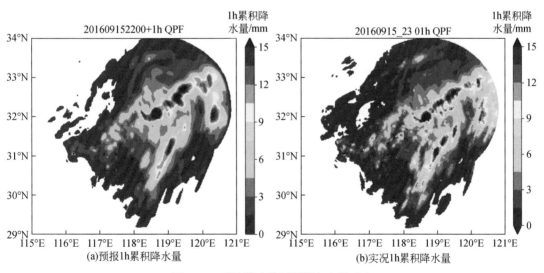

(a)预报1h累积降水量　　　　　　　(b)实况1h累积降水量

图 3-20　雷达降水临近预报与实况对比

3.4 雷达测雨与临近预报结果评估

3.4.1 评估指标

累积降水量是影响流域水文过程的主要因素，而降雨的时空分布对流域出口断面的洪水过程也有重要影响。因此，可通过雷达观测值与雨量站实测值的流域面累积雨量相对误差、时间尺度和空间尺度上的均方根误差来评估雷达观测值的精度[277,278]。

累积降水量评价采用相对误差（RE）指标，RE 值越小，表明模拟结果越好，其计算方法为

$$RE = \frac{P-Q}{Q} \times 100 \tag{3.46}$$

式中，P 为雷达测雨或临近预报的面累积降水量（mm）；Q 为实测面累积降水量（mm）。模拟或预报的面雨量是研究区内各网格点处雨量的平均值，其中当流域边界处的网格在流域内的面积占网格面积的比例超过 50% 时，该网格点的雨量值参与面雨量计算。而实测面雨量是根据梅溪流域内雨量站的分布情况和各雨量站的降水量，采用泰森多边形法求得的。

用于定量评价的均方根误差（RMSE）指标的计算方法为

$$RMSE = \sqrt{\frac{1}{M}\sum_{j=1}^{M}\left(P_j - Q_j\right)^2} \tag{3.47}$$

式中，P_j 和 Q_j 分别为降雨的模拟值和实测值。当进行空间尺度评价时，P_j 和 Q_j 分别为在某一特定的空间位置 j 整个观测时段内累积雨量的模拟值和实测值；当进行时间尺度评价时，P_j 和 Q_j 分别为观测时刻 j 研究区面平均雨量的模拟值和实测值。为了去除不同降雨场次的降水量的影响，最终求得的 RMSE 值分别除以相应维度降雨观测值的平均值。

3.4.2 雷达测雨结果评估

本书主要对常规雷达测雨、强降水识别雷达测雨和修正强降水识别雷达测雨三种方案下的雷达测雨结果进行评估，并分别将强降水识别雷达测雨、修正强降水识别雷达测雨与常规雷达测雨的反演效果进行对比。其中，修正强降水识别雷达测雨是在强降水识别的基础上，采用线性插值法对雷达测雨的反演结果进行修正。

3.4.2.1 基于强降水识别的雷达测雨

利用上述方法，计算得到梅溪流域三场典型降雨通过常规雷达降雨反演和强降水识别雷达降雨反演的评估结果，如表 3-3 所示。

表3-3　通过常规雷达降雨反演和强降水识别雷达降雨反演的评估指标值

降雨场次	RE/%		空间尺度 RMSE		时间尺度 RMSE	
	常规	强降水识别	常规	强降水识别	常规	强降水识别
Ⅰ	−63.52	−29.29	0.71	0.37	0.82	0.53
Ⅱ	−51.40	−31.06	0.55	0.48	0.85	0.90
Ⅲ	−71.35	−31.07	0.70	0.54	1.34	0.70

（1）台风"苏拉"引发降雨的雷达反演

由表3-3所示，经过强降水识别后，降雨场次Ⅰ雷达降雨反演QPE的24h累积降水量RE降低了34.23%，空间尺度RMSE降低了0.34，时间尺度RMSE降低了0.29，总体上雷达降雨反演精度显著提高。图3-21和图3-22也能直观反映基于强降水识别的雷达降雨反演优于常规雷达降雨反演。

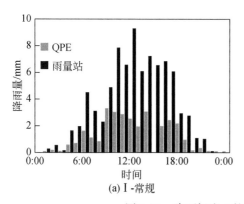
(a) Ⅰ-常规

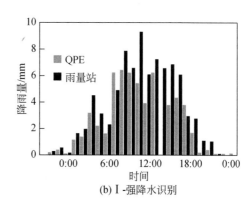
(b) Ⅰ-强降水识别

图3-21　降雨场次Ⅰ的流域逐小时面雨量过程图

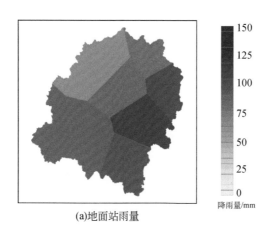
(a)地面站雨量

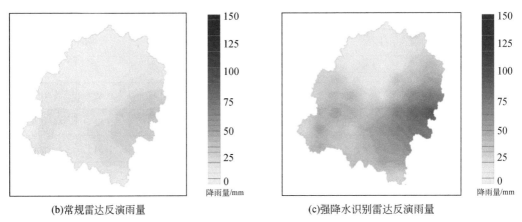

(b)常规雷达反演雨量　　　　　　　　　　(c)强降水识别雷达反演雨量

图 3-22　降雨场次 I 的 24h 累积降雨空间分布图

（2）台风"海贝思"引发降雨的雷达反演

如表 3-3 所示，经过强降水识别后，降雨场次 II 雷达降雨反演 QPE 的 24h 累积降水量 RE 降低了 20.34%，空间尺度 RMSE 降低了 0.07，时间尺度 RMSE 升高了 0.05，总体上雷达降雨反演精度有一定提高。图 3-23 和图 3-24 也能直观反映基于强降水识别的雷达降雨反演优于常规雷达降雨反演。

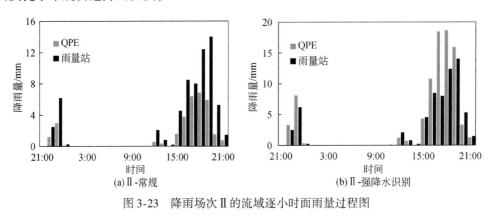

(a) II -常规　　　　　　　　　　　　　　(b) II -强降水识别

图 3-23　降雨场次 II 的流域逐小时面雨量过程图

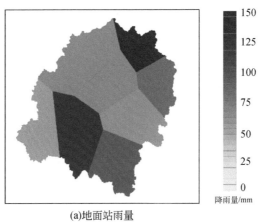

(a)地面站雨量

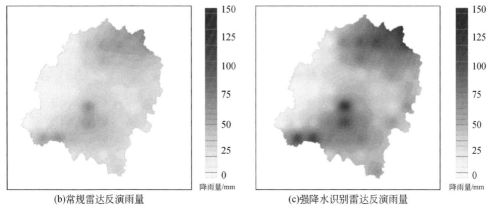

(b)常规雷达反演雨量　　　　　　　　　(c)强降水识别雷达反演雨量

图 3-24　降雨场次 Ⅱ 的 24h 累积降雨空间分布图

（3）台风"尼伯特"引发降雨的雷达反演

如表 3-3 所示，经过强降水识别后，降雨场次 Ⅲ 雷达降雨反演 QPE 的 24h 累积降水量 RE 降低了 40.28%，空间尺度 RMSE 降低了 0.16，时间尺度 RMSE 降低了 0.64，总体上雷达降雨反演精度的提高是这三场降雨中最明显的，而台风"尼伯特"恰好是一场特大暴雨，属于典型的强降水。图 3-25 和图 3-26 也能直观反映基于强降水识别的雷达降雨反演优于常规雷达降雨反演。

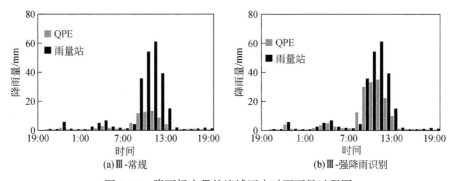

(a)Ⅲ-常规　　　　　　　　　　　　　(b)Ⅲ-强降雨识别

图 3-25　降雨场次 Ⅲ 的流域逐小时面雨量过程图

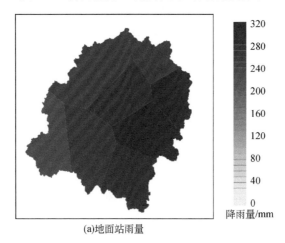

(a)地面站雨量

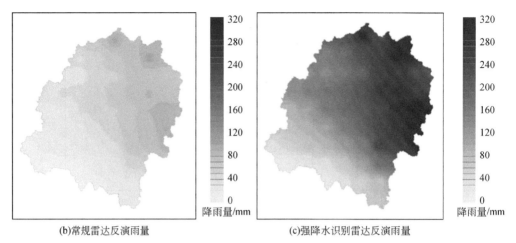

(b)常规雷达反演雨量　　　　　　　　　　(c)强降水识别雷达反演雨量

图 3-26　降雨场次Ⅲ的 24h 累积降雨空间分布图

3.4.2.2　基于雨量计订正的强降水识别雷达测雨

雷达测雨精度的评估结果见表 3-4。经过雨量计订正后，强降水识别下的三场降雨反演精度都有显著提升。降雨场次Ⅰ、Ⅱ、Ⅲ雷达降雨反演 QPE 的 24h 累积降水量 RE 分别降低了 26.61%、28.69%、28.24%。空间尺度上，RMSE 分别升高了 0.36、0.00、0.45；时间尺度上，RMSE 分别降低了 0.29、0.63、0.39。总体上雷达降雨反演精度显著提高。图 3-27、图 3-28 也能直观反映基于雨量计订正的强降水识别雷达降雨反演优于强降水识别反演。其中，降雨场次Ⅲ雷达降雨反演精度的提高最为明显的，而由台风"尼伯特"引发的降雨场次Ⅲ恰好是一场特大暴雨，属于典型的强降水。

表 3-4　三场降雨 QPE 评估结果

降雨场次	RE/%		时间尺度 RMSE		空间尺度 RMSE	
	强降水识别	订正的强降水识别	强降水识别	订正的强降水识别	强降水识别	订正的强降水识别
Ⅰ	-29.29	2.68	0.37	0.73	0.53	0.24
Ⅱ	31.06	-2.37	0.48	0.48	0.90	0.27
Ⅲ	-31.07	2.83	0.54	0.99	0.70	0.31

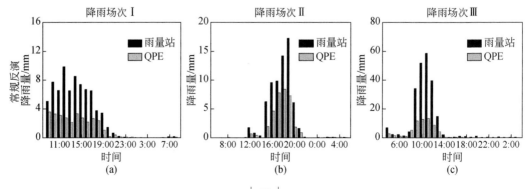

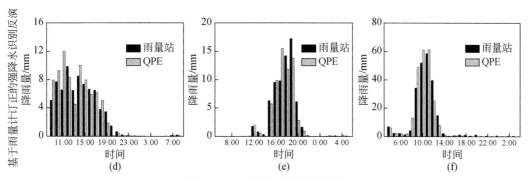

图 3-27　三场降雨雨量过程图

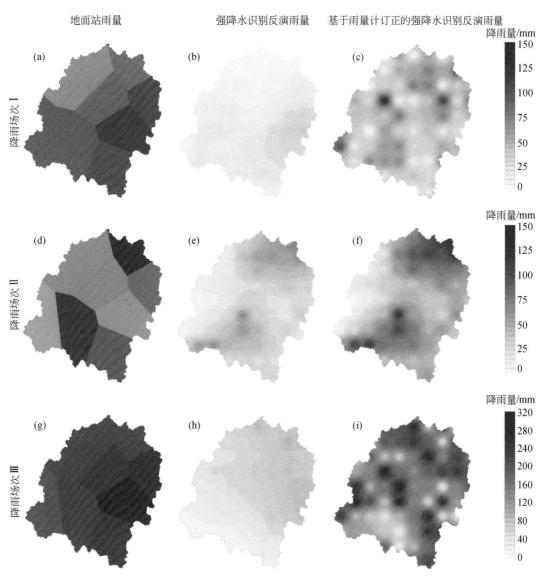

图 3-28　三场降雨 24h 累积降雨量空间分布图

3.4.3　临近预报结果评估

本书雷达临近预报采用 3.4 节的临近预报方法,并在预报初始时刻,加入随机高斯扰动,形成 30 个预报成员,开展集合预报。

3.4.3.1　台风"苏拉"引发降水的临近预报评估结果

由表 3-5 可知,降雨场次I的 1h、2h 和 3h 预见期临近预报 RE 值范围分别在−9.00% ~ 72.99%、−13.08% ~ 66.57% 和−21.81% ~ 73.33%,平均值分别为 22.08%、16.57% 和 7.96%。时间尺度方面,降雨场次 I 的 1h、2h 和 3h 预见期临近预报 RMSE 值范围分别在 0.66 ~ 3.26、0.62 ~ 3.81 和 0.59 ~ 4.69,平均值分别为 0.89、0.97 和 1.07。空间尺度方面,RMSE 值范围分别在 0.2 ~ 1.21、0.17 ~ 0.97 和 0.12 ~ 1.05,平均值分别为 0.38、0.28 和 0.22。

结合图 3-29 和图 3-30,从各项指标的评估结果来看,单一预报具有很大的不确定性,通过集合预报的方法可以有效降低不确定性。降雨场次 I 的 0 ~ 3h 预报结果总体较为稳定可靠。

表 3-5　降雨场次 I QPF 评估结果

预见期	编号	相对误差 RE/%	均方根误差 RMSE	
			时间尺度	空间尺度
1h	1	12.44	1.48	0.33
	2	55.96	0.85	0.66
	3	38.96	0.77	0.66
	4	40.55	0.66	0.82
	5	12.80	0.92	0.41
	6	61.17	2.75	0.87
	7	40.24	2.19	0.53
	8	1.44	0.66	0.34
	9	29.92	1.29	0.54
	10	8.72	1.62	0.20
	11	45.68	1.97	0.53
	12	15.08	1.52	0.29
	13	10.63	1.87	0.23
	14	45.00	2.22	0.58
	15	28.52	1.26	0.55
	16	10.80	0.83	0.65
	17	71.63	3.26	1.21
	18	10.84	1.65	0.35

预见期	编号	相对误差 RE/%	均方根误差 RMSE	
			时间尺度	空间尺度
1h	19	33.47	1.23	0.52
	20	45.11	1.38	0.64
	21	28.63	1.58	0.46
	22	24.49	2.39	0.37
	23	17.73	1.50	0.49
	24	-9.00	1.28	0.25
	25	37.88	0.93	0.51
	26	8.51	1.07	0.36
	27	72.99	0.80	1.11
	28	43.25	0.88	0.57
	29	1.88	1.45	0.33
	30	7.48	1.14	0.28
	平均	22.08	0.89	0.38
2h	1	14.37	1.44	0.26
	2	36.21	0.96	0.47
	3	34.23	0.80	0.50
	4	27.16	0.76	0.54
	5	20.16	2.00	0.39
	6	63.81	2.79	0.82
	7	31.49	2.18	0.45
	8	-8.93	0.62	0.28
	9	18.89	1.50	0.27
	10	5.73	1.63	0.19
	11	32.08	1.97	0.37
	12	2.07	1.41	0.17
	13	7.08	1.89	0.20
	14	37.49	2.24	0.52
	15	23.93	1.24	0.53
	16	1.23	0.91	0.46
	17	63.47	3.81	0.97
	18	11.72	2.11	0.34
	19	24.00	1.35	0.42
	20	47.04	2.83	0.57
	21	34.64	2.20	0.47

预见期	编号	相对误差 RE/%	均方根误差 RMSE	
			时间尺度	空间尺度
2h	22	21. 23	2. 39	0. 33
	23	10. 79	1. 35	0. 40
	24	−13. 08	1. 30	0. 32
	25	57. 91	0. 96	0. 67
	26	8. 57	1. 32	0. 36
	27	66. 57	1. 32	0. 94
	28	33. 03	0. 75	0. 40
	29	2. 88	1. 29	0. 37
	30	9. 00	1. 44	0. 30
	平均	16. 57	0. 97	0. 28
3h	1	0. 52	1. 26	0. 19
	2	63. 32	3. 68	0. 82
	3	22. 00	1. 04	0. 42
	4	17. 75	1. 12	0. 47
	5	6. 72	1. 31	0. 33
	6	73. 33	1. 10	1. 01
	7	26. 41	2. 65	0. 41
	8	−21. 81	1. 06	0. 28
	9	33. 45	2. 89	0. 43
	10	−3. 09	1. 47	0. 12
	11	30. 29	1. 24	0. 45
	12	−3. 93	1. 96	0. 16
	13	−13. 11	1. 54	0. 21
	14	11. 55	0. 59	0. 38
	15	9. 39	1. 21	0. 33
	16	1. 13	2. 24	0. 41
	17	45. 00	4. 69	0. 77
	18	4. 20	2. 65	0. 17
	19	36. 23	2. 94	0. 62
	20	20. 12	1. 00	0. 35
	21	9. 15	1. 42	0. 32
	22	−2. 45	1. 35	0. 23
	23	17. 11	1. 39	0. 48
	24	−21. 19	1. 59	0. 33

预见期	编号	相对误差 RE/%	均方根误差 RMSE	
			时间尺度	空间尺度
3h	25	14.27	1.77	0.36
	26	17.01	1.09	0.28
	27	70.29	1.27	1.05
	28	43.92	2.08	0.57
	29	16.41	2.14	0.46
	30	−7.93	1.66	0.17
	平均	7.96	1.07	0.22

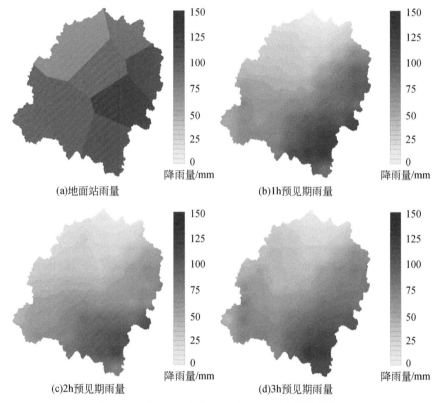

(a)地面站雨量 　　(b)1h预见期雨量

(c)2h预见期雨量 　　(d)3h预见期雨量

图 3-29　降雨场次 Ⅰ QPF 累积雨量空间分布图

3.4.3.2　台风"海贝斯"引发降水的临近预报评估结果

由表 3-6 可知，场次 Ⅱ 的 1h、2h 和 3h 预见期临近预报 RE 值范围分别在−67.55% ~ −47.19%、−80.84% ~ −57.99% 和 −85.25% ~ −66.51%，平均值分别为 −58.67%、−71.01% 和 78.67%。时间尺度方面，降雨场次 Ⅱ 的 1h、2h 和 3h 预见期临近预报 RMSE 值范围分别在 0.84 ~ 1.22、1.18 ~ 1.47 和 1.29 ~ 1.53，平均值分别为 1.01、1.35 和

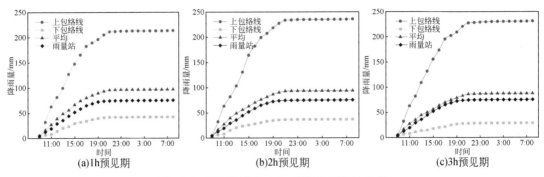

图 3-30　降雨场次 Ⅰ QPF 累积降雨量过程线

1.43。空间尺度方面，RMSE 值范围分别在 0.62~0.76、0.75~0.90 和 0.84~0.97，平均值分别为 0.70、0.83 和 0.91。

表 3-6　降雨场次 Ⅱ QPF 评估结果

预见期	编号	相对误差 RE/%	均方根误差 RMSE	
			时间尺度	空间尺度
1h	1	−49.68	0.88	0.68
	2	−54.17	0.91	0.67
	3	−58.10	1.13	0.71
	4	−58.26	1.01	0.70
	5	−59.87	1.05	0.74
	6	−55.01	1.00	0.70
	7	−61.28	1.10	0.69
	8	−57.45	0.95	0.69
	9	−60.55	1.01	0.73
	10	−57.30	1.19	0.74
	11	−50.03	0.84	0.68
	12	−55.16	1.04	0.68
	13	−57.55	1.03	0.67
	14	−61.74	1.10	0.71
	15	−61.96	1.07	0.72
	16	−47.19	0.87	0.64
	17	−64.07	1.10	0.73
	18	−56.51	1.03	0.67
	19	−54.09	0.94	0.70
	20	−63.19	1.11	0.72
	21	−61.14	1.04	0.74
	22	−65.87	1.17	0.71

预见期	编号	相对误差 RE/%	均方根误差 RMSE	
			时间尺度	空间尺度
1h	23	−55.30	0.98	0.69
	24	−65.04	1.14	0.75
	25	−57.39	1.02	0.62
	26	−52.83	0.96	0.68
	27	−52.07	0.89	0.70
	28	−53.51	0.93	0.63
	29	−67.55	1.22	0.75
	30	−64.74	1.09	0.76
	平均	−58.67	1.01	0.70
2h	1	−79.78	1.33	0.84
	2	−67.51	1.29	0.81
	3	−61.12	1.43	0.82
	4	−75.87	1.43	0.85
	5	−68.09	1.28	0.84
	6	−70.10	1.30	0.85
	7	−78.94	1.43	0.87
	8	−77.30	1.38	0.86
	9	−77.77	1.44	0.87
	10	−59.48	1.28	0.78
	11	−63.90	1.24	0.81
	12	−61.74	1.34	0.77
	13	−72.28	1.40	0.84
	14	−68.83	1.36	0.80
	15	−73.35	1.41	0.85
	16	−62.29	1.24	0.81
	17	−74.65	1.45	0.86
	18	−67.94	1.30	0.80
	19	−63.65	1.31	0.77
	20	−74.04	1.37	0.84
	21	−72.01	1.35	0.84
	22	−75.19	1.37	0.80
	23	−80.84	1.44	0.90
	24	−71.74	1.39	0.85
	25	−71.28	1.34	0.77

预见期	编号	相对误差 RE/%	均方根误差 RMSE	
			时间尺度	空间尺度
2h	26	−61.04	1.18	0.78
	27	−73.93	1.37	0.88
	28	−57.99	1.47	0.75
	29	−75.29	1.41	0.84
	30	−79.91	1.44	0.88
	平均	−71.01	1.35	0.83
3h	1	−71.07	1.40	0.85
	2	−79.28	1.43	0.91
	3	−79.54	1.52	0.94
	4	−84.28	1.53	0.95
	5	−76.99	1.39	0.93
	6	−73.80	1.38	0.89
	7	−83.91	1.51	0.95
	8	−80.74	1.45	0.93
	9	−84.59	1.50	0.95
	10	−66.51	1.37	0.84
	11	−72.10	1.35	0.89
	12	−74.90	1.45	0.91
	13	−79.96	1.49	0.91
	14	−80.61	1.44	0.92
	15	−85.25	1.52	0.97
	16	−66.71	1.30	0.85
	17	−85.12	1.53	0.96
	18	−71.71	1.36	0.85
	19	−74.70	1.38	0.87
	20	−77.19	1.43	0.90
	21	−78.23	1.42	0.90
	22	−80.86	1.47	0.88
	23	−80.20	1.50	0.94
	24	−80.83	1.46	0.94
	25	−80.20	1.43	0.91
	26	−69.14	1.29	0.85
	27	−78.42	1.45	0.92
	28	−80.07	1.45	0.94
	29	−78.42	1.47	0.94
	30	−84.91	1.51	0.95
	平均	−78.67	1.43	0.91

结合图3-31和图3-32，从各项指标的评估结果来看，降雨场次Ⅱ的预报结果均不理想，其中1h预见期临近预报的降水量级误差较大。随着预见期的延长，临近预报精度进一步降低，2h预见期临近预报的降雨落区误差增大，3h预见期临近预报的降雨时程分配误差增大。

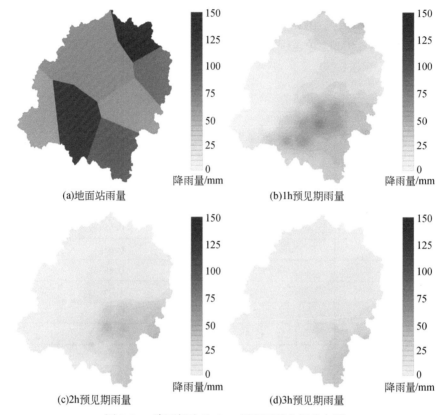

(a)地面站雨量　　　　　　　　　(b)1h预见期雨量

(c)2h预见期雨量　　　　　　　　　(d)3h预见期雨量

图3-31　降雨场次Ⅱ QPF累积雨量空间分布图

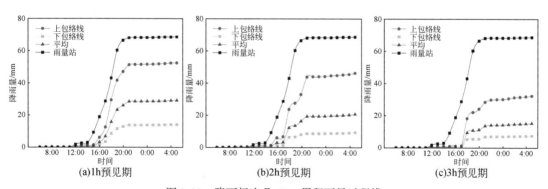

(a)1h预见期　　　　　　　(b)2h预见期　　　　　　　(c)3h预见期

图3-32　降雨场次Ⅱ QPF累积雨量过程线

3.4.3.3 台风"尼伯特"引发降水的临近预报评估结果

由表3-7可知,降雨场次Ⅲ的1h、2h和3h预见期临近预报RE值范围分别在
−33.48% ~ 15.85%、−47.88% ~ 18.59%和−70.07% ~ 1.64%,平均值分别为−16.01%、
−30.86%和−52.38%。时间尺度方面,降雨场次Ⅲ的1h、2h和3h预见期临近预报RMSE
值范围分别在0.33 ~ 1.29、0.18 ~ 1.33和1.08 ~ 2.42,平均值分别为0.71、0.57和
2.04。空间尺度方面,RMSE值范围分别在0.26 ~ 0.73、0.25 ~ 0.92和0.37 ~ 0.78,平均
值分别为0.34、0.35和0.50。

表3-7 降雨场次Ⅲ QPF评估结果

预见期	编号	相对误差 RE/%	均方根误差 RMSE	
			时间尺度	空间尺度
1h	1	−7.22	0.43	0.33
	2	−13.15	0.43	0.35
	3	−23.69	0.85	0.29
	4	−26.63	0.55	0.31
	5	−2.12	0.63	0.51
	6	−18.06	0.88	0.33
	7	−4.30	1.05	0.41
	8	−7.94	0.33	0.26
	9	15.85	0.67	0.60
	10	−33.48	1.05	0.32
	11	−29.78	1.17	0.39
	12	−14.19	0.62	0.35
	13	−7.93	0.87	0.73
	14	−18.16	0.63	0.31
	15	−21.79	0.55	0.39
	16	−26.92	0.94	0.32
	17	−4.63	0.75	0.50
	18	−9.86	0.50	0.46
	19	−28.14	1.08	0.36
	20	−14.48	0.58	0.26
	21	−0.56	1.29	0.49
	22	4.14	0.78	0.64
	23	−22.76	0.54	0.44
	24	−16.96	0.56	0.31
	25	−15.37	0.53	0.34
	26	−2.86	1.15	0.52

预见期	编号	相对误差 RE/%	均方根误差 RMSE	
			时间尺度	空间尺度
1h	27	-1.24	0.43	0.54
	28	-21.32	0.93	0.40
	29	-21.48	1.16	0.40
	30	-2.15	0.91	0.55
	平均	-16.01	0.71	0.34
2h	1	-22.93	0.27	0.28
	2	-13.06	0.24	0.25
	3	-42.88	0.88	0.38
	4	-27.88	0.27	0.37
	5	-5.80	0.47	0.52
	6	-47.88	0.89	0.48
	7	-35.26	0.85	0.42
	8	-27.45	0.37	0.29
	9	2.19	0.60	0.50
	10	-34.20	1.11	0.33
	11	-43.32	1.33	0.49
	12	-7.75	0.23	0.31
	13	-34.78	0.75	0.47
	14	-29.18	0.32	0.30
	15	-46.11	0.41	0.47
	16	-32.16	0.80	0.32
	17	-5.60	0.60	0.31
	18	-22.53	0.65	0.45
	19	-42.51	1.12	0.42
	20	-33.23	0.25	0.38
	21	-43.74	1.33	0.39
	22	18.59	0.54	0.92
	23	-40.38	0.34	0.45
	24	-34.67	0.18	0.39
	25	-6.38	0.39	0.50
	26	-9.63	1.15	0.59
	27	18.46	0.18	0.56
	28	-42.62	0.88	0.46
	29	-46.31	1.24	0.51
	30	-32.84	0.93	0.47
	平均	-30.86	0.57	0.35

预见期	编号	相对误差 RE/%	均方根误差 RMSE	
			时间尺度	空间尺度
3h	1	−53.57	2.35	0.54
	2	−38.68	1.08	0.42
	3	−67.08	2.16	0.63
	4	−47.44	1.73	0.49
	5	−24.58	2.02	0.37
	6	−55.30	2.18	0.55
	7	−53.31	2.28	0.54
	8	−55.52	1.95	0.59
	9	−40.93	1.70	0.44
	10	−49.46	1.29	0.52
	11	−46.56	1.53	0.54
	12	−50.60	2.25	0.50
	13	−48.74	2.41	0.49
	14	−67.15	2.40	0.68
	15	−63.74	2.11	0.58
	16	−53.27	1.62	0.52
	17	−43.80	2.27	0.45
	18	−50.88	2.08	0.54
	19	−59.59	2.17	0.56
	20	−53.67	1.97	0.54
	21	−63.13	1.97	0.64
	22	1.64	1.49	0.78
	23	−67.28	2.35	0.66
	24	−70.07	2.42	0.69
	25	−48.17	2.07	0.50
	26	−18.72	1.83	0.55
	27	−36.30	1.97	0.48
	28	−55.72	2.32	0.51
	29	−57.20	2.09	0.59
	30	−36.39	1.75	0.43
	平均	−52.38	2.04	0.50

　　结合图 3-33 和图 3-34，从各项指标的评估结果来看，其预报效果也不理想，其中 1h 预见期临近预报的降水量级误差较大。随着预见期的延长，临近预报精度进一步降低，2h 预见期临近预报的降雨落区误差增大，3h 预见期临近预报的降雨时程分配误差增大。

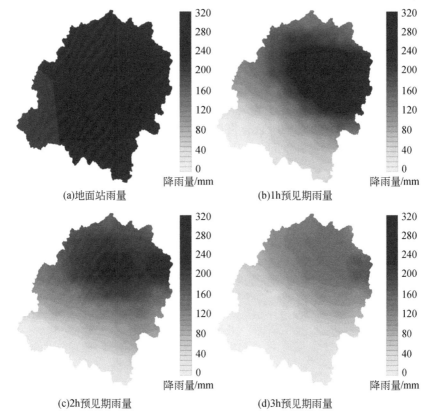

(a)地面站雨量   (b)1h预见期雨量

(c)2h预见期雨量   (d)3h预见期雨量

图 3-33   降雨场次Ⅲ QPF 累积雨量空间分布图

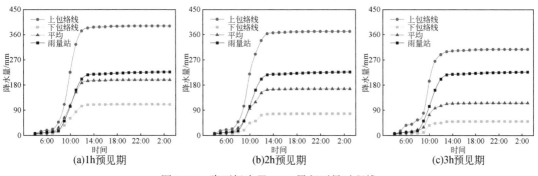

(a)1h预见期   (b)2h预见期   (c)3h预见期

图 3-34   降雨场次Ⅲ QPF 累积雨量过程线

3.5   本 章 小 结

    本章详细介绍了天气雷达的发展历程、硬件组成部分、工作原理、监测数据，以及重要参数等，阐述了雷达降雨反演的基本方法和提升降雨反演精度的各类方法，在整合平流场估计、降水谱分解和 AR 预报模型等的基础上，构建了降雨临近预报方法，以实现确定性预报或经扰动后生成集合预报。以梅溪流域三场典型降雨为研究对象，通过相对误差（RE）、时间尺度和空间尺度的均方根误差（RMSE），对采用降雨反演方法得到的 QPE 和采用临近预报方法得到的 QPF 进行评估。结果表明：①强降水识别能够显著改善雷达 QPE，利用雨量计订正方法订正后的雷达 QPE 能够满足中小流域尺度降雨监测的需要；②集合预报有利于降低临近预报的不确定性；③对于降雨时空分布均匀的降雨，0~3h 临近预报效果较好；④对于降雨时空分布极不均匀的降雨和极端强降雨，不同预见期的预报结果误差均较大；⑤随着预见期的延长，雷达临近预报效果会显著下降，单纯从预报效果看，雷达临近预报还有很大提升空间。

第4章 数值大气模式物理参数化方案选取

4.1 WRF 模式的基本设置

WRF 模式各项参数设置对降雨的模拟或预报结果有一定的影响。一般情况下，模式水平分辨率越高，对局地天气形势的描述越接近实际情况，计算成本也随之增加。为此，在 WRF 模式模拟梅溪流域三场降雨时，采用三层嵌套网格的方式逐级增加区域的水平分辨率，相邻嵌套层的嵌套比例为 1∶3，网格尺寸由内至外分别为 4km、12km、36km。最内层网格可完全覆盖研究区，最外层网格的覆盖范围基本反映了周边影响研究区天气形势的大地形、海洋和主要天气系统，使中小尺度天气过程引起的有效变化都包括在该层网格的覆盖范围内，以保证模式模拟的区域边界上基本不受中小尺度过程的影响，使模式运行更加稳定。不同层级的网格设为双向反馈模式，即外层网格为内层网格提供初始场和边界场，而内层网格同时向外层网格反馈模式运行信息。梅溪流域网格中心为（26°00′00″N，118°30′00″E），最内层网格（Domain 3）格点数为 300×300，第二层网格（Domain 2）格点数为 210×210，最外层网格（Domain 1）格点数为 100×100，流域位置及网格嵌套情况见图 4-1。模式大气垂直分层设为 40 层，顶层气压为 50hPa。模式积分时间步长为 180s，输出数据的时间间隔为 1h。梅溪流域地处中纬度地区，因此选取 Lambert 投影。WRF 模式基本参数设置见表 4-1。

表 4-1　WRF 模式基本参数设置

参数类别	设置方案
驱动数据	GFS
驱动数据时间间隔	6h
预热时间	12h
积分步长	180s
输出数据时间间隔	1h
梅溪流域网格中心	26°00′00″N，118°30′00″E
嵌套方案	三层嵌套网格
梅溪流域网格划分	Domain 1：100×100
	Domain 2：210×210
	Domain 3：300×300
三层网格嵌套比例	1∶3

参数类别	设置方案
水平分辨率	Domain 1：36km
	Domain 2：12km
	Domain 3：4km
垂直分层	40 层
顶层气压	50hPa
投影方式	Lambert 投影

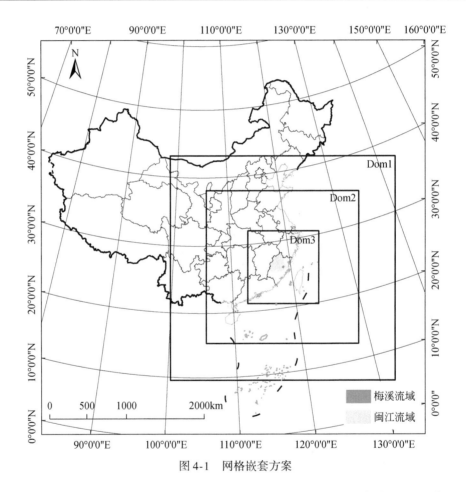

图 4-1　网格嵌套方案

为了描述大气中无法仅通过设置空间分辨率和降尺度方案的许多重要变化和运动过程，WRF 模式提供了大量的物理参数化方案，用于表征小于模式网格分辨率的湍流运动，以及发生在分子尺度的物理过程。不同的物理参数化方案是在不同的研究背景下提出的，对降雨产生的次网格过程的描述重点不同。因此，在 WRF 模式诸多参数的设置中，物理参数化方案的选取对模式的模拟或预报结果影响较大[279,280]。对于不同地区、不同降雨场次，使用同一种物理参数化方案的模拟与预报效果往往不同；对于同一地区、同一场降雨，使用不同的物理参数化方案的模拟与预报效果也不同。由于同一地区的降雨成因和降雨类型短时期内不会发生太大变化，因此通过对历史降雨事件的模拟再现，实现 WRF 模式物理参数化方案的优选和本地化非常必要。

4.2 物理参数化方案及组合

数值大气模式中，影响气象要素模拟结果的物理参数化方案主要包括微物理过程、积云对流方案、陆面过程、边界层，以及长短波辐射。大量研究表明，陆面过程主要考虑能量的传播与耗散，而边界层主要影响低层大气运动的模拟，强降雨模拟对两类物理参数化方案的敏感性不高[281]。因此，本书重点探讨 WRF 模式中的微物理过程、积云对流方案、长短波辐射对降雨模拟结果的影响。WRF 模式中包含的主要物理参数化方案见表 4-2。

表4-2 WRF 模式主要物理参数化方案

物理过程	具体方案
微物理过程	Kessler、Lin、WSM3（WRF Single-Moment 3-class）、WSM5（WRF Single-Moment 5-class）、WSM6（WRF Single-Moment 6-class）、Eta Ferrier、Thompson、Goddard、New Thompson、WDM5（WRF Double Moment 5-class）、WDM6（WRF Double Moment 6-class）
积云对流方案	Kain-Fritsch（KF）、Betts-Miller-Janjic（BMJ）、Grell-Devenyi（GD）、Grell 3D（G3D）
长/短波辐射	RRTM（A Rapid Radiative Transfer Model）/Dudhia、RRTMG/RRTMG、CAM/CAM

微物理过程主要是指云粒子的形成、增长，以及产生降水的微观物理过程，涉及相变潜热的释放与吸收，其选取结果影响积云对流发生发展条件，从而影响降雨过程。各微物理过程在不同地区、不同场次、不同类型的降水模拟中，表现出不同的适用性，在 WRF 模式中对降水模拟结果的影响较大。Lin 和 WSM6 是 WRF 提供的对云的微物理过程描述得较详细且应用较广的两个方案。Lin 方案[282]是一种二维的云雨模型，描述了 6 种水汽凝结体及相互间的转化，包括云水、云冰、雨、雪、霰和水汽，更接近大气云雨物理变化过程的真实情况，适合于高分辨率下的模拟。WSM6 方案[283]是 WSM 系列中最复杂的一个方案，水汽凝结体的描述与 Lin 相似，但计算过程和部分经验参数的选择与 Lin 不同，特别是相态转化时步长较小，有利于提高加热项的计算精度。WDM6 双参数方案[284]是 WDM 系列中最复杂的一个方案，相比单参数方案，WDM6 不仅能计算云水、云冰、雨、雪、霰和水汽的混合比，还能计算云凝结核、云滴和雨滴的数浓度，提升模式对云微物理过程描述的能力，但增加了模式的计算量，且常有减弱对流活动的现象。

长短波辐射通过设定大气中不同分子种类，以及计算波普通量和冷却率等，影响辐射传输的过程。辐射传输过程对云雨的能量吸收、能量转化有重要作用，特别是对微物理过程方案中水的相态的转化有很大影响，从而影响降雨的形成。RRTM 方案[285]考虑了水汽、臭氧、二氧化碳、氧气、甲烷等的辐射传输应用与 K 有相互关系的方法，计算了大气长波谱域的通量和冷却率。Dudhia 方案[286]简单累加干净空气散射、水汽吸收、云反射和吸收所引起的太阳辐射通量。RRTMG 方案[287]是一种新的 RRTM 方案，采用了随机云重叠的方法。CAM 方案[288]最初应用于 CCSM 的 CAM3 气象模式，考虑了气溶胶和痕量气体，交互解决云和云分散。

积云对流过程伴随着云团生成、发展、旺盛，以及由于温度不同时形成的对流，云团消失则降水结束，因此其与降水过程联系紧密，不同的积云对流方案对不同地区、不同场次的降水模拟效果不同。BMJ 方案[289]特别考虑了大气的温湿结构和云中熵的变化，一般对于强对流天气有较好的模拟效果；KF 方案[290]简单考虑了气流上升与下降对云微物理过程的影响；GD 方案[291]采用准平衡假设，形成集合积云方案，可使模式在每个网格上运行多种积云方案，适合用于高分辨率的降雨模拟；G3D 方案[292]是在 GD 方案的基础上进行了改进，考虑了邻近网格受到气体对流的影响延伸，更适合高分辨率的降雨模拟。

基于不同物理参数化方案的特点及各物理参数化方案在不同地区的使用情况，本书设计了 36 组不同的物理参数化方案组合（表 4-3）。边界层选用延世大学（Yonsei University）开发的典型的非局地边界层方案（YSU），该方案采用非局地 K 理论，解决了不稳定边界层中逆梯度项过大导致计算不稳定的问题，在强对流天气中应用效果较好[293]；陆面方案选用运行较稳定的 Noah 方案[294]。

表 4-3 物理参数化方案设计

试验方案	微物理过程	长/短波辐射	积云对流方案
1	WSM6	RRTM/Dudhia	BMJ
2	WDM6	RRTM/Dudhia	BMJ
3	Lin	RRTM/Dudhia	BMJ
4	WSM6	RRTMG/RRTMG	BMJ
5	WDM6	RRTMG/RRTMG	BMJ
6	Lin	RRTMG/RRTMG	BMJ
7	WSM6	CAM/CAM	BMJ
8	WDM6	CAM/CAM	BMJ
9	Lin	CAM/CAM	BMJ
10	WSM6	RRTM/Dudhia	KF
11	WDM6	RRTM/Dudhia	KF
12	Lin	RRTM/Dudhia	KF
13	WSM6	RRTMG/RRTMG	KF
14	WDM6	RRTMG/RRTMG	KF
15	Lin	RRTMG/RRTMG	KF
16	WSM6	CAM/CAM	KF
17	WDM6	CAM/CAM	KF
18	Lin	CAM/CAM	KF
19	WSM6	RRTM/Dudhia	G3D
20	WDM6	RRTM/Dudhia	G3D

试验方案	微物理过程	长/短波辐射	积云对流方案
21	Lin	RRTM/Dudhia	G3D
22	WSM6	RRTMG/RRTMG	G3D
23	WDM6	RRTMG/RRTMG	G3D
24	Lin	RRTMG/RRTMG	G3D
25	WSM6	CAM/CAM	G3D
26	WDM6	CAM/CAM	G3D
27	Lin	CAM/CAM	G3D
28	WSM6	RRTM/Dudhia	GD
29	WDM6	RRTM/Dudhia	GD
30	Lin	RRTM/Dudhia	GD
31	WSM6	RRTMG/RRTMG	GD
32	WDM6	RRTMG/RRTMG	GD
33	Lin	RRTMG/RRTMG	GD
34	WSM6	CAM/CAM	GD
35	WDM6	CAM/CAM	GD
36	Lin	CAM/CAM	GD

4.3 降雨评价指标与结果

4.3.1 评价指标

WRF 模式降雨模拟精度的评价分为两个方面：①计算面累积雨量的预报值与实测值的相对误差（RE）；②利用均方根误差（RMSE）和临界成功率指标（CSI）对降雨的时空分布预报结果进行评价[295]。其中，RE 和 RMSE 指标的计算方法，可参考 3.4.1 节。

CSI 能够反映正确模拟的降雨频次占所有可能发生降雨情况的比例，是评价降雨预报准确性的常用定性指标。用于定性评价的 CSI 指标由表 4-4 中的分类变量 NA、NB、NC 求得，计算公式为

$$CSI = \frac{1}{N} \sum_{i=1}^{N} \frac{NA_i}{NA_i + NB_i + NC_i} \tag{4.1}$$

表 4-4 WRF 模式模拟降雨评价的列联表

模拟值	实测值	
	有降雨（>0.1mm）	无降雨
有降雨（>0.1mm）	NA	NB
无降雨	NC	ND

NA、NB、NC、ND 代表某观测时段内或观测位置上的模拟值与实测值是否大于 0.1。如果模拟值与实测值都大于 0.1，即 WRF 模式捕捉到了降雨，则 NA 加 1；如果模拟值大于 0.1，实测值不大于 0.1，即 WRF 模式误报了降雨，则 NB 加 1；如果模拟值不大于 0.1，实测值大于 0.1，即 WRF 模式漏报了降雨，则 NC 加 1；如果模拟值与实测值都不大于 0.1，即 WRF 模式准确模拟了无降雨的情境，则 ND 加 1。当使用分类指标在空间尺度进行评价时，首先对某一特定时刻 i，处于不同观测位置（雨量站点）上的模拟值与实测值进行对比，统计分类变量 NA_i、NB_i、NC_i、ND_i，再将观测时段内不同时刻对应的分类指标按照式（4.1）进行统计平均，最终得到空间尺度上的分类评价结果，本次评价的时间间隔与 WRF 模式输出数据的时间间隔一致，为 1h。当使用分类指标在时间尺度进行评价时，首先对某一特定观测位置（雨量站点）i 上，不同观测时刻的模拟值与实测值进行对比，统计分类变量 NA_i、NB_i、NC_i、ND_i，再将研究区域内各观测位置（雨量站点）的分类指标按照式（4.1）进行统计平均，最终得到时间尺度上的分类评价结果。

4.3.2 评价结果

4.3.2.1 降雨场次 I —"苏拉"台风

基于 36 种试验方案，通过式（3.46）、式（3.47）和式（4.1）计算出降雨的 24h 面累积雨量模拟值与实测值的相对误差（RE）、空间与时间尺度上的临界成功率指标（CSI）和空间与时间尺度上的均方根误差（RMSE），结果见表 4-5。36 个方案模拟的降雨空间分布图和降雨过程图见图 4-2 和图 4-3。

表 4-5 36 个方案降雨模拟结果及排名

试验方案	RE/%	空间尺度		时间尺度	
		CSI	RMSE	CSI	RMSE
1	13.27（22）	0.7368（14）	0.1960（30）	0.6875（1）	0.6587（13）
2	14.43（25）	0.7538（2）	0.2095（35）	0.6875（1）	0.6425（9）
3	11.60（20）	0.7368（14）	0.1956（29）	0.6875（1）	0.7131（26）
4	13.57（24）	0.7368（14）	0.2029（34）	0.6875（1）	0.6725（18）
5	14.75（28）	0.7448（9）	0.2216（36）	0.6875（1）	0.6674（16）
6	11.88（21）	0.7368（14）	0.1986（32）	0.6875（1）	0.7213（29）

试验方案	RE/%	空间尺度		时间尺度	
		CSI	RMSE	CSI	RMSE
7	13.40 (23)	0.7368 (14)	0.1879 (27)	0.6875 (1)	0.6438 (10)
8	14.71 (27)	0.7491 (6)	0.1996 (33)	0.6875 (1)	0.6355 (8)
9	11.19 (19)	0.7368 (14)	0.1906 (28)	0.6875 (1)	0.7168 (28)
10	6.28 (13)	0.7368 (14)	0.1478 (9)	0.6875 (1)	0.6219 (6)
11	5.16 (7)	0.7449 (8)	0.1717 (22)	0.6875 (1)	0.6166 (5)
12	2.22 (4)	0.7368 (14)	0.1471 (8)	0.6875 (1)	0.6520 (12)
13	0.88 (1)	0.7368 (14)	0.1535 (11)	0.6875 (1)	0.6018 (3)
14	2.31 (5)	0.7368 (14)	0.1676 (19)	0.6875 (1)	0.5973 (2)
15	1.32 (2)	0.7368 (14)	0.1461 (7)	0.6875 (1)	0.6317 (7)
16	6.70 (15)	0.7368 (14)	0.1479 (10)	0.6875 (1)	0.6076 (4)
17	5.92 (11)	0.7411 (10)	0.1625 (17)	0.6875 (1)	0.5924 (1)
18	1.67 (3)	0.7368 (14)	0.1420 (4)	0.6875 (1)	0.6449 (11)
19	20.73 (35)	0.7368 (14)	0.1546 (13)	0.6875 (1)	0.7060 (25)
20	20.65 (34)	0.7534 (3)	0.1547 (14)	0.6875 (1)	0.7053 (23)
21	19.55 (33)	0.7504 (4)	0.1441 (6)	0.6875 (1)	0.7285 (30)
22	17.34 (30)	0.7368 (14)	0.1595 (16)	0.6875 (1)	0.7293 (31)
23	14.57 (26)	0.7492 (5)	0.1578 (15)	0.6875 (1)	0.7425 (33)
24	15.55 (29)	0.7368 (14)	0.1331 (1)	0.6875 (1)	0.7476 (34)
25	21.00 (36)	0.7368 (14)	0.1539 (12)	0.6875 (1)	0.6934 (19)
26	19.48 (32)	0.7454 (7)	0.1439 (5)	0.6875 (1)	0.6996 (21)
27	17.34 (30)	0.7368 (14)	0.1345 (2)	0.6875 (1)	0.7369 (32)
28	6.32 (14)	0.7368 (14)	0.1640 (18)	0.6875 (1)	0.6991 (20)
29	5.78 (10)	0.7582 (1)	0.1794 (25)	0.6875 (1)	0.6723 (17)
30	5.06 (6)	0.7411 (10)	0.1679 (20)	0.6875 (1)	0.7600 (36)
31	5.96 (12)	0.7368 (14)	0.1730 (23)	0.6875 (1)	0.7053 (23)
32	5.32 (9)	0.7411 (10)	0.1963 (31)	0.6875 (1)	0.6657 (15)
33	5.31 (8)	0.7368 (14)	0.1807 (26)	0.6875 (1)	0.7532 (35)
34	8.06 (18)	0.7368 (14)	0.1409 (3)	0.6875 (1)	0.7031 (22)
35	6.85 (16)	0.7411 (10)	0.1688 (21)	0.6875 (1)	0.6644 (14)
36	7.91 (17)	0.7368 (14)	0.1749 (24)	0.6875 (1)	0.7131 (26)

注：括号内数字为排名

由表 4-5 可知，36 个方案的 RE 值为 0.88% ~ 21.00%，RE 值最小的是方案 13，RE 值最大的是方案 25。空间尺度方面，36 个方案的 CSI 值为 0.7368 ~ 0.7582，各方案间的差异较小，CSI 值最大的是方案 29；36 个方案的 RMSE 值为 0.1331 ~ 0.2216，RMSE 值最小的是方案 24，RMSE 值最大的是方案 5。时间尺度方面，36 个方案的 CSI 值均为 0.6875；36 个方案的 RMSE 值为 0.5924 ~ 0.7600，RMSE 值最小的是方案 17，RMSE 值最大的是方案 30。由表 4-5、图 4-2 和图 4-3 综合分析可知，WRF 模式对"苏拉"台风在梅溪流域引起的降雨的模拟效果较好，基本能够重现该场降雨的量级、分布和过程，但降雨的时程分配还有改进的空间。

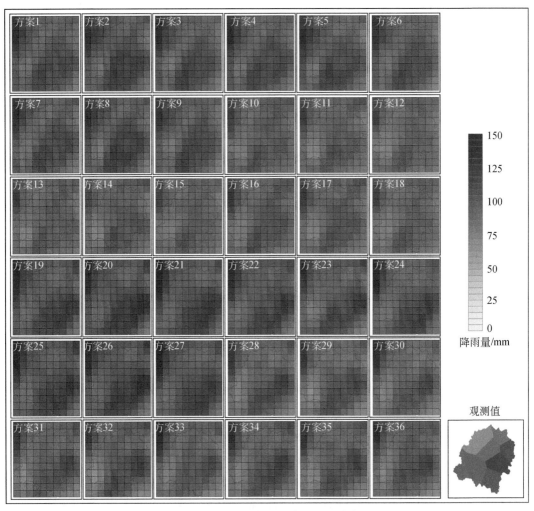

图 4-2　36 个方案模拟的降雨空间分布图

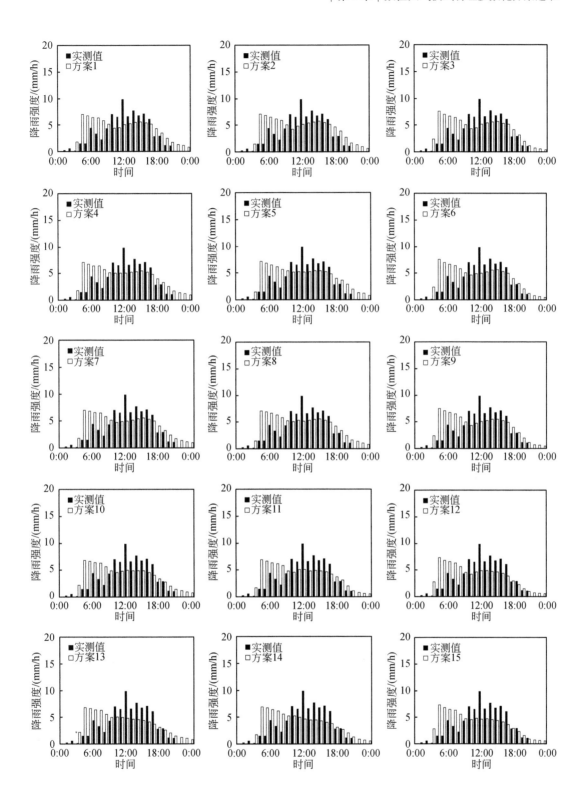

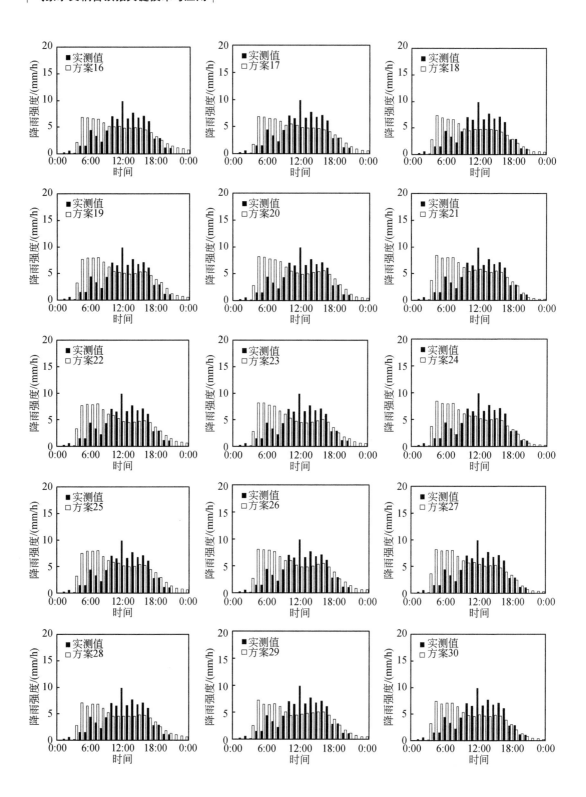

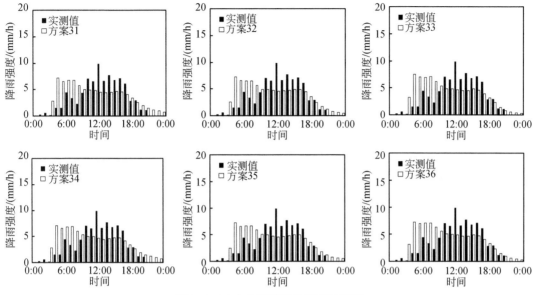

图 4-3　36 个方案模拟的降雨过程图

4.3.2.2　降雨场次Ⅱ—"海贝斯"台风

与降雨场次Ⅰ类似，基于 36 种试验方案，计算出降雨的 24h 面累积雨量模拟值与实测值的相对误差（RE）、空间与时间尺度上的临界成功率指标（CSI）、空间与时间尺度上的均方根误差（RMSE），结果见表 4-6。36 个方案模拟的降雨空间分布图和降雨过程图见图 4-4 和图 4-5。

表 4-6　36 个方案降雨模拟结果及排名

试验方案	RE /%	空间尺度		时间尺度	
		CSI	RMSE	CSI	RMSE
1	65.23（29）	0.3470（36）	0.8345（30）	0.3292（36）	1.6322（34）
2	64.95（27）	0.3571（34）	0.8308（28）	0.3410（33）	1.6349（36）
3	56.69（14）	0.4103（26）	0.7678（21）	0.3935（11）	1.5715（25）
4	65.39（30）	0.3632（33）	0.8365（32）	0.3539（32）	1.6313（33）
5	65.63（31）	0.3476（35）	0.8395（34）	0.3392（34）	1.6326（35）
6	56.45（13）	0.3870（30）	0.7626（19）	0.3788（19）	1.5583（22）
7	64.55（26）	0.3788（31）	0.8393（33）	0.3567（30）	1.6161（31）
8	64.05（25）	0.3684（32）	0.8357（31）	0.3359（35）	1.6294（32）
9	58.13（22）	0.4071（28）	0.7909（23）	0.3931（12）	1.5768（27）
10	37.25（8）	0.4494（16）	0.5662（8）	0.3666（27）	1.3075（3）
11	37.83（9）	0.4561（8）	0.5726（9）	0.3676（26）	1.3027（2）
12	26.90（2）	0.4074（27）	0.5216（1）	0.3563（31）	1.3526（7）

试验方案	RE /%	空间尺度		时间尺度	
		CSI	RMSE	CSI	RMSE
13	24.32 (1)	0.4879 (1)	0.5235 (2)	0.3718 (25)	1.3001 (1)
14	35.58 (5)	0.4351 (21)	0.5649 (7)	0.3666 (27)	1.3105 (4)
15	27.29 (3)	0.3916 (29)	0.5627 (6)	0.3647 (29)	1.4217 (9)
16	35.83 (6)	0.4494 (16)	0.5365 (4)	0.3906 (14)	1.3434 (6)
17	36.01 (7)	0.4512 (14)	0.5297 (3)	0.3750 (20)	1.3252 (5)
18	32.53 (4)	0.4308 (23)	0.5368 (5)	0.3942 (10)	1.3663 (8)
19	68.51 (36)	0.4842 (2)	0.8451 (36)	0.4222 (3)	1.5998 (30)
20	68.30 (35)	0.4423 (19)	0.8413 (35)	0.3798 (18)	1.5952 (29)
21	60.31 (23)	0.4557 (9)	0.7814 (22)	0.3962 (9)	1.5471 (20)
22	65.82 (32)	0.4601 (7)	0.8216 (26)	0.3988 (8)	1.5648 (24)
23	65.05 (28)	0.4614 (6)	0.8149 (25)	0.3739 (21)	1.5541 (21)
24	57.64 (20)	0.4543 (10)	0.7649 (20)	0.4042 (6)	1.5427 (19)
25	66.54 (33)	0.4525 (13)	0.8228 (27)	0.3739 (21)	1.5718 (26)
26	66.88 (34)	0.4628 (5)	0.8311 (29)	0.4139 (4)	1.5843 (28)
27	61.82 (24)	0.4530 (12)	0.7951 (24)	0.3917 (13)	1.5593 (23)
28	57.15 (17)	0.4222 (25)	0.7540 (17)	0.3734 (23)	1.5352 (18)
29	57.46 (18)	0.4531 (11)	0.7481 (15)	0.3903 (15)	1.5223 (17)
30	47.02 (10)	0.4377 (20)	0.7197 (11)	0.3834 (17)	1.5124 (16)
31	57.05 (16)	0.4229 (24)	0.7327 (12)	0.3722 (24)	1.4548 (12)
32	57.52 (19)	0.4428 (18)	0.7360 (13)	0.4000 (7)	1.4520 (11)
33	48.08 (11)	0.4324 (22)	0.6835 (10)	0.3901 (16)	1.4348 (10)
34	57.04 (15)	0.4503 (15)	0.7499 (16)	0.4111 (5)	1.4770 (14)
35	58.02 (21)	0.4716 (3)	0.7613 (18)	0.4306 (2)	1.5030 (15)
36	50.99 (12)	0.4675 (4)	0.7364 (14)	0.4356 (1)	1.4714 (13)

注：括号内为排名

由表 4-6 可知，36 个方案的 RE 值为 24.32% ~ 68.51%，RE 值最小的是方案 13，RE 值最大的是方案 19。空间尺度方面，36 个方案的 CSI 值为 0.3470 ~ 0.4879，CSI 值最小的是方案 1，CSI 值最大的是方案 13；36 个方案的 RMSE 值为 0.5216 ~ 0.8451，RMSE 值最小的是方案 12，RMSE 值最大的是方案 19。时间尺度方面，36 个方案的 CSI 值为 0.3292 ~ 0.4356，CSI 值最小的是方案 1，CSI 值最大的是方案 36；36 个方案的 RMSE 值为 1.3001 ~ 1.6349，RMSE 值最小的是方案 13，RMSE 值最大的是方案 2。由表 4-6、图 4-4 和图 4-5 综合分析可知，WRF 模式对"海贝斯"台风在梅溪流域引起的降雨的模拟效果较降雨场次 Ⅰ 差。对比降雨场次 Ⅰ 和 Ⅱ，降水量级相近，但降雨场次 Ⅰ 的时空分布相对均匀，而降雨场次 Ⅱ 属于短历时局地强降雨，WRF 模式对该类型降雨的捕捉效果较差。

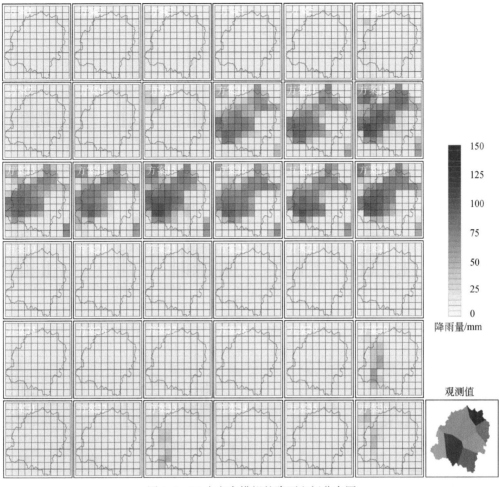

图 4-4 36 个方案模拟的降雨空间分布图

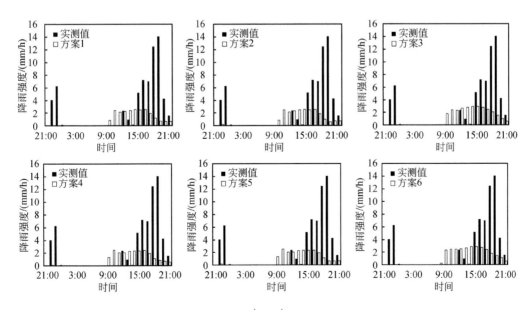

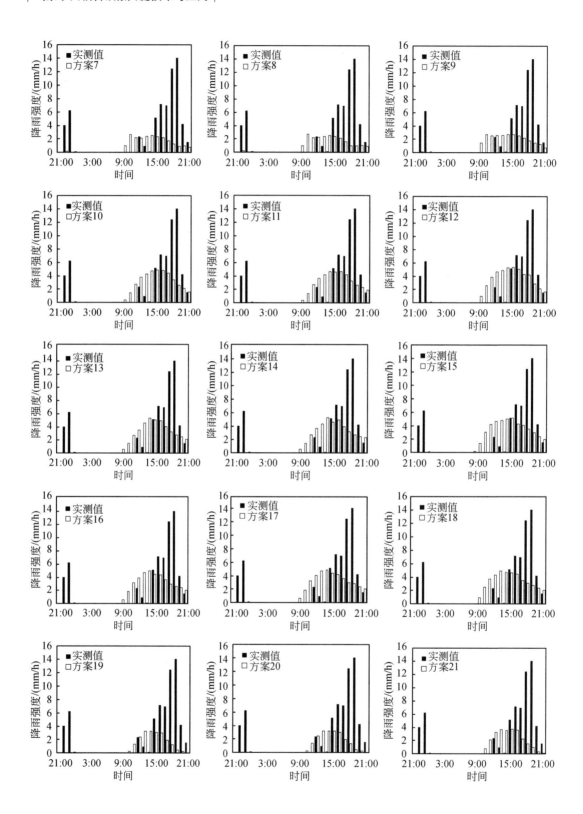

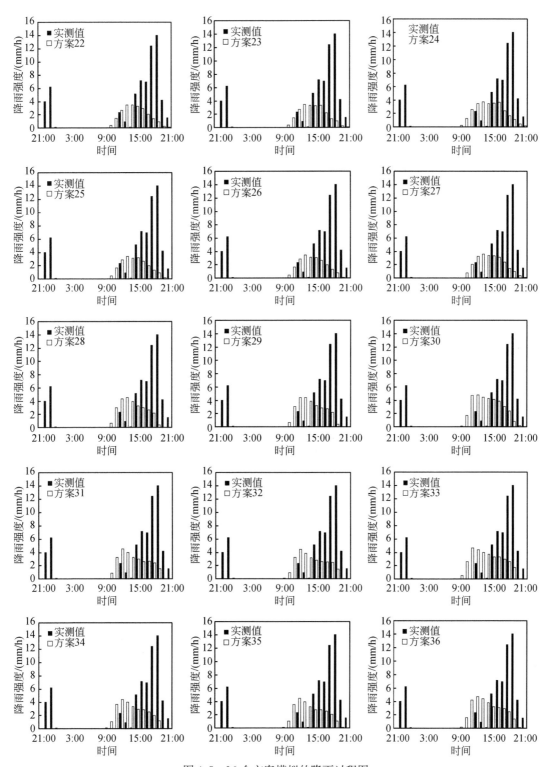

图 4-5 36 个方案模拟的降雨过程图

4.3.2.3 降雨场次Ⅲ—"尼伯特"台风

与降雨场次Ⅰ和Ⅱ类似，基于36个方案，计算出降雨的24h面累积雨量模拟值与实测值的相对误差（RE）、空间与时间尺度上的临界成功率（CSI）和空间与时间尺度上的均方根误差（RMSE），结果见表4-7。36个方案模拟的降雨空间分布图和降雨过程图见图4-6和图4-7。

表4-7 36个方案降雨模拟结果及排名

试验方案	RE /%	空间尺度		时间尺度	
		CSI	RMSE	CSI	RMSE
1	80.18（11）	0.5301（33）	0.8599（25）	0.5216（33）	1.9932（32）
2	83.81（29）	0.5109（36）	0.8850（36）	0.4955（36）	2.0018（35）
3	83.19（25）	0.5310（32）	0.8748（32）	0.5305（31）	1.9962（33）
4	80.81（14）	0.5383（31）	0.8623（26）	0.5305（31）	1.9929（31）
5	84.62（34）	0.5220（34）	0.8778（35）	0.5097（35）	2.0018（35）
6	84.01（31）	0.5444（30）	0.8760（33）	0.5409（30）	1.9920（30）
7	79.89（10）	0.5708（29）	0.8526（21）	0.5632（29）	1.9865（28）
8	83.03（24）	0.5190（35）	0.8643（29）	0.5124（34）	2.0011（34）
9	82.91（23）	0.5947（28）	0.8649（30）	0.5923（25）	1.9897（29）
10	74.91（2）	0.6146（14）	0.7814（5）	0.6146（6）	1.9295（19）
11	78.48（8）	0.6180（9）	0.8063（7）	0.6146（6）	1.9372（23）
12	75.81（5）	0.6146（14）	0.7725（4）	0.6146（6）	1.9308（20）
13	73.47（1）	0.6146（14）	0.7482（1）	0.6146（6）	1.9223（16）
14	78.43（7）	0.6180（9）	0.7966（6）	0.6146（6）	1.9191（13）
15	75.35（4）	0.6146（14）	0.7719（3）	0.6146（6）	1.9329（22）
16	75.34（3）	0.6175（11）	0.7673（2）	0.6153（5）	1.9522（26）
17	80.32（12）	0.6146（14）	0.8292（12）	0.6146（6）	1.9557（27）
18	78.40（6）	0.6146（14）	0.8106（8）	0.6146（6）	1.9465（25）
19	82.07（21）	0.6275（5）	0.8531（22）	0.6178（3）	1.9275（18）
20	83.89（30）	0.6353（2）	0.8516（20）	0.5982（22）	1.9325（21）
21	80.90（15）	0.6338（3）	0.8280（11）	0.6252（1）	1.9178（11）
22	81.00（16）	0.6230（6）	0.8391（15）	0.6057（16）	1.8875（4）
23	80.72（13）	0.6206（7）	0.8142（9）	0.5945（23）	1.9205（14）
24	79.84（9）	0.6154（13）	0.8214（10）	0.6042（18）	1.8923（6）
25	83.28（26）	0.6028（27）	0.8634（28）	0.5910（26）	1.9268（17）
26	85.78（35）	0.6321（4）	0.8766（34）	0.6158（4）	1.9413（24）
27	81.78（18）	0.6086（25）	0.8401（16）	0.6019（20）	1.9216（15）
28	82.11（22）	0.6128（23）	0.8488（19）	0.5945（23）	1.8924（7）
29	83.61（27）	0.6145（20）	0.8574（23）	0.5863（27）	1.8920（5）
30	82.06（20）	0.6106（24）	0.8376（14）	0.6049（17）	1.9021（10）
31	81.94（19）	0.6189（8）	0.8415（17）	0.6106（14）	1.8845（3）
32	83.62（28）	0.6483（1）	0.8469（18）	0.6187（2）	1.8734（1）
33	81.72（17）	0.6049（26）	0.8305（13）	0.5990（21）	1.8811（2）
34	84.30（32）	0.6137（21）	0.8627（27）	0.6027（19）	1.9020（9）
35	86.05（36）	0.6137（21）	0.8691（31）	0.5822（28）	1.9185（12）
36	84.60（33）	0.6157（12）	0.8592（24）	0.6091（15）	1.8943（8）

注：括号内为排名

　　由表4-7可知，36个方案的 RE 值为73.47%～86.05%，RE 值最小的是方案13，RE 值最大的是方案35。空间尺度方面，36个方案的 CSI 值为0.5109～0.6483，CSI 值最小的是方案2，CSI 值最大的是方案32；36个方案的 RMSE 值为0.7482～0.8850，RMSE 值最小的是方案13，RMSE 值最大的是方案2。时间尺度方面，36个方案的 CSI 值为0.4955～0.6252，CSI 值最小的是方案2，CSI 值最大的是方案21；36个方案的 RMSE 值为1.8734～2.0018，RMSE 值最小的是方案32，RMSE 值最大的是方案2和方案5。由表4-7、图4-6和图4-7综合分析可知，WRF 模式对台风"尼伯特"在梅溪流域引起的降雨的模拟效果较降雨场次 II 差。对比降雨场次 I、II 和 III，降雨场次 III 的降水量级更大，突发性较强。因此，WRF 模式对局地短历时强降雨的适应性较差。

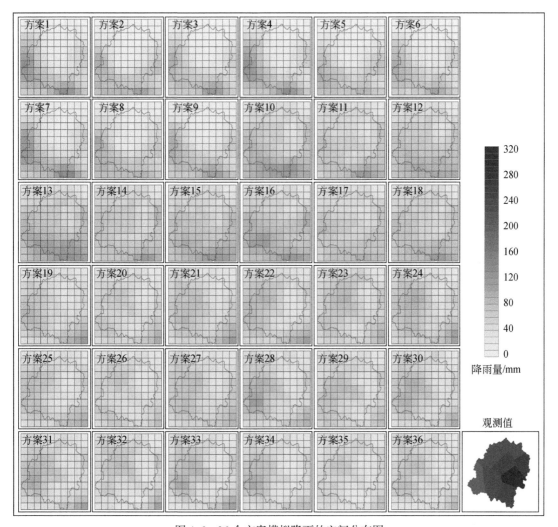

图4-6　36个方案模拟降雨的空间分布图

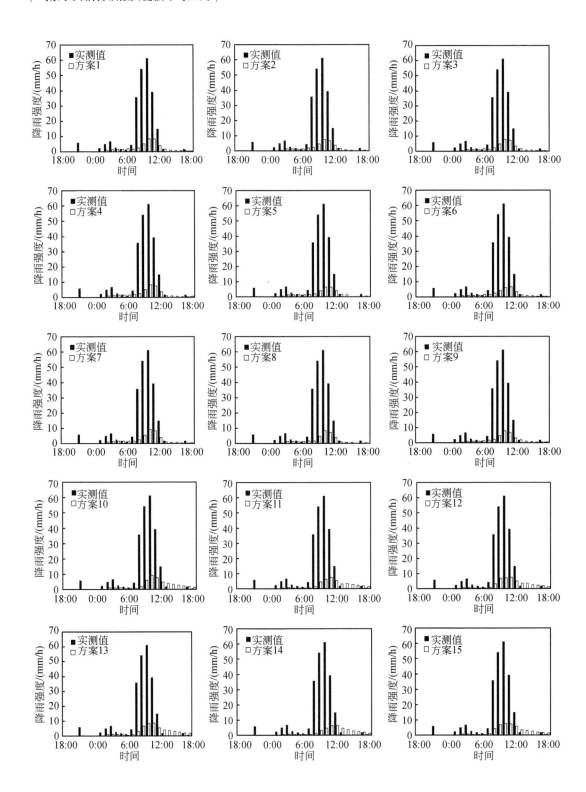

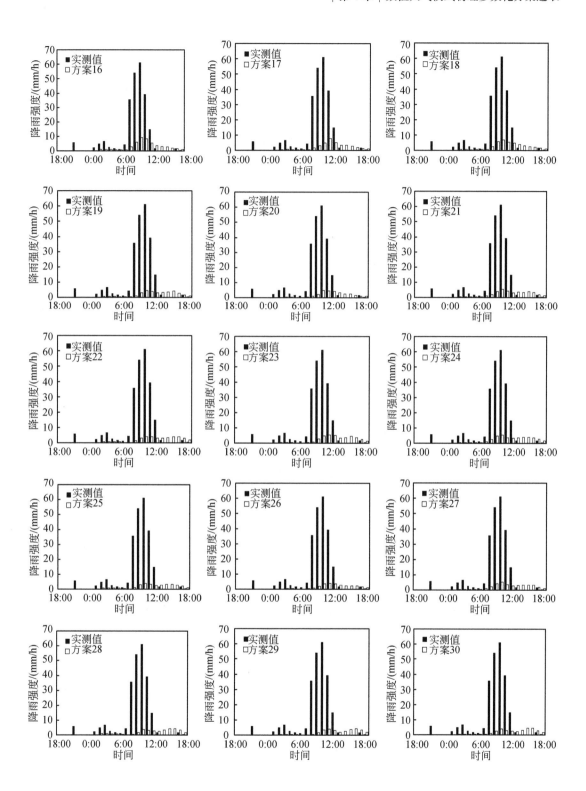

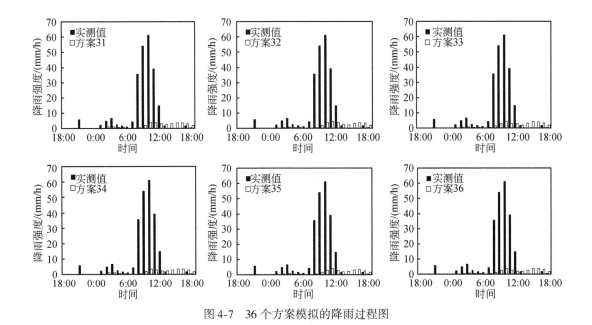

图 4-7　36 个方案模拟的降雨过程图

4.4　物理参数化方案确定与分析

为了探索模拟降雨的累积降水量、降雨空间分布和时间分布的最佳物理参数化方案，本书对三个微物理过程、三组长/短波辐射方案、四个积云对流方案进行比较。根据表 4-5～表 4-7 所示的各指标的计算结果，进一步计算每一场降雨中，某一种物理参数化方案的 RE 均值、CSI 均值、RMSE 均值，三类均值分别为含有该物理参数化方案的所有试验方案的 RE 的平均值、CSI 的平均值、RMSE 的平均值。例如，"尼伯特"台风引起的降雨中，WSM6 方案的 RE 均值，其值为试验方案 1、4、7、10、13、16、19、22、25、28、31、34 的 RE 的平均值。三场降雨不同物理参数化方案下评价指标的均值见表 4-8～表 4-10。

表 4-8　不同物理参数化方案下不同评价指标的均值（降雨场次 I）

物理参数化方案		指标				
		RE/%	空间 CSI	空间 RMSE	时间 CSI	时间 RMSE
微物理过程	WSM6	9.22	0.7383	0.1629	0.6875	0.7099
	WDM6	10.83	0.7466	0.1778	0.6875	0.6585
	Lin	11.13	0.7368	0.1652	0.6875	0.6702
长/短波辐射	RRTM/Dudhia	9.38	0.7395	0.1747	0.6875	0.6896
	RRTMG/RRTMG	8.20	0.7414	0.1698	0.6875	0.6650
	CAM/CAM	10.98	0.7395	0.1600	0.6875	0.6734

物理参数化方案		指标				
		RE/%	空间 CSI	空间 RMSE	时间 CSI	时间 RMSE
积云对流方案	BMJ	13.20	0.7409	0.2003	0.6875	0.6746
	KF	3.61	0.7382	0.1540	0.6875	0.6185
	G3D	18.47	0.7425	0.1485	0.6875	0.7210
	GD	6.29	0.7406	0.1718	0.6875	0.7040

表 4-9　不同物理参数化方案下不同评价指标的均值（降雨场次Ⅱ）

物理参数化方案		指标				
		RE/%	空间 CSI	空间 RMSE	时间 CSI	时间 RMSE
微物理过程	WSM6	48.65	0.4307	0.7020	0.3902	1.4929
	WDM6	56.44	0.4291	0.7422	0.3762	1.5039
	Lin	55.39	0.4279	0.7386	0.3767	1.5028
长/短波辐射	RRTM/Dudhia	53.97	0.4269	0.7319	0.3750	1.5095
	RRTMG/RRTMG	52.15	0.4239	0.7203	0.3762	1.4881
	CAM/CAM	54.37	0.4370	0.7305	0.3919	1.5020
积云对流方案	BMJ	62.34	0.3741	0.8153	0.3579	1.6092
	KF	32.62	0.4399	0.5461	0.3726	1.3367
	G3D	64.54	0.4585	0.8131	0.3950	1.5688
	GD	54.48	0.4445	0.7357	0.3985	1.4848

表 4-10　不同物理参数化方案下不同评价指标的均值（降雨场次Ⅲ）

物理参数化方案		指标				
		RE/%	空间 CSI	空间 RMSE	时间 CSI	时间 RMSE
微物理过程	WSM6	79.94	0.5987	0.8317	0.5902	1.9331
	WDM6	82.70	0.5973	0.8479	0.5798	1.9412
	Lin	80.88	0.6002	0.8323	0.5960	1.9331
长/短波辐射	RRTM/Dudhia	80.92	0.5961	0.8380	0.5849	1.9378
	RRTMG/RRTMG	80.46	0.5986	0.8272	0.5881	1.9250
	CAM/CAM	82.14	0.6015	0.8467	0.5929	1.9447
积云对流方案	BMJ	82.49	0.5401	0.8686	0.5330	1.9950
	KF	76.72	0.6157	0.7871	0.6147	1.9362
	G3D	82.14	0.6221	0.8431	0.6060	1.9186
	GD	83.33	0.6170	0.8504	0.6009	1.8934

由表 4-8～表 4-10 知，当采用微物理过程 WSM6 模拟降雨时，降雨场次Ⅰ的 RE 值（9.22%）、降雨场次Ⅱ的 RE 值（48.65%）、降雨场次Ⅲ的 RE 值（79.94%）均为各种不同微物理过程中的最小值；降雨场次Ⅰ采用不同微物理过程计算得到的空间尺度与时间

尺度的 CSI 值和 RMSE 值相差不大,而降雨场次 Ⅱ 采用微物理过程 WSM6 时,空间尺度与时间尺度的 RMSE 值(0.7020、1.4929)均最小,CSI 值(0.4307、0.3902)均最大;降雨场次 Ⅲ 采用微物理过程 WSM6 时,空间尺度与时间尺度的 RMSE 值(0.8317、1.9331)也最小,CSI 值相对较高。综上所述,WSM6 更适合台风在梅溪流域引发的降雨模拟和预报。这是由于台风引发的降雨在形成过程中多呈现相态转化快的特点,而 WSM6 不仅能够描述 6 种不同水汽凝结体及其相互转化,而且缩短了相态转换步长,提高了计算能力。

当采用长/短波辐射方案 RRTMG/RRTMG 模拟降雨时,降雨场次 Ⅰ 的 RE 值(8.20%)、降雨场次 Ⅱ 的 RE 值(52.15%)、降雨场次 Ⅲ 的 RE 值(80.46%)均为各种不同长/短波辐射方案中的最小值;降雨场次 Ⅰ 的空间尺度和时间尺度的 CSI 值(0.7414、0.6875)均最高,时间尺度的 RMSE 值(0.6650)最低,空间尺度的 RMSE 值也相对较低,降雨场次 Ⅱ 的空间尺度和时间尺度的 RMSE 值(0.7203、1.4881)均最低,CSI 值相对较高,降雨场次 Ⅲ 的空间尺度和时间尺度的 RMSE 值(0.8272、1.9250)也最小,CSI 值也相对较高。因此,RRTMG/RRTMG 更适合台风在梅溪流域引发的降雨模拟和预报,有研究表明 RRTMG 方案更适合于夏季天气过程的模拟[296],但各方案间差异较小。

当采用积云对流方案 KF 模拟降雨时,降雨场次 Ⅰ 的 RE 值(3.61%)、降雨场次 Ⅱ 的 RE 值(32.62%)、降雨场次 Ⅲ 的 RE 值(76.72%)均明显低于其他方案;降雨场次 Ⅰ 采用不同积云对流方案计算得到的空间尺度与时间尺度的 CSI 值和 RMSE 值相差不大,降雨场次 Ⅱ 的 KF 方案的空间尺度和时间尺度的 RMSE 值(0.5461、1.3367)均最低,CSI 值均最低,但各方案间差别较小,降雨场次 Ⅲ 的 KF 方案的空间尺度的 RMSE 值(0.7871)最小,其余指标值相差不大。总体上,KF 方案更适合台风在梅溪流域引发的降雨模拟和预报。这是由于台风过程伴随对流天气,且对流过程中水汽凝结体的相态转换频繁,KF 方案考虑了气流上升和下沉对微物理过程的影响,使微物理过程与积云对流方案建立联系,更适于台风引发的降雨模拟与预报。

WSM6、RRTMG/RRTMG、KF 的组合方案恰好是试验方案 13,而依据表 4-5 ~ 表 4-7 可知,通过试验方案 13 计算得到的三场降雨的 RE 值、RMSE 值均较小,而 CSI 值相对较大,综合表现最佳。

三场典型降雨的模拟结果表明,WRF 模式对台风在梅溪流域引起的降雨的模拟结果还有一定的提升空间,特别是对于局地短历时强降雨的模拟还不理想,模拟的降雨数据直接应用于水文模型会产生较大的误差。因此,在业务预报中,有必要通过数据同化提高降雨预报的精度。

4.5 本章小结

本章阐述了 WRF 模式在梅溪流域的基本设置,介绍了影响降雨预报效果的主要物理参数化方案,并结合各物理参数化方案的特点,设定了 36 种物理参数化方案。采用 WRF 模式对梅溪流域三场典型降雨过程进行了模拟,详细分析了 3 种微物理过程(WSM6、WDM6、Lin)、3 种长/短波辐射(RRTM/Dudhia、RRTMG/RRTMG、CAM/CAM)、4 种积云对流方案(BMJ、KF、G3D、GD)的特点,并依据 RE、CSI、RMSE 三个指标,从累积降水量、降雨时空分布等多个角度评价了各物理参数化方案对梅溪流域降雨模拟的适用性，并最终确定了一套应用效果较好的物理参数化方案组合。结果表明：①微物理过程 WSM6、长/短波辐射 RRTMG/RRTMG、积云对流方案 KF 的表现优于其他方案，确定三种物理参数化方案的组合方案 13 为梅溪流域降雨预报的物理参数化方案；②当降水量级相近时，WRF 模式对时空分布较均匀的降雨的模拟精度更高；③当降雨时空分布都不均匀时，WRF 模式对量级较小的降雨重现能力较强，而对局地短历时强降雨的适应性较差；④在福建山丘区，局地短历时强降雨时有发生，而且成灾洪水多来源于此，单纯依靠 WRF 模式开展降雨预报可靠性较差，有必要通过数据同化方法提升降雨预报精度。

第5章 不同数据同化方法支持下的 数值降雨预报

5.1 数据同化方法与原理

5.1.1 三维变分同化

1991年美国首先在气象领域将变分法应用于业务预报，发展至今，变分法已经成为数值大气模式中数据同化的主流方向，特别是三维变分法已在各国模式的业务预报中得到广泛应用，能够实现对常规观测资料和非常规观测资料的同化。

三维变分同化的本质是求解一个分析变量，使得一个衡量分析变量与背景场和观测场之间距离的目标泛函达到极小值。该目标泛函可由下式表示[297]：

$$J(X) = \frac{1}{2}(X-X_b)^\mathrm{T} \boldsymbol{B}^{-1}(X-X_b) + \frac{1}{2}\left[H(X)-\boldsymbol{Y}_0\right]^\mathrm{T} \boldsymbol{R}^{-1}\left[H(X)-\boldsymbol{Y}_0\right] \tag{5.1}$$

式中，X 为所求的数值预报模式初始状态的最优解；X_b 为背景场；$\boldsymbol{B}$ 为背景场误差协方差矩阵；$\boldsymbol{Y}_0$ 为观测向量；H 为观测算子，将模式变量由模式空间投影到观测空间；$\boldsymbol{R}$ 为观测误差协方差矩阵，$\boldsymbol{R}=\boldsymbol{E}+\boldsymbol{F}$；$\boldsymbol{E}$ 为仪器观测误差协方差矩阵；$\boldsymbol{F}$ 为观测代表性误差协方差矩阵，三维变分同化能够体现复杂的非线性约束关系；背景场采用包含同化分析时刻以前的有效观测信息，分析结果更有连续性；可在目标函数中包含物理过程，并以模式本身为动力约束，因而结果具有物理一致性和动力协调性；无须进行观测筛选，能同时使用所有的有效观测；确定误差协方差时具有更大的自由度，对新型观测数据的应用能力更强。从理论上讲，三维变分同化能够同化所有类型的大气观测资料，由于可以使用复杂的观测算子，因而更有利于同化与模式变量有非直接或非线性相关的观测资料。

WRF模式中，WRF-3DVar提供的背景场误差是通过协方差矩阵来表示的，共三种：CV3、CV5和CV6（WRF模式的最新版中增加了CV7）。CV3与CV5和CV6最显著的差别是对垂向维度误差协方差的处理方式不同，CV3采用递归滤波法模拟，而CV5和CV6采用经验正交函数（Empirical Orthogonal Function，EOF）表示。CV3是美国国家环境预报中心构建的全球背景场误差协方差，适用性广，可用于任何地区的数值天气预报，而CV5和CV6的构建则需要模式对研究区的预测数据，更具有针对性，但从应用效果上看，三种背景场误差协方差各有优势，而应用不同的背景场误差协方差预报不同场次的降雨，其预报结果的优劣也存在较大不确定性。本书选取较为简单的CV3作为背景场误差协方差。

5.1.2 混合同化

变分法和集合卡尔曼滤波法是目前应用最为广泛的两种同化方法。这两种方法各自的优势都比较突出，但存在的问题也难以回避。因为吸收变分法计算成本低、便于协调同化多源观测资料的优点和集合卡尔曼滤波法的背景场误差协方差具有流依赖性的优点，Hamill 和 Snyder[298]将两者结合，采用将集合的流依赖背景场误差协方差矩阵和三维变分法的静态背景场误差协方差矩阵线性组合的方法，首次提出了集合-变分混合同化方法。Lorenc[299]提出了在变分代价函数中增加扩展控制变量的方法，可将集合扰动方便地引入变分代价函数中，并且可以利用舒尔算子对集合背景场误差协方差进行局地化以减少采样误差的影响。Wang[300]证明了协方差扩展控制变量法和协方差线性组合法是等价的。Wang 等[301]基于 WRF 构建了混合同化系统，并分别进行了观测系统模拟试验和真实观测试验，试验证明混合同化优于三维变分同化。Zhang 等[302]全面比较了集合-变分混合同化、集合卡尔曼滤波、三维变分同化几种方法，指出混合同化可以使预报误差明显小于集合卡尔曼滤波和三维变分同化。

集合-变分混合同化将集合的流依赖背景场误差信息引入变分代价函数中，充分利用变分法全局拟合的优点，高效地同化大量不同种类观测资料，包括雷达资料和卫星资料等非常规资料，动力平衡约束或物理约束在混合同化的过程中容易实现[303]，使同化分析具备了既能体现流依赖结构又能满足动力平衡关系的潜在优势。集合-变分混合同化为科研和业务数值天气预报中的资料同化方案提供了一种更好的选择，近年来成为国内外资料同化领域的重点研究方向[304-307]。

背景场误差协方差在集合-变分混合同化系统中起着至关重要的作用，主要表现在：①实现观测信息在空间上的传播，并控制着传播程度和传播范围，其中静态误差协方差控制的观测信息传播通常是各向同性的，流依赖误差协方差控制的观测信息传播则具有流依赖特征；②实现观测信息在不同变量之间的传播，其中静态误差协方差主要依靠分析变量间的平衡约束实现，流依赖误差协方差则依靠变量间的统计流依赖协相关实现；③对资料密集地区观测信息进行平滑并控制其平滑的程度，滤除分析中产生的噪声[308-310]。

集合-部分混合同化中的背景场误差协方差通常来自集合预报样本误差统计的流依赖背景误差协方差与变分同化中静态的背景误差协方差的结合。这缓解了集合卡尔曼滤波的矩阵不满秩、变量不协调问题，也改善了变分同化方案模型化背景场误差协方差各向同性和均匀性、无法依天气形势而变的问题。在集合-变分混合同化中，静态的背景场误差协方差事先给出，而流依赖的背景场误差协方差信息由同化时刻的集合预报产品提供。因此，集合-变分混合同化的关键之一是集合样本统计特征能否反映背景场误差协方差的流依赖演变特征。集合背景场误差协方差矩阵通常隐含于集合扰动中，因此对于业务上的循环同化预报系统，成功应用集合-变分混合同化技术的关键则在于，能否利用合理有效的集合背景场误差协方差构造方法为本同化时刻提供准确反映天气流型误差结构的信息。同时，集合扰动更新方法很大程度上影响着集合预报的效果，而集合预报效果的好坏关系着下一个同化时次的背景场误差协方差和背景场的好坏，进而影响到同化效果和后续的确定性预报、集合预报的效果。因而，如何选择甚至构造一个合理有效的流依赖背景场误差协方差计算及更新方法显得尤为重要。

目前，欧洲中期天气预报中心和美国国家环境预报中心等主要数值预报业务科研中心具有质量相对较高的集合预报产品并为同化提供了高质量的集合误差协方差，因而其集合-变分混合资料同化也能得到良好的预报效果。在国内，尽管集合预报的研究取得显著的进展和科研成果，但是集合预报质量与国外相比尚存在较大差距，这在一定程度上限制了集合误差协方差在集合-变分混合资料同化的实际效果和应用潜力的发挥[311]。目前，集合-变分混合同化中流依赖背景场误差协方差主要存在以下几个问题：①基于集合卡尔曼滤波的混合同化系统所耗费的计算量跟它使用的集合成员数成正比。因此，受计算资源限制，集合样本往往数量较少，从而会引起集合误差协方差低估及采样误差问题。②缺少相对准确的大尺度集合误差协方差信息，导致区域混合同化分析及预报误差增长过快。虽然静态背景场误差协方差能够提供部分大尺度信息，但其基于气候态的历史预报场计算得到，并不具有流依赖性。③传统混合同化方案都是基于两套不同机制的框架即一套变分系统和一套集合卡尔曼滤波系统耦合而成。两套系统有着不同的技术实现方案，分别维护两套系统增加了工作量，并可能会引起分析扰动和平均场的不一致或不连续。欧洲中期天气预报中心利用变分代价函数直接扰动观测得到变分集合的方法部分解决了这个问题，但是这种扰动观测的方法会额外引入采样误差和误差协方差低估问题。然而，能改善采样误差和协方差低估问题的不扰动观测的集合均方根滤波难以通过推导得到变分代价函数的形式。

5.1.2.1 混合同化的一般方法

混合同化方法运用扩展控制变量的方法将集合背景场误差融合进变分的代价函数中[312]。N 维的分析增量 x' 可以写为

$$x' = x'_1 + \sum_{i=1}^{N} (a_i \circ x_i^e) \tag{5.2}$$

式中，x'_1 为与三维变分静态背景场误差协方差相关的增量；$\sum_{i=1}^{N} (a_i \circ x_i^e)$ 为与集合背景误差协方差相关的流依赖增量；矢量 a_i 为每个集合成员的扩展控制变量；（$\circ$）为舒尔算子；x_i^e 为第 i 个集合扰动除以 $\sqrt{N-1}$；N 为集合的大小。

$$x_i^e = (x_i - \bar{x}) / \sqrt{N-1} \tag{5.3}$$

式中，x_i 为第 i 个集合预报；$\bar{x}$ 为集合预报平均。

所谓的"双分辨率"（Dual Resolution）混合分析可以利用高分辨率背景场和低分辨率集合场一起生成一个高分辨率分析场，而不需要高分辨率的集合场。对于双分辨率混合方案来说，集合的分辨率要低于背景场的分辨率。因此，它不需要如单分辨率的分析同时需要高分辨率和低分辨率集合成员，而需要更多的扩展控制变量。

如 Wang[313] 文章中所示，x_i^e 可以通过对角算子 diag 转化成对角矩阵 **di**，**di** = diag (x_i^e)。则 D 可写为 $D = [d1, d2, \cdots, dN]$。分析增量矢量 x' 可以表达为

$$x' = x'_1 + \mathbf{D}a \tag{5.4}$$

在双分辨率应用中，右边第二项的维数与第一项不同。因此，双分辨率需要一个插值

算子 L，从而将 $\mathbf{Da}$ 从低分辨率插值到高分辨率中。上式可修改为

$$x' = x_1' + L\mathbf{Da} \tag{5.5}$$

通过极小化混合代价函数 J 来获得混合分析增量：

$$J(x_1, a) = \beta_1 \frac{1}{2}(x_1)^{\mathrm{T}} B^{-1}(x_1) + \beta_2 \frac{1}{2} a^{\mathrm{T}} A^{-1} a + \frac{1}{2}(y' - Hx')^{\mathrm{T}} R^{-1}(y' - Hx') \tag{5.6}$$

式中，等号右侧第一项为传统三维变分静态背景误差协方差 B 相关的背景项。最后一项为与观测误差协方差 R 和线性化的观测算子 H 有关的观测项，其中 x' 由式（5.5）得到；在等号右侧第二项中，A 为约束控制矢量 a 的对角矩阵，实现对集合协方差的局地化。两个因子 β_1 和 β_2 为静态背景误差协方差和集合协方差的权重。

$$\frac{1}{\beta_1} + \frac{1}{\beta_2} = 1 \tag{5.7}$$

代价函数 J 通过对 x_1 和 a 求导为 0 来达到最小化。

$$\nabla_{x_1} J = \beta_1 B^{-1}(x_1') + H^{\mathrm{T}} R^{-1}(y' - Hx') = 0 \tag{5.8}$$

$$\nabla_a J = \beta_2 A^{-1} a + D^{\mathrm{T}} L^{\mathrm{T}} H^{\mathrm{T}} R^{-1}(y' - Hx') = 0 \tag{5.9}$$

式中，L^{T} 为 L 的伴随，将 $H^{\mathrm{T}} R^{-1}(y' - Hx')$ 从高分辨率转化到低分辨率空间。

5.1.2.2　集合–三维变分混合同化方法

三维变分的背景误差协方差是静态的、固定的，难以对天气形势的变化做出有效响应，同化效果往往无法达到预期。ETKF-3DVar 针对三维变分中背景误差协方差存在的缺陷进行了改进，借助集合扰动构造具有随天气形势变化能力的预报误差协方差，与三维变分方案中的静态背景误差协方差耦合得到具有流依赖属性的先验信息，在变分框架中实现对观测资料的同化，其目标函数为

$$\begin{aligned} J(X_s', a) &= \beta_1 J_s + \beta_2 J_e + J_o \\ &= \frac{1}{2}\beta_1 X_s^{\mathrm{T}} B^{-1} X_s' + \frac{1}{2}\beta_2 (a)^{\mathrm{T}} P^{-1}(a) + \frac{1}{2}(HX' - Y_0')^{\mathrm{T}} R^{-1}(HX' - Y_0') \end{aligned} \tag{5.10}$$

式中，J_s 项为与传统静态协方差矩阵 B 相关的三维变分背景项；X_s' 为与三维变分中 B 相关联的分析增量；J_e 项中的 a 为由 k 个 a_k 组成的矩阵；a_k 为每一个集合成员所对应的拓展控制向量；P 为集合估计的预报误差协方差矩阵；$Y_0' = Y_0 - H(X_b)$ 为增量项；Y_0 为观测向量；X_b 为背景场预报项；H 为非线性观测算子；H 为线性观测算子；R 为观测误差协方差矩阵；β_1 和 β_2 分别为静态背景误差协方差和集合背景误差协方差的耦合权重系数的倒数，且二者满足如下约束关系：$\frac{1}{\beta_1} + \frac{1}{\beta_2} = 1$；$X'$ 为混合同化的分析增量：

$$X' = X_s' + \sum_{k=1}^{K}(a_k \circ X_k^e) \tag{5.11}$$

式中，（∘）为矢量 a_k 与 X_k^e 的舒尔算子（分段函数）；等号右边第二项为集合扰动的局地线性组合；X_k^e 为第 k 个集合成员标准化的集合扰动场，即

$$X_k^e = (X_k - \overline{X})/\sqrt{K-1} \tag{5.12}$$

式中，X_k 为第 k 个集合成员的预报场；$\overline{X}$ 为 K 个集合预报成员的平均场。

ETKF-3DVar 的实施过程为首先基于三维变分的背景误差协方差（CV3）选项产生高斯随机扰动，一般情况下扰动项 Gaussian（μ，σ^2）的均值 μ 取 0，σ^2 取 1，以此形成有限个集合预报成员，建立随天气形势变化的预报误差协方差；然后将集合估计的预报误差协方差与变分同化系统中固定背景误差协方差分配不同的权重系数，实现二者耦合并产生具有流依赖属性的背景误差协方差，作为变分同化系统的背景场先验信息；最后在变分同化系统的框架中进行同化和预报，同时得到更新的短期集合成员预报以进行下一次同化循环预报。ETKF-3DVar 的分析循环流程图见图 5-1。

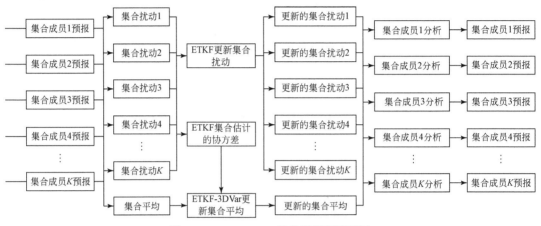

图 5-1   ETKF-3DVar 的分析循环流程图

需要说明的是，为了减少 WRF 模式的计算量，提升数据同化的效率，保证模式网格的分辨率与雷达数据的空间分辨率基本相近，本书仅在内层网格同化雷达数据。

5.2   雷达径向风数据质量控制

由上述天气雷达探测原理可知，电磁波的发射、接收、处理等过程均可能产生雷达数据的质量问题。地物杂波是由较高的地物（如山丘、高楼等）阻挡电磁波的正常传播引起的，因此主要影响低仰角的观测数据质量，其质量控制方法见 3.2.2 节。本书主要探究径向速度的质量控制，以提高雷达径向速度的同化效果。

为了抑制径向速度中的噪声，并减小处理噪声过程中的数据污染，本书采用了一种抗噪声的速度退模糊算法（图 5-2）。该方法是一个三维的速度退模糊算法，连续噪声的抑制是其最主要的特征。连续噪声的抑制采用分离恢复方案，可以在不损失任何非噪声数据的情况下，减小连续噪声对退模糊过程的影响，因此也是一种无损的连续噪声抑制方法。算法由噪声分离、曲线拟合退模糊、噪声恢复三个步骤组成，用弱风区搜索法+修正速度方位显示（MVAD）+速度方位显示（VAD）解决初始模糊的问题。第 1 步是噪声分离，根据噪声点分布的特点设计，使用严格的阈值尽可能多地把噪声点分离出来。第 2 步是曲线拟合退模糊，经过噪声分离后，速度场中噪声虽然大量减少，但残留的噪声仍然会影响退模糊过程。所以，抗噪声的速度退模糊算法使用三条拟合曲线的方法进一步抑制残留的噪声，同时抑制了"污染"错误的传播。第 3 步是噪声恢复，分离出来的噪声中包含非噪声点，为了保持速度场的原分布，这一步将噪声逐点恢复到原位置并校正模糊。

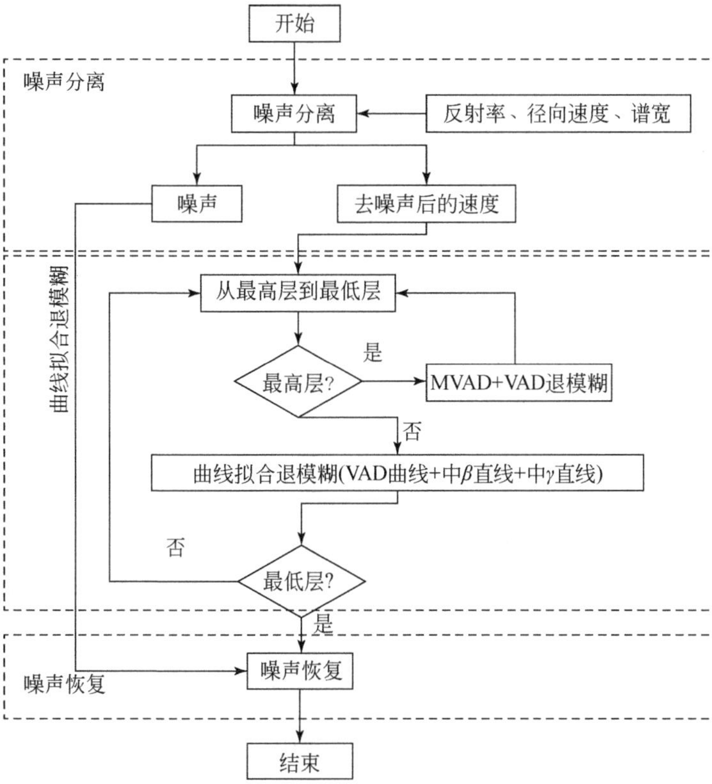

图5-2　抗噪声的速度退模糊算法流程

5.2.1　噪声分离

噪声的产生原因是多方面的，可由地物、低信噪比、气象目标的高脉动（高谱宽）、生物、电磁干扰、距离折叠、超折射、测量误差等引起。其中，有些噪声并非真正意义的噪声，如地物区噪声，而是真实的测量值，但由于其与气象目标的径向速度差异较大，从连续性的角度来看，认为其是噪声。噪声分离由三个分离器实现，分别用于分离地物区、低信噪比区和高谱宽区的连续噪声。

（1）地物噪声分离器

地物区噪声较多，尤其是在低仰角的观测数据中，对退模糊算法影响很大。地物分固定地物和超折射地物两种。对固定地物噪声的分离是设定3个条件：①高度小于阈值 T_{height}（默认值为1.5km）；②反射率大于阈值 T_{dBZ}（默认值为20.0dBZ）；③速度绝对值小于 T_{vel}（默认值为5.0m/s）。将满足这3个条件的速度点分离出来，相应位置用缺测代替。对超折射地物噪声的分离是采用垂直结构比较法，用 T_{cappi}（默认值为3.0km）高度作为参考平面计算反射率垂直梯度，将垂直梯度大于阈值 T_{TZ}（默认值为15.0dBZ/km）的速度点分离出来，相应位置用缺测代替。

（2）低信噪比噪声分离器

低信噪比使测量结果不可靠，易形成噪声，如弱回波区或远距离回波边缘。对低信噪比区噪声的分离，利用式（5.13）计算信噪比 R_{SN}[314]：

$$R_{SN} = Z - 20\lg R + C \tag{5.13}$$

式中，Z 为雷达反射率因子；R 为距离；C 为与雷达参数有关的常数。再将信噪比小于阈值 T_{SNR}（默认值为 5.0dBZ）的速度点分离出来，相应位置用缺测值代替。

（3）高谱宽噪声分离器

谱宽表征气象目标径向速度的瞬时脉动。高谱宽说明目标物的速度瞬时的变化较快，有可能是风场变化剧烈，也有可能是受其他信号的干扰。对高谱宽区噪声的分离，将谱宽值大于阈值 T_{SW}（默认值为 8.0m/s）的速度点分离出来，相应位置用缺测值代替[315]。

5.2.2 曲线拟合退模糊

（1）基本流程

退模糊在三维空间进行，顺序在仰角上是从高仰角到低仰角，在层上是从初始径向起顺时针执行，在径向上是从雷达中心到最远处。退模糊时，首先计算当前位置的参考值，然后依据参考值判断模糊，并恢复当前点的真实速度值，最后对当前点进行错误检查。

（2）计算参考值

用已正确退模糊的数据拟合一条曲线：沿径向的中 β 直线（20~200km，阈值可调）、中 γ 直线（2~20km，阈值可调）和沿切向的速度方位显示曲线（图5-3）。EL0 表示当前层，EL1 表示上一层，箭头指向的 A 点表示当前点，即当前需要处理的模糊情况未知的点，P 点表示当前径向上已退模糊的点，U 点表示上一层与 A 点同方位角的已退模糊的点，R 点是上一层与 A 点同一高度的已退模糊的点。用 P 点和 U 点在不同距离上拟合中 β 直线和中 γ 直线，用 R 点拟合速度方位显示曲线。然后，用 3 条曲线外推当前点位置的估计参考值为 V_β、V_γ 和 V_{vad}，以拟合标准方差 $r_{ms\beta}$、$r_{ms\gamma}$ 和 r_{msvad} 为权重，通过下式计算得到当前点的退模糊参考值 V_{ref}：

$$V_{ref} = \frac{\dfrac{V_\beta}{r_{ms\beta}} + \dfrac{V_\gamma}{r_{ms\gamma}} + \dfrac{V_{vad}}{r_{msvad}}}{\dfrac{1}{r_{ms\beta}} + \dfrac{1}{r_{ms\gamma}} + \dfrac{1}{r_{msvad}}} \tag{5.14}$$

多拟合曲线加权计算参考值的方法能综合利用切向和径向信息，有一定的抗噪声干扰能力，且可以动态匹配不同尺度的风场，有利于增强抗噪声的速度退模糊算法的稳定性和适应性。

（3）初始问题的处理

退模糊算法初始时，由于所有点的模糊情况都是未知的，所以容易出现初始模糊的问题。最高仰角层是抗噪声速度退模糊算法的初始层，处理方法与其他层不同。搜索弱风区时，先找到一个模糊概率最小的径向作为初始径向，以初始径向为起点顺时针依次退模糊每一根径向[316]。退模糊时，沿切向拟合一条速度方位显示曲线和一条修正速度方位显示

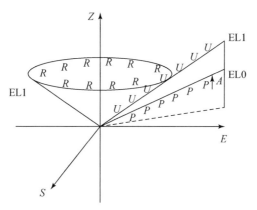

图 5-3 曲线拟合的所有参与点示意图

曲线，选择标准方差小的一条作为参考曲线，外推得到当前点位置的参考值 γ，依据 γ 恢复当前点的真实速度值并进行错误检查。初始层的数据经过噪声分离后，噪声已经大量减少，且由于最高仰角层切向数据的水平距离小且覆盖率高，因此其可以满足速度方位显示和修正速度方位显示曲线的要求。

（4）错误检查

错误检查能在一定程度上避免错误扩散。抗噪声的速度退模糊算法在当前点退模糊后，立即进行错误检查。方法是计算当前点退模糊后的值与参考值 r 之差，如果差值的绝对值大于阈值 T_{diff}（默认值为 10.0m/s），则认为当前点是残留噪声，将其分离到噪声数据中，当前位置用缺测值填补。

5.2.3 噪声恢复

噪声恢复是为了保持径向速度场的原始分布，为后续的其他质量控制、反演、同化算法提供完整的风场信息。恢复的噪声包括噪声分离和曲线拟合退模糊中未通过错误检查的数据，包括噪声数据和大量被误认为噪声的数据。在噪声恢复的同时进行退模糊处理使恢复点与周围点保持连续。退模糊过程与曲线拟合退模糊类似，但参与拟合的数据点更多，对一个点的处理要用到上、中、下层的数据，且恢复后的数据不作为拟合的参与点。

5.2.4 退模糊效果

采用上述方法，对三场降雨发生期间，以及其他时段的雷达数据进行退模糊处理，处理文件共计 11 520 个。退模糊效果的评价采用人工验证的方式，以体扫文件为单位，用文件正确率评分。对比每一层的原始速度图和退模糊后速度图，如果退模糊后速度图中所有模糊数据都被正确校正，并且所有不模糊数据未发生变化，则退模糊后体扫文件为正确，否则为错误。经过验证，10 310 个文件被正确处理，退模糊正确率为 89.5%。在同化过程中，退模糊出现错误的文件不被采用，仍使用未处理的文件。具体情况见表 5-1。图 5-4 为"尼伯特"

台风过程 2016 年 7 月 9 日 5：42 不同仰角下未经过/经过速度退模糊的雷达影像图。为了进一步说明该方法的退模糊效果，另采用 WSR-88D 业务化退模糊算法 VDA 对上述体扫文件进行处理，所有文件的退模糊正确率为 70.1%，具体情况见表 5-1，由表 5-1 可知，抗噪声的速度退模糊算法对不同类型模糊文件的退模糊正确率均比 VDA 算法高。

表 5-1   退模糊文件及正确率

文件数	模糊文件/个	正确退模糊文件/个		正确率/%	
		抗噪声	VDA	抗噪声	VDA
晴空	1 684	1 523	1 025	90.4	60.9
层状云	5 836	5 110	4 175	87.6	71.5
弱对流	2 752	2 504	1 988	90.1	72.2
强对流	1 248	1 173	887	94.0	71.1
合计	11 520	10 310	8 075	89.5	70.1

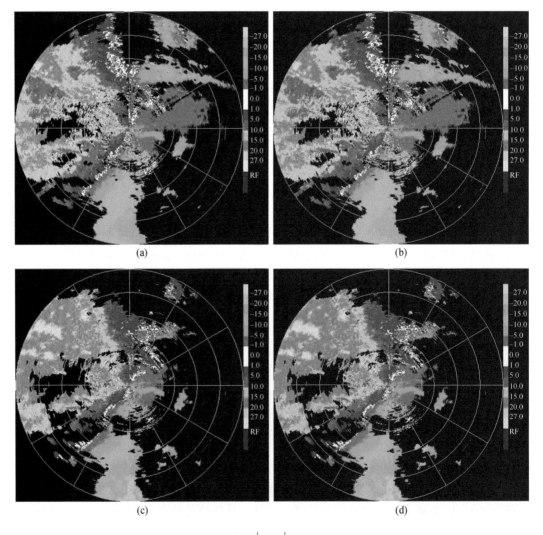

(a)　　　　　　　　　　　　　　　　(b)

(c)　　　　　　　　　　　　　　　　(d)

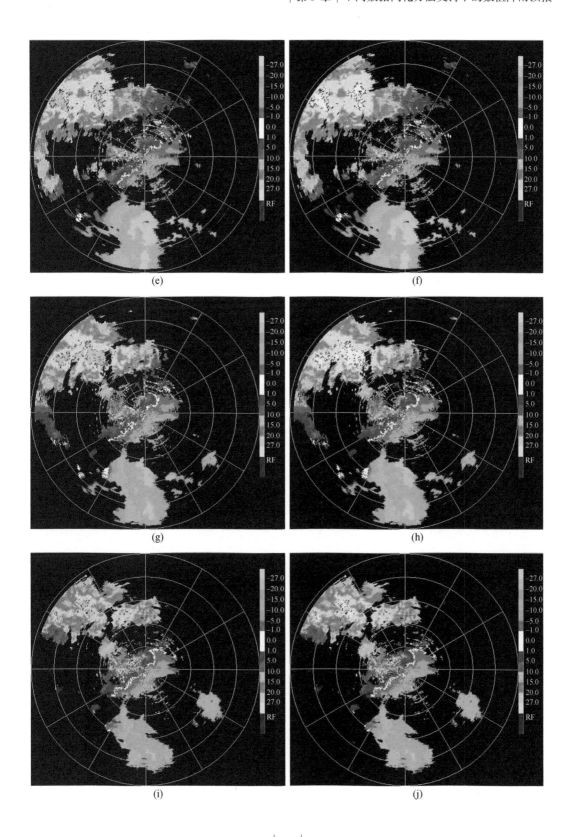

(e)

(f)

(g)

(h)

(i)

(j)

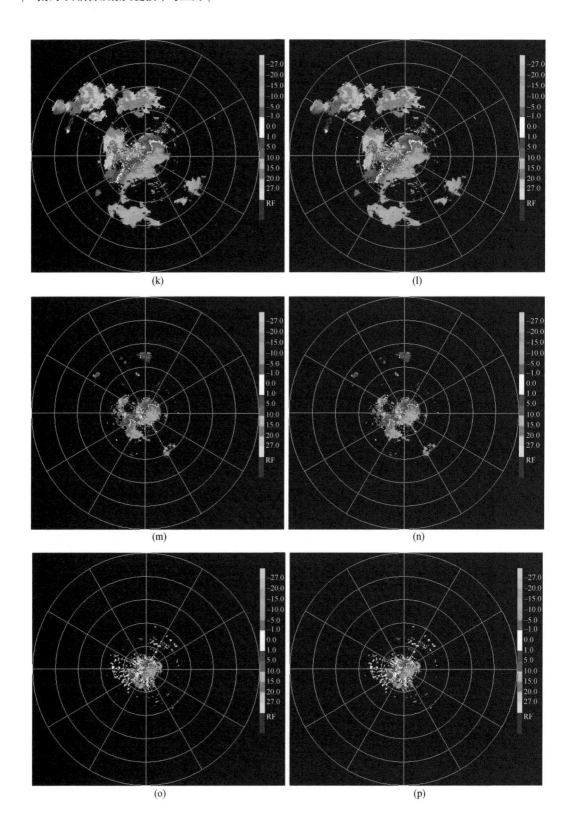

(k)

(l)

(m)

(n)

(o)

(p)

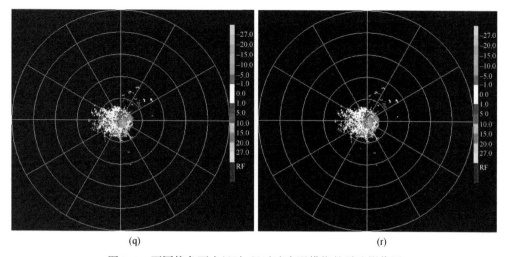

图 5-4　不同仰角下未经过/经过速度退模糊的雷达影像图

(a)（c）（e）（g）（i）（k）（m）（o）（q）为未经过速度退模糊的雷达影像图；（b）（d）（f）（h）
（j）（l）（n）（p）（r）为经过速度退模糊的雷达影像图

5.3　三维变分同化下的数值降雨预报

5.3.1　同化方案设置

由第 4 章所得结论可知，物理参数化组合方案 13 的预报结果相对较好，因此雷达数据同化的研究，是以物理参数化组合方案 13 为例开展的。基于前期的研究成果[131]，雷达反射率同化的最佳高度层是<500m，故本研究同化的雷达数据为以下三类：<500m 雷达反射率、所有高度层的雷达径向风、<500m 雷达反射率+所有高度层的雷达径向风。一般而言，在能够保证数据质量的前提下，数据的同化频次越高，模式越接近实际情况，但以洪水预报为目的开展降雨预报，应考虑到应用过程中的计算效率和数据时效性问题。为了能够以最小的计算量获得满足洪水预报要求的降雨预报，对每一类同化数据设定不同的同化时间间隔（1h、3h、6h），通过对比不同类型数据同化和不同同化时间间隔下的降雨预报结果，探索最佳的雷达数据同化方案。

根据同化时间间隔、同化的雷达数据类型的不同，设置不同的同化方案，见表 5-2。

表 5-2　同化方案设计

同化方案	同化时间间隔/h	同化的雷达数据
1	6	反射率（R_f）
2	6	径向风（R_v）
3	6	反射率（R_f）+径向风（R_v）
4	3	反射率（R_f）
5	3	径向风（R_v）

同化方案	同化时间间隔/h	同化的雷达数据
6	3	反射率（R_f）+径向风（R_v）
7	1	反射率（R_f）
8	1	径向风（R_v）
9	1	反射率（R_f）+径向风（R_v）

数值大气模式本身存在缺陷，所以即使用于模式计算的初始值非常准确，但随着模式预见期的延长，其预报精度也会逐渐降低。因此，为了获得较长预见期且具有一定精度的降雨预报，业务上通常采用循环同化的方法。循环同化是在一定时间间隔下，后一个时段WRF模式的运行采用前一个时段WRF模式运行得到的背景场和侧边界条件，而在后一个时段的初始时刻进行数据同化，使这一时刻的WRF模式的背景场和侧边界条件都得到校正，随着时间的不断推移，在不同时刻都进行数据同化，使WRF模式的背景场和侧边界条件不断得到校正更新，WRF模式运行结果的误差得以控制，从而达到提高WRF模式预报精度的目的。

为了使WRF模式得到充分预热，且运行时间涵盖降雨场次的起止时间，模式的运行时间必须长于降雨历时。针对三场台风引起的降雨，设计了以下循环同化方案。

对2012年"苏拉"台风在梅溪流域造成的降雨过程，设计循环同化方案WRF模式的运行起始时刻是2012年8月2日12：00，运行结束时刻是2012年8月4日00：00，时段长36h，前12h（2012年8月2日12：00至2012年8月3日00：00）为模型预热期，后24h（2012年8月3日00：00至2012年8月4日00：00）为模型模拟降雨的时段，也是梅溪流域发生降雨的时段。当同化时间间隔为6h时，循环同化方案见图5-5（a）。run1的第二个6h时段末输出运行run2所需要的背景场和侧边界条件。run2、run3、run4、run5都在运行开始时刻分别进行数据同化，即WRF模式分别在2012年8月3日00：00、06：00、12：00、18：00共4个时刻进行数据同化。后一个run采用前一个run提供的背景场和侧边界条件，进行循环运行。当同化时间间隔为3h时，循环同化方案见图5-5（b），同化方案的设置原理与6h一致，WRF模式从2012年8月3日00：00起，每隔3h同化一次雷达数据（包含2012年8月3日00：00）。当同化时间间隔为1h时，循环同化方案见图5-5（c），同化方案的设置原理与6h和3h一致，WRF模式从2012年8月3日00：00起，每隔1h同化一次雷达数据（包含2012年8月3日00：00）。

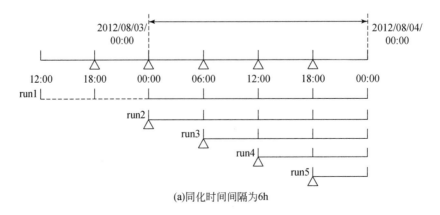

(a)同化时间间隔为6h

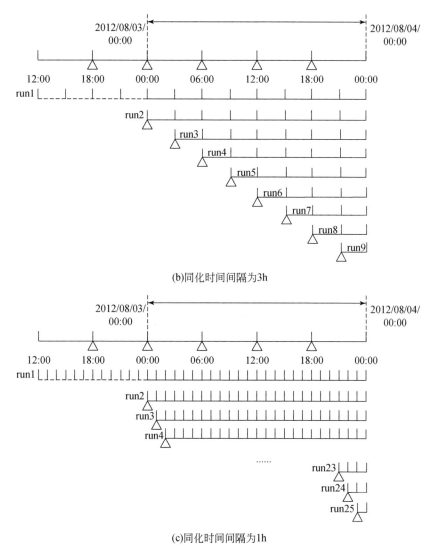

(b)同化时间间隔为3h

(c)同化时间间隔为1h

图 5-5 "苏拉"台风引起降雨的循环同化方案

对 2014 年"海贝思"台风在梅溪流域造成的降雨过程，设计循环同化方案 WRF 模式的运行起始时刻是 2014 年 6 月 17 日 06：00，运行结束时刻是 2014 年 6 月 19 日 00：00，时段长 42h，前 12h（2014 年 6 月 17 日 06：00 至 2014 年 6 月 17 日 18：00）为模型预热期，后 30h（2014 年 6 月 17 日 18：00 至 2014 年 6 月 19 日 00：00）为模型模拟降雨的时段，其中，2014 年 6 月 17 日 21：00 至 2014 年 6 月 18 日 21：00 是梅溪流域发生降雨的时段。当同化时间间隔为 6h 时，循环同化方案见图 5-6（a）。WRF 模式分别在 2014 年 6 月 17 日 18：00 和 2014 年 6 月 18 日 00：00、06：00、12：00、18：00 共 5 个时刻进行数据同化。后一个 run 采用前一个 run 提供的背景场和侧边界条件，进行循环运行。当同化时间间隔为 3h 时，循环同化方案见图 5-6（b），WRF 模式从 2014 年 6 月 17 日 18：00 起，每隔 3h 同化一次雷达数据（包含 2014 年 6 月 17 日 18：00）。当同化时间间隔为 1h 时，循环同化方案见图 5-6（c），WRF 模式从 2014 年 6 月 17 日 18：00 起，每隔 1h 同化一次雷达数据（包含 2014 年 6 月 17 日 18：00）。

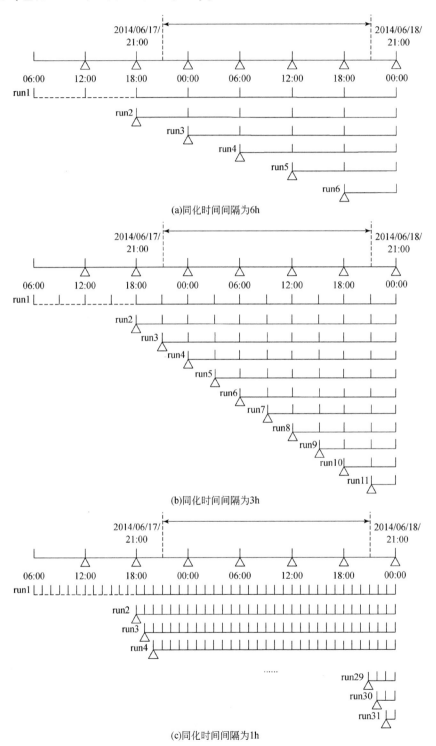

图 5-6 "海贝思"台风引起降雨的循环同化方案

对 2016 年 "尼伯特" 台风在梅溪流域造成的强降水过程，设计循环同化方案 WRF 模式的运行起始时刻是 2016 年 7 月 8 日 06：00，运行结束时刻是 2016 年 7 月 9 日 18：00，时段长 36h，前 12h（2016 年 7 月 8 日 06：00 至 2016 年 7 月 8 日 18：00）为模型预热期，后 24h（2016 年 7 月 8 日 18：00 至 2016 年 7 月 9 日 18：00）为模型模拟降雨的时段，也是梅溪流域发生强降雨的时段。当同化时间间隔为 6h 时，循环同化方案见图 5-7（a）。WRF 模式分别在 2016 年 7 月 8 日 18：00 和 2016 年 7 月 9 日 00：00、06：00、12：00 共4 个时刻进行数据同化。后一个 run 采用前一个 run 提供的背景场和侧边界条件，进行循环运行。当同化时间间隔为 3h 时，循环同化方案见图 5-7（b），WRF 模式从 2016 年 7 月 8 日 18：00 起，每隔 3h 同化一次雷达数据（包含 2016 年 7 月 8 日 18：00）。当同化时间间隔为 1h 时，循环同化方案见图 5-7（c），WRF 模式从 2016 年 7 月 8 日 18：00 起，每隔 1h 同化一次雷达数据（包含 2016 年 7 月 8 日 18：00）。

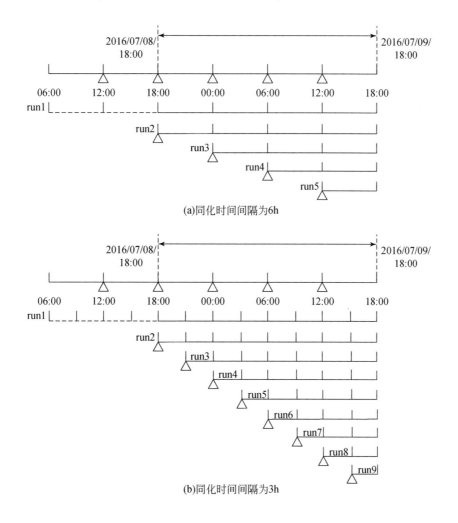

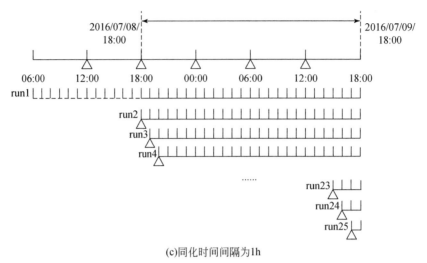

(c)同化时间间隔为1h

图5-7 "尼伯特"台风引起强降雨的循环同化方案

5.3.2 预报结果评估

同化后,三场降雨的预报结果分别见表5-3~表5-5,采用RE、CSI和RMSE三个指标进行评价。降雨场次 I 预报降雨的空间分布和降雨过程分别见图5-8和图5-9,降雨场次 II 预报降雨的空间分布和降雨过程分别见图5-10和图5-11,降雨场次 III 预报降雨的空间分布和降雨过程分别见图5-12和图5-13。

表5-3 同化后降雨场次 I 预报结果

试验方案	降雨量/mm	RE/%	空间尺度		时间尺度	
			CSI	RMSE	CSI	RMSE
No DA	85.16	0.88	0.7368	0.1535	0.6875	0.6018
1	61.74	26.86	0.7614	0.4524	0.6830	1.0351
2	60.97	27.77	0.6925	0.4967	0.6458	1.1787
3	35.44	58.02	0.6865	0.6907	0.6421	1.2414
4	41.49	50.86	0.7436	0.6261	0.6674	1.1411
5	66.16	21.63	0.7358	0.5341	0.6796	1.1115
6	37.10	56.05	0.7143	0.6614	0.6667	1.2878
7	61.12	27.60	0.5337	0.4275	0.4549	1.5132
8	83.65	0.91	0.7395	0.1505	0.6860	0.3822
9	82.50	2.28	0.7368	0.4211	0.6875	1.3862

表5-4 同化后降雨场次 Ⅱ 预报结果

试验方案	降雨量/mm	RE/%	空间尺度		时间尺度	
			CSI	RMSE	CSI	RMSE
No DA	43.16	34.32	0.4479	0.5635	0.3718	1.3131
1	70.37	7.09	0.3587	0.4070	0.3069	1.3843
2	80.88	23.09	0.2829	0.4771	0.2483	2.0950
3	70.85	7.83	0.3346	0.4618	0.2969	1.4631
4	79.69	21.29	0.3561	0.4359	0.2902	2.2037
5	72.19	9.86	0.3195	0.4170	0.2969	2.0414
6	77.49	17.94	0.2212	0.4783	0.2031	2.6387
7	80.64	22.72	0.3949	0.4896	0.3125	2.3337
8	70.67	7.55	0.4204	0.3589	0.3969	0.7015
9	71.31	8.53	0.3168	0.3152	0.2663	1.1180

表5-5 同化后降雨场次 Ⅲ 预报结果

试验方案	降雨量/mm	RE/%	空间尺度		时间尺度	
			CSI	RMSE	CSI	RMSE
No DA	64.20	73.47	0.6146	0.7482	0.6146	1.9223
1	66.79	72.40	0.6154	0.7841	0.6034	1.8138
2	58.59	75.79	0.6154	0.7844	0.6034	1.8232
3	61.11	74.75	0.6154	0.8147	0.6034	1.8318
4	71.75	70.35	0.6154	0.7905	0.6034	1.8153
5	101.23	58.17	0.6096	0.7123	0.5945	1.9793
6	151.64	37.34	0.5909	0.6285	0.5851	2.0122
7	104.28	56.91	0.5938	0.8004	0.5938	1.8452
8	227.96	5.80	0.6087	0.1643	0.6021	0.8459
9	188.01	22.31	0.6146	0.4519	0.6146	1.1699

在不开展数据同化的情况下，WRF 模式对于降雨场次 Ⅰ 的模拟效果最佳，特别是累积降雨量的相对误差仅 0.88%，但降雨的时程分配模拟效果较差。经过数据同化后，只有方案 8 的降雨时空二维评价指标均明显提升，且其累积降雨量的相对误差也较小，总体上改进了降雨预报的结果，其余同化方案则产生了反作用。降雨场次 Ⅱ 和 Ⅲ 的累积降雨量，在经过数据同化后，均得到改进，大部分空间尺度和时间尺度的 RMSE 值均降低，表明数据同化能够提升 WRF 模式对降雨场次 Ⅱ 和 Ⅲ 的预报水平。因此，对于时空分布较均匀的降雨，当 WRF 模式已能够较好地重现降雨时，开展数据同化需慎重，仅适宜选取方案 8 提升降雨预报的精度。

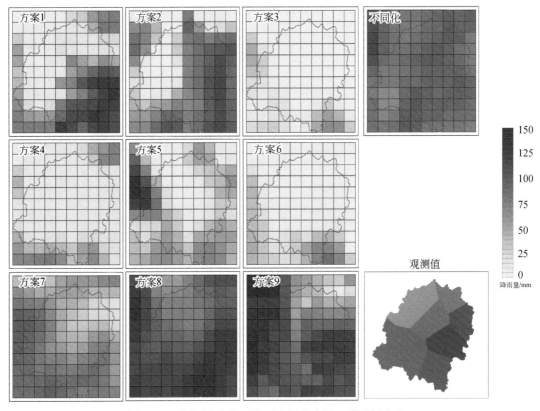

图 5-8 不同同化方案下降雨空间分布图（降雨场次 I）

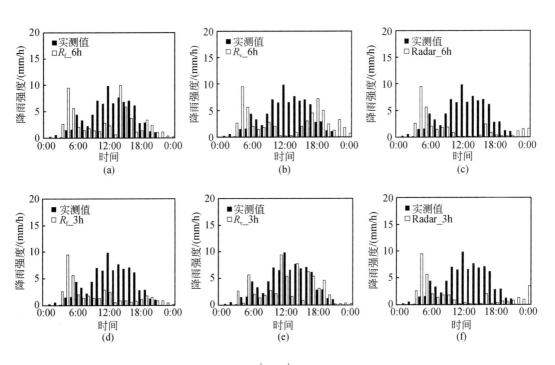

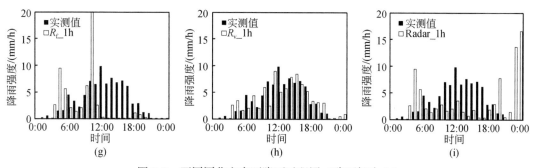

图 5-9 不同同化方案下降雨过程图（降雨场次Ⅰ）

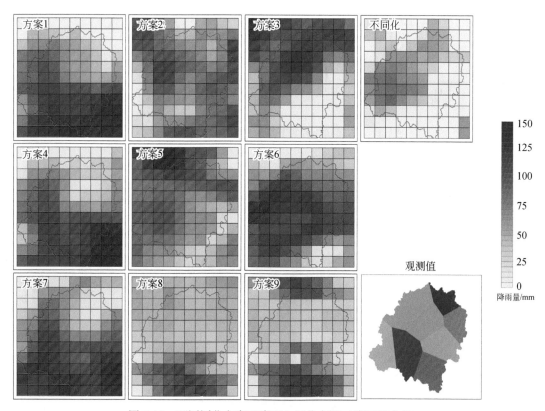

图 5-10 不同同化方案下降雨空间分布图（降雨场次Ⅱ）

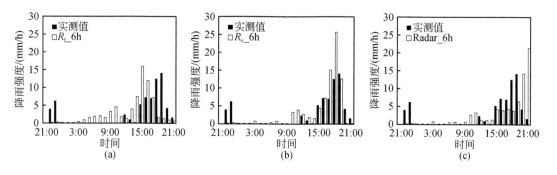

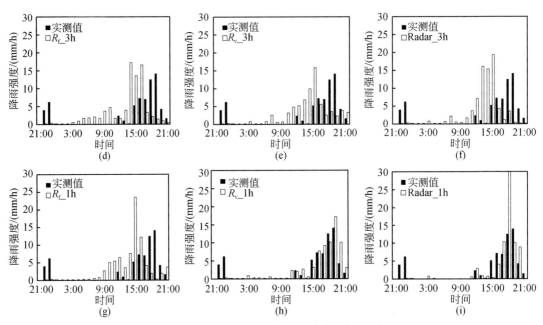

图 5-11　不同同化方案下降雨过程图（降雨场次Ⅱ）

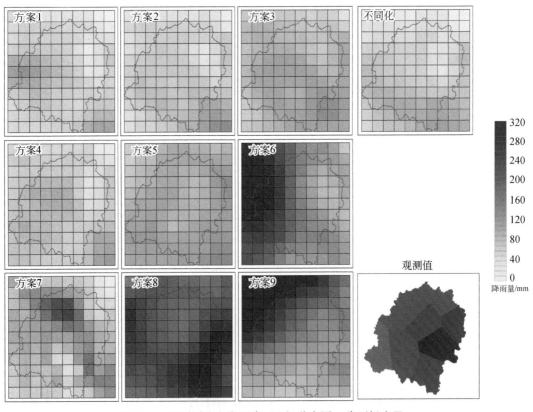

图 5-12　不同同化方案下降雨空间分布图（降雨场次Ⅲ）

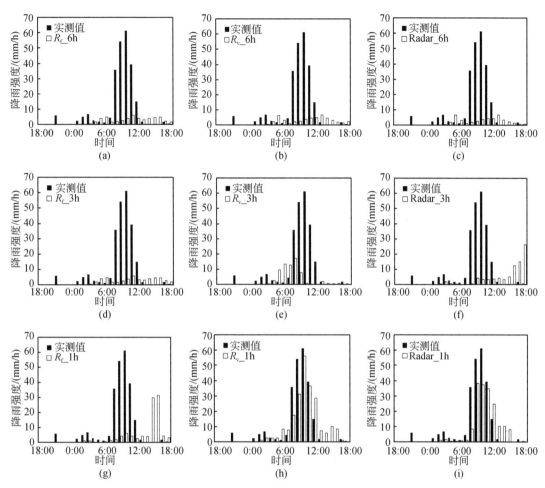

图5-13 不同同化方案下降雨过程图（降雨场次Ⅲ）

对比不同类型雷达数据的同化效果可知，当同化时间间隔为6h时，雷达反射率的同化效果最佳，降雨场次Ⅰ、Ⅱ、Ⅲ的累积降水量相对误差RE、空间尺度和时间尺度RMSE均最小，而空间尺度和时间尺度CSI相对较大，这与先前的研究结论相吻合；当同化时间间隔为3h时，雷达径向速度的同化效果最好，降雨场次Ⅰ、Ⅱ、Ⅲ的累积降水量相对误差RE、空间尺度和时间尺度RMSE相对较小，而空间尺度和时间尺度CSI相对较大，其中，尽管降雨场次Ⅲ的累积降水量相对误差RE更低，但其预报降雨的时空分布较实际降雨情况相差较大；当同化时间间隔为1h时，雷达径向速度的同化效果最好，各项评价指标、降雨空间分布图、降雨过程图均显示，其预报降雨的结果得到明显提升，与实际降雨情况更加接近。这表明，经过数据质量控制后的雷达径向速度能够对模式的初始场进行更好的修正。雷达径向速度同化主要影响模式的风场，数据质量控制减少了雷达径向速度中的错误信息，同化雷达径向速度后，模式充分吸收了雷达径向速度对大气运动状态描述的正确信息，缩短同化时间间隔，有助于及时修正模式的背景场，提高模式的预报结果。

对比不同的同化时间间隔可知，当同化雷达反射率时，不同同化时间间隔下的降雨预报结果各有优劣，无明显规律，表明提高雷达反射率的同化频次，并不能保证提升降雨预报的精度，这是由于雷达反射率同化主要影响模式初始场的湿度，三场典型降雨过程中，模式初始场的湿度与雷达反射率表征的湿度相差较大，三维变分同化在寻求最小目标泛函时更倾向于减少雷达反射率同化进入模式的数据量；当同时同化雷达反射率和径向速度时，总体上随着同化时间间隔的下降，同化效果逐渐提升，但个别指标还存在波动，如降雨场次Ⅱ的累积降水量相对误差，在同化时间间隔为3h时最大，这是由于数据同化时，正确的风场信息也被用于校正模式的初始场，相比只同化雷达反射率效果更好；当同化雷达径向速度时，同化效果随着同化时间间隔缩短而提升，降雨预报结果的改善程度逐步提高，当同化时间间隔为1h时，预报结果最佳。

5.4　集合–三维变分混合同化下的数值降雨预报

在不开展数据同化的情况下，WRF 模式对降雨场次 Ⅰ 的模拟效果最佳，特别是累积降水量的相对误差仅 0.88%，且在三维变分同化的支持下，降雨的时空分布也得到了显著改善。考虑到集合–三维变分混合同化的计算量极大，因此本书仅对降雨场次 Ⅱ 和 Ⅲ 的雷达数据进行混合同化。同化雷达数据的规则，与三维变分同化一致，均为逐小时同化雷达径向风。降雨场次 Ⅱ 和 Ⅲ 的预报结果见表 5-6、图 5-14 和图 5-15，同样采用 RE、CSI 和 RMSE 三个指标进行评价。

表 5-6　集合–三维变分混合同化后降雨场次Ⅱ和Ⅲ预报结果

降雨场次	降雨量/mm	RE/%	空间尺度		时间尺度	
			CSI	RMSE	CSI	RMSE
Ⅱ	70.67	5.74	0.3594	2.2749	0.2453	14.3956
Ⅲ	240.04	−0.81	0.4864	0.6563	0.3238	1.5341

在经过雷达径向风的混合同化后，降雨场次 Ⅱ 和 Ⅲ 累积降水量的 RE 均降低，但空间尺度和时间尺度的 RMSE 值均显著升高，表明混合同化能够整体上提升 WRF 模式对降雨场次 Ⅱ 和 Ⅲ 的预报水平，但对中小流域尺度更为细致的时空分布特征描述还有待提高，这与背景误差协方差的设置有一定关系。

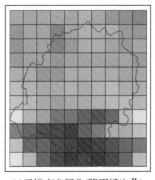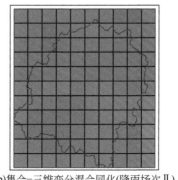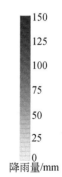

(a)三维变分同化(降雨场次Ⅱ)　　　　(b)集合–三维变分混合同化(降雨场次Ⅱ)

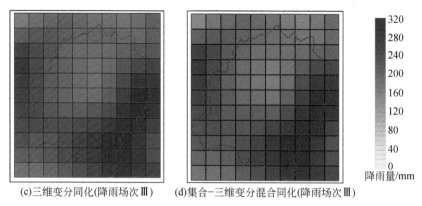

(c)三维变分同化(降雨场次Ⅲ)　(d)集合-三维变分混合同化(降雨场次Ⅲ)

图 5-14　不同同化方法下降雨场次Ⅱ和Ⅲ降雨空间分布图

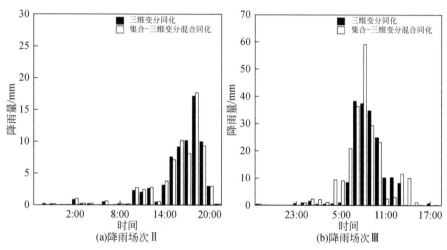

图 5-15　不同同化方法下降雨场次Ⅱ和Ⅲ降雨过程图

5.5　本章小结

　　本章首先介绍了三维变分同化和集合-三维变分混合同化的基本方法和原理，提出了抗噪声的速度退模糊算法，以提高雷达径向风的数据质量，并按照不同同化时间间隔、不同类型雷达数据，设计了 9 种不同的同化方案，从累积降水量、降雨时空分布方面评价了开展雷达数据同化对降雨预报结果的影响、同化雷达反射率与径向速度，以及不同同化时间间隔对降雨预报的改进效果。结果表明：①抗噪声的速度退模糊算法的退模糊准确率可达近 90%，可显著提升径向速度数据质量；②对于时空分布较均匀的降雨，当 WRF 模式已能够较好地重现降雨时，开展数据同化需慎重，而对于时空分布不均匀的降雨，不同雷达数据同化方案都能不同程度地提升降雨预报精度；③当同化时间间隔为 6h 时，雷达反射率的同化效果最佳；④当同化时间间隔为 3h 和 1h 时，雷达径向速度的同化效果最好；⑤当同化时间间隔为 1h 时，雷达径向速度的同化效果最好，其预报降雨的结果得到明显提升，与实际降雨情况更加接近，预报效果最佳；⑥当同化雷达反射率时，提高雷达反射率的同化频次，并不能保证提升降雨预报的精度；⑦当同时同化雷达反射率和径向速度时，总体上随着同化时间间隔的下降，同化效果逐渐提升，但个别评价指标还存在波动；⑧当同化雷达径向速度时，同化效果随着同化时间间隔缩短而提升，降雨预报结果的改善程度逐步提高；⑨相比较三维变分同化，集合-三维变分混合同化能够整体上提升 WRF 模式的降雨预报水平，但对中小流域尺度更为细致的时空分布特征描述还有待提高，且计算量远超三维变分同化，仍需进一步深入研究。

第6章 流域分布式水文模型构建

6.1 流域数字化及特征参数提取

6.1.1 流域数字化方法

在地形（25m×25m）、土地利用和植被类型（2.5m×2.5m）、土壤质地类型（250m×250m）等精细化数据的支撑下，依托中国山洪水文模型（CNFF）的技术框架，采用七类水文单元构筑数字梅溪流域，包括小流域、节点、河段、水源、分水、洼地、水库，可无缝兼容全国山洪灾害调查评价数据成果，并以自然小流域为基本计算单元。

6.1.1.1 小流域划分

在全国山洪灾害调查评价中，小流域划分标准为利用全国1∶5万DEM和DLG数据，结合高清影像数据和水利工程数据，对全国地面坡度≥2°的山丘区和其他地区，按10～50km²面积合理划分小流域单元。重点考虑水库、水电站、水闸、水文站、村镇、地形地貌变化特征点等因素，结合省级和县级行政区划边界，设置小流域划分的节点。将面积超过0.5km²的水库水面、面积超过1km²的湖泊水面作为单独流域。

河流提取分级参考了Strahler分级方案，并进行了方案的适当优化，主要原理是：①所有的外部河道段（没有其他河道段加入的河道段）为第一级；②两个同级别（设其级别为k）的河道段会合，形成的新的河道的级别为$k+1$；③如果级别为k的河道段加入级别较高的河道段，级别较高的河道段增加1级。

小流域划分及属性提取主要是采用基于DEM网格的D8流向算法，具体工作流程包含了自原始DEM数据处理至流域、河道、节点图层详细属性信息的提取，以及工作底图处理的过程。关键解决以下几个难点。

1）特殊地形DEM修正及填洼处理。对因水利工程、交通道路建设等造成DEM不能真实反映实际地形和河道走向的情况，参考相关水利图册，采用加载堤防数据或刻画河道等方法，修正小流域边界和水流走向，而在提取坡度、河段比降信息时要依据原始DEM分析。

2）特殊河道、堤防、水库的刻画处理算法。针对河流走向不清、筑堤和水库、塘堰坝等情况，利用DLG数据中河流、水库等图层数据对DEM进行刻画处理，研发刻画算法。

3）对水库区域处理技术。对于水库，将其压盖的流域合并处理，将其压盖的河道，从入口到出口生成一条虚拟河道线，重新构建流域、河道、节点间的拓扑关系。

4）主干与分支无缝拼接技术是外扩主干河流的DEM范围，在提取主干时提取汇入主干的分支的一小部分。在主干上找到主干河滩附近的某节点，把该节点上游的流域、河道、节点删除。提取分支时，将分支的出口点设在该节点上进行提取，实现主干与分支的无缝拼接。

5）小流域内沟道提取，在小流域划分基础上提取面积大于0.5km²的沟道及属性信息，并与小流域主河道衔接。

6）逐级合并小流域是从上游到下游、先支流后干流逐个合并，逐级合并至《中国河流代码》（SL 249—2012）定义的最低级别河流（流域面积500km²左右），并提取其属性信息。

按照上述的流域划分原则和依据，将梅溪流域划分为60个子流域，见图6-1。其中，最大的子流域面积为31.64km²，最小的子流域面积为1.45km²，平均流域面积为15.66km²，与数值大气模式的网格大小基本一致。子流域面积大小统计情况见表6-1。

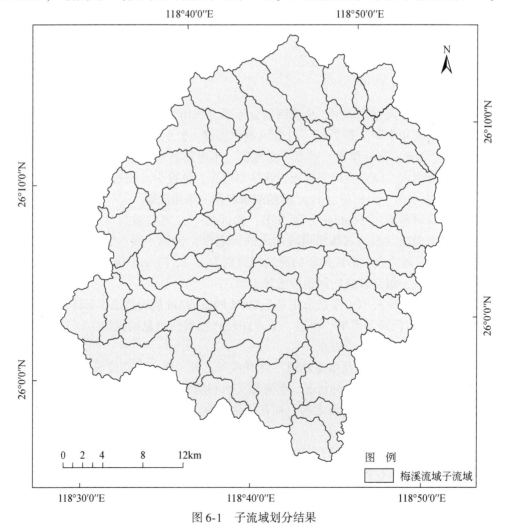

图6-1 子流域划分结果

表 6-1 子流域面积统计 （单位：km²）

编号	面积	编号	面积	编号	面积	编号	面积
1	13.15	16	17.00	31	21.22	46	11.91
2	22.34	17	18.52	32	18.16	47	18.15
3	12.68	18	21.60	33	15.44	48	4.42
4	23.44	19	20.54	34	19.49	49	19.37
5	10.53	20	31.64	35	19.38	50	10.60
6	10.89	21	12.86	36	10.01	51	15.26
7	16.21	22	17.61	37	1.47	52	18.32
8	19.79	23	16.59	38	14.48	53	21.34
9	25.19	24	21.57	39	1.45	54	14.37
10	11.51	25	10.69	40	25.57	55	5.11
11	22.56	26	16.55	41	25.23	56	15.40
12	14.68	27	22.20	42	9.15	57	2.77
13	17.84	28	14.27	43	7.89	58	13.31
14	23.20	29	12.01	44	18.22	59	3.61
15	10.32	30	17.50	45	21.00	60	12.23

6.1.1.2 空间拓扑关系建立

小流域、河道、节点空间拓扑关系是自然地表汇水关系，这种关系不仅是河网水系的层次结构和网络结构的自然体现，也是分布式水文模型建模的重要环节，构建好的流域水系拓扑关系，可为解决复杂流域的洪水演算问题提供数据基础。空间拓扑关系建立方法如下。

1）通过全国山洪灾害调查评价成果河段图层属性表中，流入该河段的上接河段编码、流出的下接河段编码来建立水系上下游拓扑关系。

2）根据河段上下游汇水关系，通过全国山洪灾害调查评价成果小流域图层属性表中，汇入该流域的流域编码、流出的下接流域编码来建立小流域上下游拓扑关系。

3）小流域与河段之间的拓扑关系是通过河段图层属性表中该河段所在的流域编码来建立的。

4）小流域出口节点之间汇水关系是通过节点图层属性表中，汇入该节点的节点编码、流出的下接节点编码来建立上下游拓扑关系的。

5）节点与小流域、河道的空间拓扑关系是通过节点图层属性表中，汇流该节点的流域编码集、汇入该节点的河道编码集来建立的。

流域水系划分与拓扑关系构建的过程中，常涉及流域水系的拆分合并，拆分与合并的难点主要在于拆分合并后不影响其他对象的编码和拓扑关系构建。拆分技术可以对添加关注点的地方进行二次拆分而不影响其他成果，拆分后数据的空间拓扑关系会自动进行修正。合并技术也可以在不影响其他成果前提下对指定的流域进行合并，并自动修正空间拓

127

扑关系。

6.1.2 流域特征参数提取

本书根据小流域划分方法将山丘区流域合理划分，并提取了梅溪流域汇流时间、汇流路径、洪峰模数、河段比降等基本特征参数信息[317]。

6.1.2.1 汇流时间

目前，有关流域汇流时间的研究主要以降雨强度的恒定指数形式表征其汇流时间变化，在实际应用中根据水文响应单元在不同雨强条件下汇流时间的变化，调整其汇流参数并反映坡面汇流的非线性，对于流域坡面汇流的分布式模拟更具有实际意义[318]。本书主要统计分析了不同降雨历时（10min、30min 和 60min）、不同降水量（5~50mm）条件下，梅溪流域 60 个子流域的汇流时间特征，见表 6-2~表 6-4。

表 6-2 10min 降水历时不同降雨子流域汇流时间 （单位：min）

子流域编号	降雨量									
	5mm	10mm	15mm	20mm	25mm	30mm	35mm	40mm	45mm	50mm
1	400	340	300	300	270	260	260	260	260	230
2	560	470	400	370	370	340	340	330	300	300
3	400	340	300	300	300	260	260	260	260	260
4	620	530	470	430	400	400	370	370	370	340
5	400	340	300	300	270	260	260	260	260	260
6	370	300	270	260	260	260	230	230	230	230
7	400	330	300	300	260	260	260	260	230	230
8	470	370	340	330	300	300	300	270	270	260
9	710	590	530	500	470	440	440	410	400	370
10	490	400	360	330	330	300	300	300	290	260
11	700	570	510	480	450	440	410	410	380	380
12	500	410	370	340	340	300	300	300	300	270
13	570	470	410	400	370	340	340	340	340	300
14	570	470	410	380	370	340	340	340	330	300
15	370	300	300	270	260	260	230	230	230	230
16	470	400	370	340	330	300	300	300	300	270
17	430	370	330	300	300	300	260	260	260	260
18	560	470	410	400	370	340	340	340	330	300
19	630	540	480	440	410	410	380	370	370	340
20	640	510	480	440	410	410	380	370	340	340
21	480	410	370	340	340	310	300	300	300	270
22	440	370	340	300	300	300	270	260	260	260
23	540	440	410	370	370	340	340	330	300	300
24	650	530	470	440	440	400	400	370	370	370
25	400	340	330	300	300	260	260	260	260	260

子流域编号	降雨量									
	5mm	10mm	15mm	20mm	25mm	30mm	35mm	40mm	45mm	50mm
26	550	460	430	400	360	360	330	330	330	330
27	630	510	480	440	410	380	380	370	340	340
28	600	500	440	410	380	370	370	340	340	340
29	470	400	370	330	300	300	300	300	260	260
30	630	510	470	440	410	380	370	370	340	340
31	620	500	470	440	400	370	370	370	340	340
32	510	440	380	370	340	340	310	300	300	300
33	570	470	410	400	370	340	340	340	340	300
34	520	430	400	370	330	330	330	300	300	300
35	510	440	380	370	340	340	310	300	300	300
36	410	340	300	300	300	270	260	260	260	260
37	260	230	220	190	190	190	190	190	190	190
38	470	370	340	330	300	300	300	270	270	260
39	230	190	190	190	190	180	180	180	150	150
40	610	500	460	430	400	370	370	360	330	330
41	630	510	470	440	410	380	370	370	340	340
42	370	300	300	270	260	260	230	230	230	230
43	480	410	370	340	330	300	300	300	270	270
44	510	440	380	370	340	340	300	300	300	300
45	640	540	480	440	410	410	380	370	370	340
46	470	410	370	340	330	300	300	300	270	270
47	410	370	340	300	300	270	270	270	260	260
48	310	270	270	230	230	230	230	230	230	190
49	440	380	340	310	300	300	270	270	270	270
50	440	370	340	300	300	270	270	270	270	260
51	440	370	340	300	300	300	270	270	260	260
52	560	470	430	400	370	370	340	330	330	330
53	560	470	410	370	370	340	340	330	300	300
54	400	340	330	300	300	260	260	260	260	260
55	340	300	260	260	230	230	230	230	220	220
56	470	370	340	330	300	300	300	270	270	270
57	300	260	230	230	220	220	190	190	190	190
58	410	340	340	300	300	270	270	270	270	260
59	270	230	230	220	220	190	190	190	190	190
60	440	370	340	330	300	300	300	270	270	260

表 6-3 30min 降水历时不同降雨子流域汇流时间 （单位：min）

子流域编号	降雨量								
	5mm	10mm	20mm	30mm	40mm	50mm	60mm	70mm	80mm
1	690	570	570	540	540	450	450	450	450
2	900	780	660	570	570	570	570	570	570
3	660	570	570	540	540	540	450	450	450

子流域 编号	降雨量								
	5mm	10mm	20mm	30mm	40mm	50mm	60mm	70mm	80mm
4	900	780	690	660	660	570	570	570	570
5	690	570	570	570	540	540	450	450	450
6	660	570	540	540	450	450	450	450	450
7	660	570	540	540	540	450	450	450	450
8	780	660	570	570	570	570	540	540	540
9	1020	900	780	690	690	660	660	660	570
10	780	660	570	570	570	540	540	540	540
11	1020	900	780	690	690	690	660	570	570
12	780	690	570	570	570	570	540	540	540
13	900	780	690	570	570	570	570	570	570
14	900	780	690	570	570	570	570	570	570
15	660	570	570	540	450	450	450	450	450
16	780	690	570	570	570	570	570	540	540
17	690	660	570	570	540	540	540	450	450
18	900	780	690	570	570	570	570	570	570
19	930	810	690	690	660	570	570	570	570
20	930	810	690	690	690	570	570	570	570
21	810	690	570	570	570	570	570	540	540
22	690	660	570	570	540	540	540	450	450
23	810	690	660	570	570	570	570	570	570
24	990	810	690	690	660	660	570	570	570
25	690	570	570	540	540	540	450	450	450
26	870	780	660	660	570	570	570	540	540
27	930	810	690	690	660	570	570	570	570
28	900	780	690	660	570	570	570	570	570
29	780	660	570	570	570	570	570	540	540
30	900	810	690	690	660	570	570	570	570
31	900	780	690	660	660	570	570	570	570
32	810	690	660	570	570	570	570	570	540
33	900	780	690	570	570	570	570	570	570
34	780	690	660	570	570	570	540	540	540
35	810	690	660	570	570	570	570	570	570
36	690	570	570	570	540	540	450	450	450
37	540	450	450	450	450	450	450	450	450
38	780	660	570	570	570	540	540	540	450
39	450	450	450	450	450	450	450	450	450
40	900	780	660	660	660	570	570	570	570
41	900	810	690	690	660	570	570	570	570
42	690	570	540	540	450	450	450	450	450
43	780	690	570	570	570	570	570	570	540
44	810	690	660	570	570	570	570	570	570
45	930	810	690	690	690	570	570	570	570
46	780	690	570	570	570	570	570	540	540
47	690	660	570	570	540	540	450	450	450

子流域编号	降雨量								
	5mm	10mm	20mm	30mm	40mm	50mm	60mm	70mm	80mm
48	570	570	450	450	450	450	450	450	450
49	690	660	570	570	570	540	540	450	450
50	690	660	570	570	540	540	450	450	450
51	690	660	570	570	540	540	540	450	450
52	900	780	660	660	570	570	570	570	570
53	900	780	660	570	570	570	570	570	570
54	690	570	570	540	540	540	450	450	450
55	570	570	540	450	450	450	450	450	450
56	780	690	570	570	540	540	540	540	540
57	570	540	450	450	450	450	450	450	450
58	690	570	570	570	540	540	450	450	450
59	570	450	450	450	450	450	450	450	450
60	690	660	570	570	570	540	540	540	450

表 6-4　60min 降水历时不同降雨子流域汇流时间　　　　　　（单位：min）

子流域编号	降雨量										
	5mm	10mm	20mm	30mm	40mm	50mm	60mm	70mm	80mm	90mm	100mm
1	1080	900	900	900	900	900	900	900	900	900	900
2	1320	1140	1080	900	900	900	900	900	900	900	900
3	1080	900	900	900	900	900	900	900	900	900	900
4	1380	1140	1140	1080	1080	900	900	900	900	900	900
5	1140	900	900	900	900	900	900	900	900	900	900
6	1080	900	900	900	900	900	900	900	900	900	900
7	1080	900	900	900	900	900	900	900	900	900	900
8	1140	1080	900	900	900	900	900	900	900	900	900
9	1380	1320	1140	1140	1140	1080	1080	1080	900	900	900
10	1140	1080	900	900	900	900	900	900	900	900	900
11	1380	1320	1140	1140	1140	1080	1080	900	900	900	900
12	1140	1140	900	900	900	900	900	900	900	900	900
13	1320	1140	1140	900	900	900	900	900	900	900	900
14	1320	1140	1080	900	900	900	900	900	900	900	900
15	1080	900	900	900	900	900	900	900	900	900	900
16	1140	1140	900	900	900	900	900	900	900	900	900
17	1140	1080	900	900	900	900	900	900	900	900	900
18	1320	1140	1080	900	900	900	900	900	900	900	900
19	1380	1140	1140	1140	1080	900	900	900	900	900	900
20	1380	1140	1140	1140	1080	900	900	900	900	900	900
21	1140	1140	900	900	900	900	900	900	900	900	900
22	1140	1080	900	900	900	900	900	900	900	900	900
23	1140	1140	1080	900	900	900	900	900	900	900	900
24	1380	1140	1140	1140	1080	1080	900	900	900	900	900

子流域编号	降雨量										
	5mm	10mm	20mm	30mm	40mm	50mm	60mm	70mm	80mm	90mm	100mm
25	1080	900	900	900	900	900	900	900	900	900	900
26	1320	1140	1080	1080	900	900	900	900	900	900	900
27	1380	1140	1140	1140	1080	900	900	900	900	900	900
28	1380	1140	1140	1080	900	900	900	900	900	900	900
29	1140	1140	900	900	900	900	900	900	900	900	900
30	1380	1140	1140	1140	1080	900	900	900	900	900	900
31	1380	1140	1140	1080	1080	900	900	900	900	900	900
32	1140	1140	1080	900	900	900	900	900	900	900	900
33	1320	1140	1140	900	900	900	900	900	900	900	900
34	1140	1080	1080	900	900	900	900	900	900	900	900
35	1140	1140	1080	900	900	900	900	900	900	900	900
36	1140	900	900	900	900	900	900	900	900	900	900
37	900	900	900	900	900	900	900	900	900	900	900
38	1140	1080	900	900	900	900	900	900	900	900	900
39	900	900	900	900	900	900	900	900	900	900	900
40	1320	1140	1140	1080	1080	900	900	900	900	900	900
41	1380	1140	1140	1080	1080	900	900	900	900	900	900
42	1080	900	900	900	900	900	900	900	900	900	900
43	1140	1140	900	900	900	900	900	900	900	900	900
44	1140	1140	1080	900	900	900	900	900	900	900	900
45	1380	1140	1140	1140	1080	900	900	900	900	900	900
46	1140	1140	900	900	900	900	900	900	900	900	900
47	1140	1080	900	900	900	900	900	900	900	900	900
48	900	900	900	900	900	900	900	900	900	900	900
49	1140	1080	900	900	900	900	900	900	900	900	900
50	1140	1080	900	900	900	900	900	900	900	900	900
51	1140	1080	900	900	900	900	900	900	900	900	900
52	1320	1140	1080	1080	900	900	900	900	900	900	900
53	1320	1140	1080	900	900	900	900	900	900	900	900
54	1080	900	900	900	900	900	900	900	900	900	900
55	900	900	900	900	900	900	900	900	900	900	900
56	1140	1080	900	900	900	900	900	900	900	900	900
57	900	900	900	900	900	900	900	900	900	900	900
58	1140	900	900	900	900	900	900	900	900	900	900
59	900	900	900	900	900	900	900	900	900	900	900
60	1140	1080	900	900	900	900	900	900	900	900	900

6.1.2.2 汇流路径

不同单元的汇流路径不同，会影响下渗、调蓄、滞留等水文过程。若对流域内汇流路径考虑不足，将导致水文模型计算结果与实际流量过程存在一定的偏差[319]。本书主要统计分析了梅溪流域各子流域最长汇流路径长度, 见表6-5。

表6-5 梅溪流域各子流域最长汇流路径长度统计 （单位：km）

编号	最长汇流路径长度	编号	最长汇流路径长度	编号	最长汇流路径长度
1	7.08	21	8.80	41	11.82
2	10.49	22	8.74	42	5.46
3	6.91	23	11.48	43	8.61
4	12.61	24	12.29	44	8.70
5	6.78	25	7.52	45	12.41
6	5.68	26	10.84	46	7.51
7	7.15	27	13.08	47	7.21
8	8.12	28	12.59	48	4.38
9	15.29	29	8.95	49	8.22
10	9.15	30	11.84	50	7.68
11	14.57	31	12.37	51	7.10
12	9.22	32	9.72	52	10.99
13	10.35	33	10.41	53	10.07
14	10.20	34	10.48	54	6.35
15	5.91	35	9.09	55	4.22
16	8.85	36	7.37	56	7.52
17	8.53	37	2.51	57	3.80
18	10.79	38	8.41	58	7.28
19	13.50	39	2.48	59	4.05
20	13.34	40	11.62	60	8.15

6.1.2.3 洪峰模数

洪峰模数是流域内单位面积产生的洪峰流量, 表示流域产洪的能力, 与流域的高程、坡降有密切的关系, 是判别洪水计算成果是否合理的一个重要指标[320]。本书中洪峰模数是指流量与流域面积的比值, 主要统计分析了降水历时为10分钟、30分钟和60分钟时, 在不同降雨情境下, 梅溪流域各子流域的洪峰模数特征, 见表6-6~表6-8。

表6-6 10分钟降水历时不同降雨子流域洪峰模数统计

[单位：L/(s·km²)]

编号	降雨量									
	5mm	10mm	15mm	20mm	25mm	30mm	35mm	40mm	45mm	50mm
1	0.165	0.202	0.242	0.236	0.287	0.292	0.293	0.291	0.290	0.324
2	0.106	0.133	0.156	0.178	0.179	0.202	0.203	0.200	0.230	0.237
3	0.158	0.197	0.227	0.232	0.241	0.278	0.284	0.282	0.281	0.283
4	0.084	0.104	0.122	0.133	0.148	0.149	0.164	0.168	0.169	0.187
5	0.148	0.185	0.216	0.225	0.261	0.254	0.254	0.270	0.285	0.293

编号	降雨量									
	5mm	10mm	15mm	20mm	25mm	30mm	35mm	40mm	45mm	50mm
6	0.181	0.221	0.268	0.262	0.288	0.297	0.330	0.323	0.318	0.314
7	0.162	0.207	0.238	0.244	0.282	0.289	0.289	0.288	0.318	0.329
8	0.127	0.164	0.187	0.201	0.216	0.220	0.235	0.263	0.258	0.253
9	0.074	0.094	0.107	0.118	0.128	0.140	0.140	0.154	0.157	0.165
10	0.113	0.153	0.167	0.191	0.191	0.215	0.226	0.223	0.225	0.252
11	0.080	0.100	0.117	0.126	0.140	0.148	0.154	0.164	0.176	0.170
12	0.120	0.154	0.174	0.201	0.203	0.225	0.233	0.238	0.243	0.272
13	0.103	0.133	0.153	0.162	0.178	0.197	0.190	0.208	0.210	0.227
14	0.105	0.134	0.160	0.175	0.182	0.196	0.207	0.209	0.210	0.223
15	0.169	0.222	0.237	0.263	0.259	0.280	0.331	0.326	0.321	0.318
16	0.125	0.157	0.179	0.187	0.204	0.216	0.223	0.241	0.242	0.262
17	0.141	0.168	0.195	0.229	0.230	0.231	0.255	0.276	0.278	0.278
18	0.105	0.132	0.156	0.163	0.178	0.199	0.203	0.204	0.206	0.235
19	0.088	0.109	0.125	0.137	0.153	0.157	0.171	0.170	0.178	0.197
20	0.092	0.122	0.134	0.148	0.161	0.171	0.177	0.185	0.208	0.201
21	0.130	0.164	0.187	0.196	0.219	0.232	0.228	0.246	0.255	0.279
22	0.139	0.175	0.200	0.223	0.235	0.238	0.259	0.266	0.279	0.286
23	0.102	0.133	0.147	0.165	0.172	0.187	0.193	0.199	0.220	0.216
24	0.081	0.106	0.122	0.133	0.141	0.154	0.157	0.166	0.173	0.176
25	0.149	0.188	0.200	0.223	0.227	0.261	0.268	0.269	0.276	0.277
26	0.099	0.125	0.139	0.150	0.168	0.173	0.189	0.187	0.194	0.198
27	0.095	0.122	0.139	0.154	0.163	0.180	0.179	0.193	0.205	0.198
28	0.094	0.118	0.132	0.146	0.170	0.162	0.179	0.189	0.184	0.191
29	0.114	0.147	0.169	0.176	0.213	0.207	0.204	0.224	0.254	0.249
30	0.089	0.114	0.130	0.142	0.147	0.171	0.164	0.173	0.194	0.190
31	0.086	0.113	0.127	0.140	0.154	0.165	0.171	0.177	0.188	0.192
32	0.122	0.150	0.176	0.189	0.203	0.217	0.233	0.228	0.238	0.252
33	0.103	0.131	0.153	0.162	0.179	0.196	0.189	0.206	0.211	0.227
34	0.105	0.135	0.151	0.166	0.186	0.191	0.192	0.210	0.213	0.216
35	0.119	0.146	0.176	0.182	0.193	0.209	0.233	0.226	0.230	0.242
36	0.156	0.193	0.221	0.236	0.244	0.261	0.267	0.279	0.289	0.293
37	0.267	0.322	0.359	0.416	0.403	0.390	0.407	0.415	0.419	0.425
38	0.127	0.169	0.194	0.203	0.228	0.231	0.241	0.261	0.265	0.276
39	0.325	0.436	0.425	0.408	0.411	0.442	0.477	0.501	0.642	0.642

编号	降雨量									
	5mm	10mm	15mm	20mm	25mm	30mm	35mm	40mm	45mm	50mm
40	0.080	0.105	0.118	0.130	0.144	0.157	0.160	0.164	0.178	0.182
41	0.090	0.117	0.132	0.145	0.158	0.171	0.173	0.184	0.195	0.191
42	0.180	0.235	0.245	0.279	0.290	0.295	0.341	0.330	0.325	0.341
43	0.124	0.152	0.176	0.190	0.211	0.222	0.215	0.231	0.274	0.268
44	0.111	0.144	0.169	0.179	0.188	0.196	0.224	0.219	0.212	0.215
45	0.089	0.109	0.125	0.137	0.155	0.156	0.173	0.172	0.177	0.200
46	0.129	0.160	0.182	0.197	0.208	0.221	0.234	0.241	0.268	0.264
47	0.155	0.185	0.212	0.234	0.249	0.274	0.263	0.276	0.289	0.297
48	0.242	0.278	0.308	0.351	0.333	0.335	0.370	0.378	0.392	0.468
49	0.148	0.183	0.206	0.235	0.235	0.255	0.280	0.273	0.267	0.279
50	0.150	0.189	0.218	0.231	0.246	0.281	0.269	0.275	0.278	0.290
51	0.146	0.180	0.210	0.234	0.246	0.246	0.267	0.279	0.290	0.297
52	0.094	0.122	0.135	0.150	0.163	0.168	0.187	0.190	0.193	0.195
53	0.100	0.126	0.151	0.165	0.175	0.187	0.196	0.202	0.220	0.216
54	0.152	0.189	0.202	0.229	0.232	0.267	0.273	0.278	0.285	0.286
55	0.201	0.239	0.267	0.291	0.326	0.317	0.308	0.329	0.346	0.361
56	0.137	0.180	0.206	0.212	0.244	0.245	0.244	0.279	0.288	0.292
57	0.230	0.276	0.334	0.345	0.361	0.362	0.426	0.415	0.405	0.395
58	0.162	0.209	0.222	0.237	0.256	0.284	0.276	0.282	0.298	0.309
59	0.263	0.336	0.332	0.350	0.378	0.437	0.431	0.424	0.417	0.412
60	0.135	0.169	0.194	0.205	0.230	0.233	0.240	0.261	0.266	0.273

表6-7　30分钟降水历时不同降雨子流域洪峰模数统计

[单位：L/(s·km²)]

编号	降雨量								
	5mm	10mm	20mm	30mm	40mm	50mm	60mm	70mm	80mm
1	0.120	0.144	0.139	0.160	0.165	0.214	0.214	0.214	0.214
2	0.079	0.097	0.123	0.144	0.140	0.137	0.132	0.130	0.142
3	0.115	0.144	0.133	0.155	0.164	0.168	0.214	0.214	0.214
4	0.071	0.085	0.103	0.113	0.120	0.141	0.137	0.135	0.133
5	0.101	0.143	0.137	0.136	0.156	0.169	0.214	0.214	0.214
6	0.125	0.137	0.146	0.169	0.214	0.214	0.214	0.214	0.214
7	0.121	0.140	0.149	0.163	0.168	0.214	0.214	0.214	0.214
8	0.096	0.106	0.141	0.135	0.131	0.136	0.152	0.163	0.169
9	0.062	0.078	0.093	0.109	0.102	0.111	0.121	0.125	0.148

编号	降雨量								
	5mm	10mm	20mm	30mm	40mm	50mm	60mm	70mm	80mm
10	0.089	0.112	0.138	0.134	0.144	0.148	0.155	0.162	0.163
11	0.064	0.079	0.092	0.111	0.106	0.105	0.122	0.146	0.145
12	0.095	0.104	0.146	0.141	0.140	0.133	0.147	0.153	0.159
13	0.082	0.100	0.108	0.151	0.148	0.144	0.140	0.135	0.132
14	0.083	0.100	0.118	0.150	0.145	0.140	0.137	0.133	0.130
15	0.118	0.136	0.137	0.161	0.214	0.214	0.214	0.214	0.214
16	0.093	0.103	0.139	0.135	0.133	0.131	0.137	0.152	0.165
17	0.104	0.119	0.133	0.138	0.158	0.162	0.167	0.214	0.214
18	0.081	0.099	0.120	0.148	0.145	0.140	0.135	0.131	0.136
19	0.077	0.090	0.112	0.105	0.116	0.150	0.148	0.144	0.143
20	0.079	0.091	0.116	0.106	0.123	0.151	0.149	0.146	0.145
21	0.097	0.108	0.152	0.146	0.137	0.132	0.138	0.147	0.159
22	0.107	0.121	0.140	0.130	0.148	0.160	0.166	0.214	0.214
23	0.088	0.110	0.110	0.144	0.140	0.137	0.135	0.133	0.130
24	0.068	0.086	0.111	0.104	0.114	0.122	0.143	0.142	0.140
25	0.110	0.144	0.130	0.150	0.157	0.165	0.214	0.214	0.214
26	0.074	0.091	0.112	0.115	0.131	0.136	0.142	0.144	0.145
27	0.078	0.091	0.113	0.106	0.129	0.151	0.148	0.145	0.143
28	0.071	0.083	0.106	0.110	0.142	0.141	0.139	0.138	0.137
29	0.089	0.098	0.139	0.135	0.131	0.136	0.141	0.147	0.161
30	0.074	0.087	0.109	0.104	0.119	0.146	0.145	0.143	0.141
31	0.072	0.086	0.106	0.113	0.124	0.146	0.142	0.140	0.137
32	0.088	0.112	0.128	0.148	0.143	0.140	0.133	0.132	0.145
33	0.083	0.098	0.106	0.151	0.145	0.140	0.135	0.133	0.133
34	0.087	0.108	0.114	0.134	0.130	0.138	0.146	0.149	0.152
35	0.087	0.114	0.122	0.144	0.142	0.139	0.137	0.132	0.137
36	0.104	0.150	0.135	0.136	0.158	0.169	0.214	0.214	0.214
37	0.160	0.214	0.214	0.214	0.214	0.214	0.214	0.214	0.214
38	0.098	0.114	0.143	0.135	0.136	0.153	0.158	0.166	0.214
39	0.214	0.214	0.214	0.214	0.214	0.214	0.214	0.214	0.214
40	0.071	0.086	0.098	0.111	0.119	0.137	0.135	0.133	0.132
41	0.074	0.087	0.108	0.109	0.126	0.148	0.145	0.142	0.140
42	0.125	0.143	0.148	0.164	0.214	0.214	0.214	0.214	0.214
43	0.088	0.104	0.146	0.140	0.137	0.133	0.130	0.140	0.155

续表

编号	降雨量								
	5mm	10mm	20mm	30mm	40mm	50mm	60mm	70mm	80mm
44	0.086	0.108	0.119	0.139	0.137	0.135	0.133	0.132	0.130
45	0.077	0.090	0.112	0.109	0.117	0.153	0.152	0.149	0.146
46	0.097	0.107	0.145	0.139	0.133	0.136	0.142	0.153	0.163
47	0.109	0.128	0.138	0.130	0.151	0.164	0.214	0.214	0.214
48	0.151	0.131	0.214	0.214	0.214	0.214	0.214	0.214	0.214
49	0.115	0.122	0.147	0.139	0.130	0.150	0.164	0.214	0.214
50	0.112	0.128	0.146	0.136	0.149	0.159	0.214	0.214	0.214
51	0.109	0.125	0.142	0.131	0.150	0.162	0.166	0.214	0.214
52	0.076	0.092	0.111	0.119	0.139	0.137	0.135	0.133	0.130
53	0.080	0.097	0.109	0.145	0.142	0.139	0.136	0.133	0.130
54	0.111	0.143	0.131	0.149	0.158	0.166	0.214	0.214	0.214
55	0.141	0.130	0.166	0.214	0.214	0.214	0.214	0.214	0.214
56	0.099	0.124	0.145	0.133	0.148	0.157	0.162	0.168	0.169
57	0.140	0.163	0.214	0.214	0.214	0.214	0.214	0.214	0.214
58	0.112	0.158	0.143	0.132	0.148	0.165	0.214	0.214	0.214
59	0.140	0.214	0.214	0.214	0.214	0.214	0.214	0.214	0.214
60	0.109	0.118	0.140	0.131	0.143	0.153	0.160	0.167	0.214

表6-8 60分钟降水历时不同降雨子流域洪峰模数统计

[单位：L/(s·km²)]

编号	降雨量										
	5mm	10mm	20mm	30mm	40mm	50mm	60mm	70mm	80mm	90mm	100mm
1	0.079	0.107	0.107	0.107	0.107	0.107	0.107	0.107	0.107	0.107	0.107
2	0.062	0.067	0.081	0.107	0.107	0.107	0.107	0.107	0.107	0.107	0.107
3	0.077	0.107	0.107	0.107	0.107	0.107	0.107	0.107	0.107	0.107	0.107
4	0.055	0.069	0.069	0.076	0.083	0.107	0.107	0.107	0.107	0.107	0.107
5	0.066	0.107	0.107	0.107	0.107	0.107	0.107	0.107	0.107	0.107	0.107
6	0.084	0.107	0.107	0.107	0.107	0.107	0.107	0.107	0.107	0.107	0.107
7	0.080	0.107	0.107	0.107	0.107	0.107	0.107	0.107	0.107	0.107	0.107
8	0.068	0.073	0.107	0.107	0.107	0.107	0.107	0.107	0.107	0.107	0.107
9	0.055	0.060	0.072	0.068	0.067	0.075	0.082	0.084	0.107	0.107	0.107
10	0.066	0.077	0.107	0.107	0.107	0.107	0.107	0.107	0.107	0.107	0.107
11	0.056	0.058	0.072	0.070	0.066	0.072	0.083	0.107	0.107	0.107	0.107
12	0.071	0.069	0.107	0.107	0.107	0.107	0.107	0.107	0.107	0.107	0.107
13	0.063	0.071	0.071	0.107	0.107	0.107	0.107	0.107	0.107	0.107	0.107
14	0.064	0.069	0.077	0.107	0.107	0.107	0.107	0.107	0.107	0.107	0.107

编号	降雨量										
	5mm	10mm	20mm	30mm	40mm	50mm	60mm	70mm	80mm	90mm	100mm
15	0.079	0.107	0.107	0.107	0.107	0.107	0.107	0.107	0.107	0.107	0.107
16	0.068	0.067	0.107	0.107	0.107	0.107	0.107	0.107	0.107	0.107	0.107
17	0.067	0.083	0.107	0.107	0.107	0.107	0.107	0.107	0.107	0.107	0.107
18	0.063	0.068	0.078	0.107	0.107	0.107	0.107	0.107	0.107	0.107	0.107
19	0.053	0.074	0.069	0.066	0.077	0.107	0.107	0.107	0.107	0.107	0.107
20	0.054	0.075	0.070	0.068	0.080	0.107	0.107	0.107	0.107	0.107	0.107
21	0.074	0.067	0.107	0.107	0.107	0.107	0.107	0.107	0.107	0.107	0.107
22	0.066	0.082	0.107	0.107	0.107	0.107	0.107	0.107	0.107	0.107	0.107
23	0.072	0.068	0.075	0.107	0.107	0.107	0.107	0.107	0.107	0.107	0.107
24	0.052	0.072	0.068	0.069	0.078	0.084	0.107	0.107	0.107	0.107	0.107
25	0.074	0.107	0.107	0.107	0.107	0.107	0.107	0.107	0.107	0.107	0.107
26	0.057	0.070	0.077	0.083	0.107	0.107	0.107	0.107	0.107	0.107	0.107
27	0.054	0.075	0.068	0.066	0.084	0.107	0.107	0.107	0.107	0.107	0.107
28	0.052	0.070	0.066	0.075	0.107	0.107	0.107	0.107	0.107	0.107	0.107
29	0.068	0.070	0.107	0.107	0.107	0.107	0.107	0.107	0.107	0.107	0.107
30	0.051	0.073	0.067	0.070	0.081	0.107	0.107	0.107	0.107	0.107	0.107
31	0.055	0.072	0.065	0.076	0.084	0.107	0.107	0.107	0.107	0.107	0.107
32	0.074	0.068	0.084	0.107	0.107	0.107	0.107	0.107	0.107	0.107	0.107
33	0.064	0.068	0.070	0.107	0.107	0.107	0.107	0.107	0.107	0.107	0.107
34	0.068	0.072	0.081	0.107	0.107	0.107	0.107	0.107	0.107	0.107	0.107
35	0.072	0.069	0.082	0.107	0.107	0.107	0.107	0.107	0.107	0.107	0.107
36	0.066	0.107	0.107	0.107	0.107	0.107	0.107	0.107	0.107	0.107	0.107
37	0.107	0.107	0.107	0.107	0.107	0.107	0.107	0.107	0.107	0.107	0.107
38	0.068	0.078	0.107	0.107	0.107	0.107	0.107	0.107	0.107	0.107	0.107
39	0.107	0.107	0.107	0.107	0.107	0.107	0.107	0.107	0.107	0.107	0.107
40	0.055	0.068	0.069	0.078	0.084	0.107	0.107	0.107	0.107	0.107	0.107
41	0.052	0.073	0.066	0.073	0.084	0.107	0.107	0.107	0.107	0.107	0.107
42	0.080	0.107	0.107	0.107	0.107	0.107	0.107	0.107	0.107	0.107	0.107
43	0.071	0.065	0.107	0.107	0.107	0.107	0.107	0.107	0.107	0.107	0.107
44	0.070	0.067	0.084	0.107	0.107	0.107	0.107	0.107	0.107	0.107	0.107
45	0.054	0.076	0.068	0.071	0.077	0.107	0.107	0.107	0.107	0.107	0.107
46	0.069	0.070	0.107	0.107	0.107	0.107	0.107	0.107	0.107	0.107	0.107
47	0.066	0.084	0.107	0.107	0.107	0.107	0.107	0.107	0.107	0.107	0.107
48	0.107	0.107	0.107	0.107	0.107	0.107	0.107	0.107	0.107	0.107	0.107
49	0.070	0.080	0.107	0.107	0.107	0.107	0.107	0.107	0.107	0.107	0.107
50	0.069	0.084	0.107	0.107	0.107	0.107	0.107	0.107	0.107	0.107	0.107
51	0.066	0.082	0.107	0.107	0.107	0.107	0.107	0.107	0.107	0.107	0.107

编号	降雨量										
	5mm	10mm	20mm	30mm	40mm	50mm	60mm	70mm	80mm	90mm	100mm
52	0.059	0.068	0.076	0.083	0.107	0.107	0.107	0.107	0.107	0.107	0.107
53	0.062	0.068	0.075	0.107	0.107	0.107	0.107	0.107	0.107	0.107	0.107
54	0.074	0.107	0.107	0.107	0.107	0.107	0.107	0.107	0.107	0.107	0.107
55	0.107	0.107	0.107	0.107	0.107	0.107	0.107	0.107	0.107	0.107	0.107
56	0.067	0.080	0.107	0.107	0.107	0.107	0.107	0.107	0.107	0.107	0.107
57	0.107	0.107	0.107	0.107	0.107	0.107	0.107	0.107	0.107	0.107	0.107
58	0.066	0.107	0.107	0.107	0.107	0.107	0.107	0.107	0.107	0.107	0.107
59	0.107	0.107	0.107	0.107	0.107	0.107	0.107	0.107	0.107	0.107	0.107
60	0.066	0.079	0.107	0.107	0.107	0.107	0.107	0.107	0.107	0.107	0.107

6.1.2.4　河段比降

河段比降（河道比降）是指沿水流方向，单位水平距离河床高程差[321]。本书主要统计分析了梅溪流域各子流域最长汇流路径比降，见表6-9。

表6-9　梅溪流域各子流域最长汇流路径比降统计

编号	最长汇流路径比降	编号	最长汇流路径比降	编号	最长汇流路径比降
1	0.0794	21	0.0308	41	0.0393
2	0.0311	22	0.0723	42	0.0880
3	0.0819	23	0.0584	43	0.0304
4	0.0467	24	0.0207	44	0.0179
5	0.0879	25	0.0542	45	0.0152
6	0.0745	26	0.0477	46	0.0269
7	0.0808	27	0.0333	47	0.0241
8	0.0473	28	0.0390	48	0.0309
9	0.0458	29	0.0773	49	0.0567
10	0.0672	30	0.0281	50	0.0368
11	0.0458	31	0.0441	51	0.0291
12	0.0485	32	0.0546	52	0.0264
13	0.0195	33	0.0243	53	0.0212
14	0.0208	34	0.0480	54	0.0152
15	0.0274	35	0.0145	55	0.0015
16	0.0564	36	0.0821	56	0.0038
17	0.0870	37	0.0114	57	0.0381
18	0.0729	38	0.0504	58	0.0157
19	0.0427	39	0.0136	59	0.0620
20	0.0377	40	0.0171	60	0.0179

6.2　模型结构与计算流程

梅溪流域分布式水文模型是依托中国山洪水文模型（CNFF）技术框架构建的[202]，该模型由降雨插值模型、蒸散发模型、产流模型、汇流模型、河道洪水演进模型、水库调蓄模型等组成，本书降雨插值模型采用泰森多边形法。模型结构如图6-2所示。

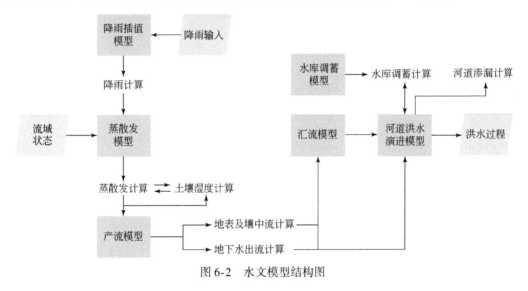

图 6-2　水文模型结构图

根据流域数字化成果，按照小流域、节点、河段、水源、分水、洼地、水库七类要素构建梅溪流域分布式水文模型，模型概化图见图6-3。

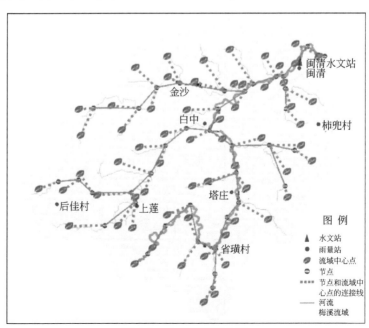

图 6-3　水文模型概化图

6.3 模 型 原 理

6.3.1 蒸散发模型

按照下垫面的土壤供水情况将潜在蒸散发折算为流域总蒸散发是水文模型常采用的蒸散发计算方法。本书采用三层蒸散发模式[322]，将流域时段蒸散发量 $E_{\Delta t}$ 分为土壤上层 EU、下层 EL 和深层蒸散发量 ED 进行计算。EU 按蒸散发能力计算，当上层土壤蓄水量低于蒸发能力时，剩余蒸散发量由下层土壤蒸发，EL 与剩余蒸散发能力、下层含水量成正比，与下层蓄水容量成反比，若计算的 EL 与剩余蒸散发能力之比小于深层蒸散发系数 C，则不足部分由下层含水量补给，当下层蓄水量不够补给时，由深层蓄水量补给。具体计算公式如下。

当时段降水量（$P_{\Delta t}$）与土壤上层张力水蓄量（WU_i）之和大于时段流域蒸散发能力 $EK_{\Delta t}$ 时，

$$\begin{cases} EU_{\Delta t} = EK_{\Delta t} \\ EL_{\Delta t} = 0 \\ ED_{\Delta t} = 0 \end{cases} \tag{6.1}$$

当 $P_{\Delta t} + WU_i < EK_{\Delta t}$ 时，

$$\begin{cases} EU_{\Delta t} = P_{\Delta t} + WU_i \\ EL_{\Delta t} = (EK_{\Delta t} - EU_{\Delta t})\dfrac{WL_i}{WLM} \\ ED_{\Delta t} = 0 \end{cases} \tag{6.2}$$

若土壤下层张力水蓄量（$WL_{\Delta t}$）大于 C 与（$EK_{\Delta t} - EU_{\Delta t}$）的乘积时，

$$\begin{cases} EU_{\Delta t} = P_{\Delta t} + WU_i \\ EL_{\Delta t} = C(EK_{\Delta t} - EU_{\Delta t}) \\ ED_{\Delta t} = 0 \end{cases} \tag{6.3}$$

若 $WL_{\Delta t} < C(EK_{\Delta t} - EU_{\Delta t})$ 时，

$$\begin{cases} EU_{\Delta t} = P_{\Delta t} + WU_i \\ EL_{\Delta t} = WL_i \\ ED_{\Delta t} = C(EK_{\Delta t} - EU_{\Delta t}) - EL_{\Delta t} \end{cases} \tag{6.4}$$

6.3.2 产流模型

梅溪流域属于湿润地区，故本书采用蓄满产流模型[323]。将扣除流域蒸散发后的降水量记为净雨量 $PE_{\Delta t}$，对初始土壤含水量 W_i，流域土壤含水量已达到蓄水容量的面积为 αA，α 为水于某一点蓄水容量的面积占流域面积的比例，流域最大点蓄水容量为 A：

$$A = \begin{cases} \mathrm{WMM} & W_i \geqslant \mathrm{WM} \\ \mathrm{WMM}\left[1 - \left(1 - \dfrac{W}{\mathrm{WM}}\right)^{\frac{1}{1+B}}\right] & W_i < \mathrm{WM} \end{cases} \tag{6.5}$$

式中，$\alpha = 1 - \left(1 - \dfrac{\mathrm{WM}}{\mathrm{WMM}}\right)^B$；$B$ 为反映流域内蓄水容量空间分布不均匀性的参数；WMM 为流域内最大的点蓄水容量；$\mathrm{WM} = \displaystyle\int_0^{\mathrm{WMM}} (1-\alpha) \ \mathrm{dWM} = \dfrac{\mathrm{WMM}}{1+B}$。

由此进行流域产流量计算：

$$R_{i+\Delta t} = \begin{cases} \mathrm{PE}_{\Delta t} - (\mathrm{WM} - W_i) & A + \mathrm{PE}_{\Delta t} \geqslant \mathrm{WMM} \\ \mathrm{PE}_{\Delta t} - (\mathrm{WM} - W_i) + \mathrm{WM}\left(1 - \dfrac{A + \mathrm{PE}_{\Delta t}}{\mathrm{WMM}}\right)^{1+B} & A + \mathrm{PE}_{\Delta t} < \mathrm{WMM} \end{cases} \tag{6.6}$$

在获得流域产流量的同时，计算出该时段的土壤蓄水量。若上层土壤未蓄满，三层土壤的蓄水量分别为

$$\begin{cases} \mathrm{WU}_{i+\Delta t} = \mathrm{WU}_i + P_{\Delta t} - \mathrm{EU}_{\Delta t} - R_{\Delta t} \\ \mathrm{WL}_{i+\Delta t} = \mathrm{WL}_i - \mathrm{EL}_{\Delta t} \\ \mathrm{WD}_{i+\Delta t} = \mathrm{WD}_i - \mathrm{ED}_{\Delta t} \end{cases} \tag{6.7}$$

若上层土壤蓄满，多余水量补充下层土壤，但并未使下层土壤蓄满，此时三层土壤的蓄水量分别为

$$\begin{cases} \mathrm{WU}_{i+\Delta t} = \mathrm{WUM} \\ \mathrm{WL}_{i+\Delta t} = \mathrm{WL}_i - \mathrm{EL}_{\Delta t} + \mathrm{WU}_i + P_{\Delta t} - \mathrm{EU}_{\Delta t} - R_{\Delta t} - \mathrm{WUM} \\ \mathrm{WD}_{i+\Delta t} = \mathrm{WD}_i - \mathrm{ED}_{\Delta t} \end{cases} \tag{6.8}$$

若补充上层土壤含水量后，多余水量可使下层土壤蓄满，但并不能补充深层土壤达到蓄满状态，此时三层土壤的蓄水量分别为

$$\begin{cases} \mathrm{WU}_{i+\Delta t} = \mathrm{WUM} \\ \mathrm{WL}_{i+\Delta t} = \mathrm{WLM} \\ \mathrm{WD}_{i+\Delta t} = \mathrm{WD}_i - \mathrm{ED}_{\Delta t} + \mathrm{WL}_i - \mathrm{EL}_{\Delta t} + \mathrm{WU}_i + P_{\Delta t} - \mathrm{EU}_{\Delta t} - R_{\Delta t} - \mathrm{WUM} - \mathrm{WLM} \end{cases} \tag{6.9}$$

若补充上、下层土壤含水量后，多余水量可补充深层土壤达到蓄满状态，则各层土壤含水量均达到蓄满状态，分别为其相应的土壤蓄水容量。若上一时刻土层土壤蓄水量可补充时段缺水量，则需从上一时刻的土壤蓄水量中扣除缺水量，直至上一时刻各层土壤蓄水量均不足以满足时段土壤缺水量，则各层土壤蓄水量为 0。

下一时刻土壤总蓄水量为

$$W_{i+\Delta t} = \mathrm{WU}_{i+\Delta t} + \mathrm{WL}_{i+\Delta t} + \mathrm{WD}_{i+\Delta t} \tag{6.10}$$

式中，$P_{\Delta t}$、$E_{\Delta t}$ 与 $R_{\Delta t}$ 分别为时段 Δt 内的平均面雨量、蒸散发量与产流量。其中，流域蓄水容量分别为上层 WUM、下层 WLM 和深层 WDM，$\mathrm{WM} = \mathrm{WUM} + \mathrm{WLM} + \mathrm{WDM}$。

构建产流模型时，采用自由蓄水水库进行水源划分，自由水库设置旁侧和底侧出口划分壤中流和地下径流。通过产流计算得到的产流量 R 进入自由水库后，若达到水库自由蓄水量，则通过溢流方式成为地表径流 RS，水库内蓄水量则通过两个出流系数，划分为壤中流 RI 和地下径流 RG。采用自由水蓄水容量曲线描述流域自由水蓄水能力分布的不均匀性。

由流域最大点的自由水蓄水容量 SMM，可得到产流面积上最大一点的自由水蓄水容量 SMMF 和平均蓄水容量 SMF。

$$\text{SMMF}=\text{SMM}\left[1-(1-\text{FR})^{\frac{1}{\text{EX}}}\right] \tag{6.11}$$

$$\text{SMF}=\frac{\text{SMMF}}{1+\text{EX}} \tag{6.12}$$

若 PE≤0，则无地表产流量，RI 和 RG 按自由蓄水水库出流计算；若 PE>0，已知流域上一时段的产流面积 FR，以及产流面积上的平均自由水深度 S，由时段产流量 R，可得到 RS、RI、RG，以及下一时段的产流面积 FR 和 FR 上的平均自由水深 S。当自由水蓄水深度超过流域平均蓄水深度时，按流域平均蓄水深度计算。此外，自由水在产流面积上的蓄水容量 AU 为

$$\text{AU}=\text{SMMF}\left[1-\left(1-\frac{S}{\text{SMF}}\right)^{\frac{1}{1+\text{EX}}}\right] \tag{6.13}$$

若产流量与自由水蓄水容量之和不超过产流面积上最大点的蓄水容量，即 $Q+\text{AU}\leqslant$ SMMF，$Q=R/\text{FR}$，则

$$\begin{cases} \text{RS}=\left(Q+S-\text{SMF}+\text{SMF}\left(1-\dfrac{Q+\text{AU}}{\text{SMMF}}\right)^{1+\text{EX}}\right)\text{FR} \\ \text{RI}=\left(Q+S-\dfrac{\text{RS}}{\text{FR}}\right)\text{KSD}\cdot\text{RF} \\ \text{RG}=\left(Q+S-\dfrac{\text{RS}}{\text{FR}}\right)\text{KGD}\cdot\text{FR} \end{cases} \tag{6.14}$$

若 $Q+\text{AU}>\text{SMMF}$，则

$$\begin{cases} \text{RS}=(Q+S-\text{SMF})\text{FR} \\ \text{RI}=\text{SMF}\cdot\text{KSD}\cdot\text{FR} \\ \text{RG}=\text{SMF}\cdot\text{KGD}\cdot\text{FR} \end{cases} \tag{6.15}$$

式中，KSD 和 KGD 分别为壤中流和地下径流的消退系数。对于不透水面积比例 IMP，由降水量扣除蒸散发量即为不透水面积的产流。由此，可得到该时段的 RS、RI 和 RG。

6.3.3 汇流模型

本书采用标准化单位线进行地表汇流计算，标准化单位线是"全国山洪灾害防治项目"的重要成果之一，壤中流和地下径流的汇流过程采用线性水库调蓄法进行计算。

6.3.3.1 地表汇流

在分析确定流域或水文计算单元的单位线时，认为流域各点到达流域出口汇流时间的概率密度分布等于于瞬时单位线，基本原理是利用流域的时间–面积关系分析单位线，关键内容是计算流域各点到达流域出口的汇流时间。由 DEM 可得到流域各点到达流域出口的距离，因此汇流时间主要与流速有关。坡面流速计算采用改进的 SCS 流速公式[324]：

$$\begin{cases} V=K_s S^{0.5}\left(\dfrac{i}{I}\right)^n \\ T_j=\sum_{m=1}^{M_j}\dfrac{cL_m}{V_m} \end{cases} \tag{6.16}$$

式中，V 为水流速度（m/s）；K_s 为坡面综合流速系数（m/s），主要反映土地利用特征对流速摩阻影响的经验参数，如表 6-10 所示；S 为流域内某网格沿着水流方向的坡降；i/I 为无因次雨强；I 为临界净雨强（mm/h）；T_j 为第 j 个网格的汇流时间（s）；L_m 为第 m 个网格的流路长度（m）；c 为系数，$c=1$ 或 $\sqrt{2}$；M_j 为第 j 个网格汇集路径上网格的数量；n 为小于 1 的正数。

表 6-10　不同土地利用类型对应的流速系数

编号	土地利用方式分类			坡面综合流速系数
	一级	二级	三级	K_s /（m/s）
1	耕地	水田		6.5
		旱地	坡耕旱地	1.4
			其他旱地	1.4
2	园地			0.45
3	林地	有林地		0.45
		灌木林地		0.2
		其他林地		0.35
4	草地	天然草地	高覆盖草地	0.3
			中覆盖草地	0.55
			低覆盖草地	0.65
		人工草地		0.3
5	交通运输用地			6.5
6	水域及水利设施用地	水面		6.5
		水利设施用地		6.5
		冰川及永久积雪		6.5
7	房屋建筑（区）			6.5
8	构筑物	硬化地表		6.5
		其他构筑物		6.5
9	人工堆掘地			6
10	其他土地	盐碱地		6
		沙地		6
		裸土		6
		岩石		6.5
		砾石		6.5
		沼泽地		0.65

上述流速计算公式两边的量纲相同，并且包含了影响坡面流速的三个独立的主要因素：下垫面土地利用类型（k）、地形坡度（S）和无因次雨强（i/I）；流速随雨强的增大而增大，当 $i<I$ 时增加的较快，当 $i>I$ 时增加的较慢，当 $i=I$ 时正好为 $V=K_S^{0.5}$，符合已有试验研究成果的规律。

根据汇流路径与流速系数，可求得流域的汇流时间分布，进而将各网格的汇流时间进行统计，得到流域汇流时间的概率密度分布，即瞬时单位线，再将其转换为时段单位线，并考虑流域调蓄作用：

$$\text{uh}_i = c \cdot I_i + (1-c) \cdot \text{uh}_{i-1} \tag{6.17}$$

式中，uh 为调蓄后的单位线；I 为调蓄前的单位线；c 为调蓄系数。

在获得单位线后，利用下式计算地表径流汇入河网的流量过程：

$$Q_S(t) = \sum_{i=1}^{N} \text{uh}_i \cdot RS(t-i+1) \tag{6.18}$$

式中，$Q_S(t)$ 为地表径流量；uh 为单位线；N 为单位线时段数。

6.3.3.2 壤中流和地下径流汇流

对于壤中流和地下径流的汇流过程，采用线性水库演算法进行计算：

$$Q_I(t) = Q_I(t-1) \cdot \text{KSS} + RI(t) \cdot (1-\text{KSS}) \cdot U \tag{6.19}$$

$$Q_G(t) = Q_G(t-1) \cdot \text{KKG} + RG(t) \cdot (1-\text{KKG}) \cdot U \tag{6.20}$$

式中，Q_I 和 Q_G 分别为壤中流和地下径流流量；KSS 和 KKG 分别为壤中流水库及地下径流水库调蓄系数；U 为单位转换系数。

由此，坡面汇入河网的流量过程 $Q(t)$ 为地表径流、壤中流、地下径流三部分之和。

$$Q(t) = Q_S(t) + Q_I(t) + Q_G(t) \tag{6.21}$$

6.3.4 河道演进模型

本书采用动态分段马斯京根法进行河道流量演算[202]：

$$\begin{cases} \dfrac{\Delta t}{2}(Q_{r,1}+Q_{r,2}) - \dfrac{\Delta t}{2}(Q_{c,1}+Q_{c,2}) + \dfrac{\Delta t}{2}(q_1+q_2) = S_2 - S_1 \\ S = K[xQ_r + (1-x)Q_c] = KQ' \end{cases} \tag{6.22}$$

式中，$Q_{r,1}$、$Q_{r,2}$ 为时段始、末上断面的入流量；$Q_{c,1}$、$Q_{c,2}$ 为时段始、末下断面的出流量；Δt 为计算时段长；q_1、q_2 分别为时段始、末区间的入流量；S_1、S_2 为时段始、末河段的蓄水量；K 为稳定流情况下河道的传播时间；x 为流量比重因素，一般取值为 $0\sim0.5$。

当入流涨洪历时远远短于河段传播时间时，马斯京根法演算时段和传播时间之间存在矛盾，可用分段连续流量演算法解决，将河道上、下两断面间的河段分为 N 段，然后用马斯京根法逐段演算，即为分段马斯京根法流量演算。假设各河段的汇流参数 K_i 及 x_i 均相等，计算如下：

$$\begin{cases} x_i = \dfrac{1}{2} - \dfrac{N}{2}(1-2x) \\ K_i = \Delta t \end{cases} \tag{6.23}$$

对于参数 K，可根据波速 V_w 求得，$K=L/V_w$。对于不同的断面形态，可先求得断面平均流速 V_{av}，继而求得波速。由下式可知，由水力半径 R 结合河道特征参数即可确定河道平均流速。

$$V_{av} = \frac{R^{\frac{2}{3}}\sqrt{S}}{n} \tag{6.24}$$

式中，n 为曼宁系数；S 为水面比降。

对不同的过水断面形态，可由断面最大水深 y 求得水力半径 R。最大水深 y 可由河道断面的几何特征资料分析确定。若缺少河道断面的几何特征，对于稳定流状态，可由洪水过程流量特征值求得河道湿周 P，由此确定最大水深 y。其中，$P=c\sqrt{Q_0}$，c 为系数，Q_0 为洪水过程的参考流量：

$$Q_0 = Q_b + 0.5(Q_p - Q_b) \tag{6.25}$$

式中，Q_b 与 Q_p 分别为洪水过程的最小流量与洪峰流量。

因此，结合河道断面几何特征，可由求得的最大水深 y 确定河道水力半径 R，求得断面平均流速 V_{av} 和波速 V_w，继而确定参数 K。

参考国外已有研究成果，确定汇流参数 x 与河道断面参数间的相关关系如下：

$$x = \frac{1}{2} - \frac{Q_0}{2SPV_wL} \tag{6.26}$$

天然河道的形状常被简化成抛物线形、三角形或矩形等，若无指定断面形状，则默认为抛物线形断面进行处理。汇流参数计算如下：

$$\begin{cases} K = a \cdot L \cdot N^{\frac{3}{5}} \cdot S^{-\frac{3}{10}} \cdot Q_0^{-\frac{1}{5}} \\ V_w = b \cdot N^{-\frac{3}{5}} \cdot S^{\frac{3}{10}} \cdot Q_0^{\frac{1}{5}} \\ x = 0.5 - 0.11\dfrac{\sqrt{Q_0}}{S \cdot V_w \cdot L} \end{cases} \tag{6.27}$$

式中，a 和 b 为参数，由断面形状确定。

由于沟道断面特征各异，且涨落洪期间水位、流速等水力特征不同，同一场次洪水过程中各河段的 K、x 参数并不相同，动态马斯京根法充分考虑了河段特征及洪水过程的影响，以适应不同河段不同等级洪水过程的沟道演算计算。

6.3.5　水库调蓄模型

梅溪流域唯一的中型水库——岭里水库，位于流域上游闽清县南部省璜镇和平村。岭里水库坝址以上集雨面积 32.0km²，坝址以上主河道全长 7.0km，河床平均坡度为 40.6‰，水库原设计洪水标准采用 50 年一遇设计，200 年一遇校核，原设计洪水位 78.45m，校核洪水位 80.71m，正常蓄水位 77.0m，死水位 70.5m。根据水位–库容、水位–下泄流量关系曲线（图6-4），以及水库调度规则，进行水库调蓄计算[324]。

$$\begin{cases} \dfrac{I_1+I_2}{2}\Delta t - \dfrac{Q_1+Q_2}{2}\Delta t = V_2 - V_1 \\ Q=f(h) \\ Q=g(h) \end{cases} \tag{6.28}$$

式中，I_1 和 I_2 分别为时段初和时段末的水库入流量；Q_1 和 Q_2 分别为时段初和时段末的水库下泄流量；V_1 和 V_2 分别为时段初和时段末的水库蓄水量；f 为水库的泄流量–库容关系曲线；g 为水库的水位–库容关系曲线。

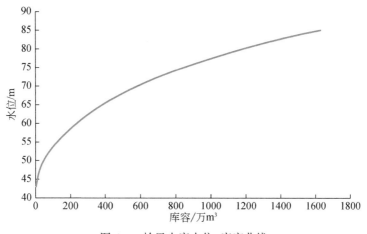

图 6-4　岭里水库水位–库容曲线

6.4　参数率定与验证

6.4.1　模型参数

根据模型的计算原理，梅溪流域分布式水文模型中重点需要率定的参数共 13 个，具体见表 6-11。

表 6-11　需率定的模型参数

序号	编码	名称	最小值	最大值
1	B	蓄水容量分布曲线指数	0	1
2	IMP	不透水面积比例	0	1
3	WUM	上层土壤蓄水容量/mm	0	20
4	WLM	下层土壤蓄水容量/mm	0	90
5	WDM	深层土壤蓄水容量/mm	0	90
6	EX	自由水蓄水容量曲线指数	1	2
7	SM	自由水蓄水容量/mm	0	100

序号	编码	名称	最小值	最大值
8	KSD	壤中流出流系数	0	1
9	KGD	地下径流出流系数	0	1
10	KKS	壤中流消退系数	0	1
11	KKG	地下径流消退系数	0	1
12	Kc	蒸散发能力折算系数	0	1
13	C	深层蒸散发系数	0	1

6.4.2　率定方法

本书采用 SCE-UA（Shuffle Complex Evolution）算法对模型参数进行自动寻优[325]，该方法综合了确定性搜索、随机搜索和生物竞争进化等方法的优点，引入了种群概念，复合形点在可行域内随机生成和竞争演化。该算法最大的特点是一定程度上避免了局部最优问题，已在国内外诸多流域水文模型参数优选中得到应用。SCE-UA 算法的本质是求解最小化问题，其基本步骤如下（图6-5）。

1）对于 n 维问题，选取复合形的个数 p，复合形为 d，以及每个复合形所含的顶点个数 m，并计算样本点个数 $s=pm$；

2）在可行域内随机产生 s 个样本点 x_1，…，x_s，并计算每一个样本点对应的函数值 y_1，…，y_s，其中 $y=f(x)$；

3）按照函数值，把 s 个样本点 (x_i, y_i) 升序排列，并记为 $D=\{(x_i, y_i), i=1, …, s\}$；

4）将 D 划分为 p 个复合形，每个复合形含有 m 个点；

5）依据竞争的复合形进化算法进化每一个复合形；

6）进化后的每一个复合形所含有的顶点，组合形成新的点集，再按照函数值升序排列，即从步骤3）开始再进行一轮计算；

7）当达到收敛条件时，停止计算，否则不断重复步骤3）~步骤6）。

SCE-UA 算法自身也有一些参数需要设置，包括复合形个数 p、复合形点的个数 m、子复合型点的个数 q、每个复合形生成的连续子辈的个数 α、复合形进化代数 β 等。大量研究表明，SCE-UA 的参数建议设置为 $m=2n+1$，$q=n+1$，$\alpha=1$，$\beta=2n+1$。尽管 SCE-UA 算法的参数虽然较多，但绝大部分参数的取值可取建议值，只有复合型个数 p 需要根据具体问题确定，其中 n 为水文模型需要率定的参数个数。梅溪流域分布式水文模型需率定的参数共13个，因此取 $n=13$，相应的 $m=27$，$q=14$，$\alpha=1$，$\beta=27$。

模型率定时，选用的目标函数 F 由经过归一化处理的洪峰相对误差 R_f'、峰现时间误差 $\Delta t'$、确定性系数 NSE'、径流深相对误差 R_r' 等指标构成，F 值越小，模型模拟结果越好。

$$F=0.3R_f'+0.3\Delta t'+0.2(1-NSE')+0.2R_r' \tag{6.29}$$

式中，R_f'、$\Delta t'$、NSE'、R_r' 分别为 R_f、Δt、NSE、R_r 指标经过归一化处理的结果，由于福

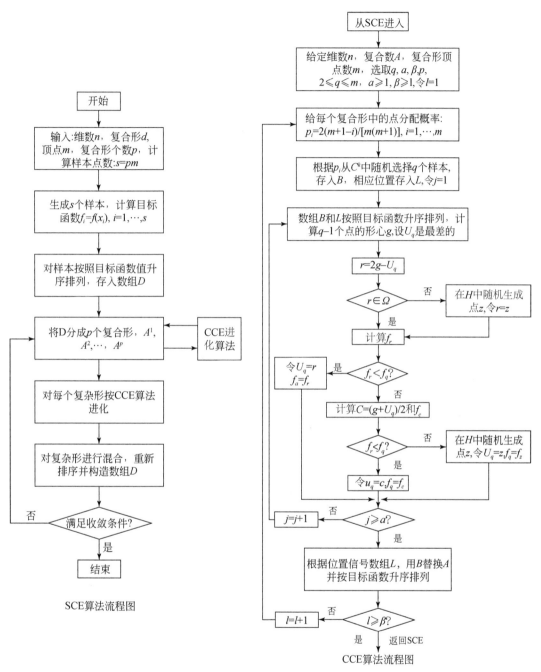

图 6-5 SCE-UA 优化算法计算流程图

建山丘区较多，雨量较大，中小流域洪水过程陡涨陡落，因此洪峰流量和峰现时间误差相比其他指标更加重要，故其权重值均取 0.3，而确定性系数和径流深相对误差的权重值均取 0.2。

$$R_f = (Q_f' - Q_f)/Q_f \qquad (6.30)$$

$$\Delta t = T' - T \tag{6.31}$$

$$\text{NSE} = 1 - \frac{\displaystyle\sum_{i=1}^{N} (Q_i' - Q_i)^2}{\displaystyle\sum_{i=1}^{N} (Q_i - \overline{Q})^2} \tag{6.32}$$

$$R_r = (R' - R)/R \tag{6.33}$$

式中，Q_f' 为场次洪水洪峰流量的模拟值；Q_f 为场次洪水洪峰流量的实测值；T' 为模拟的峰现时间；T 为实测的峰现时间；Q_i' 为洪水过程中第 i 小时的模拟值；Q_i 为洪水过程中第 i 小时的实测值；R' 为场次洪水径流深的模拟值；R 为场次洪水径流深的实测值。

6.4.3　方案与结果

选取梅溪流域 1989～2015 年 56 场降雨径流资料对梅溪流域分布式水文模型的参数进行率定与验证，其中 1989～2003 年发生的 38 场降雨洪水过程用于模型参数的率定，2004～2015 年发生的 18 场降雨洪水过程用于模型参数的验证。采用 SCE-UA 算法对模型参数进行自动率定后，各参数的取值见表 6-12，各场次的模拟结果见表 6-13 和表 6-14，率定与验证结果总体情况见表 6-15。其中，不同场次土壤初始湿度值根据场次定义开始时间前 10 天降水量经蒸发折减得到。

表 6-12　模型参数取值

序号	编码	名称	取值
1	B	蓄水容量分布曲线指数	0.30
2	IMP	不透水面积比例	0.01
3	WUM	上层土壤蓄水容量/mm	20
4	WLM	下层土壤蓄水容量/mm	60
5	WDM	深层土壤蓄水容量/mm	40
6	EX	自由水蓄水容量曲线指数	1.30
7	SM	自由水蓄水容量/mm	32
8	KSD	壤中流出流系数	0.30
9	KGD	地下径流出流系数	0.30
10	KKS	壤中流消退系数	0.05
11	KKG	地下径流消退系数	0.10
12	Kc	蒸散发能力折算系数	0.95
13	C	深层蒸散发系数	0.11

表 6-13　率定结果

场次	场次起止时间（月/日 时：分）	P/mm	R_f/%	Δt/h	NSE	R_r/%
19890420	04/19 09：00～04/21 15：00	106.8	−10.0	1.0	0.88	12.0
19890501	05/01 00：00～05/03 20：00	79.9	−2.2	2.0	0.94	2.9

续表

场次	场次起止时间（月/日 时：分）	P /mm	R_f/%	Δt /h	NSE	R_t/%
19890524	05/23 17：00～05/26 08：00	63.4	−8.3	0.8	0.87	11.7
19890618	06/18 12：00～06/21 20：00	91.0	9.6	2.0	0.80	−13.6
19900411	04/09 13：00～04/15 00：00	66.5	−16.3	0.7	0.81	17.6
19900820	08/19 15：00～08/26 04：00	283.1	−3.6	2.0	0.78	0.2
19900909	09/07 04：00～09/15 13：00	226.2	7.7	2.3	0.87	−17.4
19910430	04/30 01：00～05/03 14：00	83.3	−28.8	2.0	0.77	9.4
19910620	06/20 09：00～06/23 18：00	99.8	−17.9	1.8	0.85	15.8
19910625	06/24 21：00～06/28 13：00	108.7	−10.6	1.5	0.84	14.9
19910811	08/11 04：00～08/13 20：00	48.4	−6.9	2.2	0.56	−3.1
19910906	09/05 11：00～09/08 07：00	123.3	−4.7	−0.1	0.93	15.0
19920326	03/25 23：00～03/27 15：00	64.5	−2.6	0.2	0.95	5.1
19920508	05/07 19：00～05/10 09：00	68.7	8.6	0.6	0.88	−14.3
19920615	06/15 07：00～06/16 14：00	42.0	−3.6	0.6	0.83	−4.5
19920831	08/30 13：00～09/03 12：00	109.6	−3.1	2.8	0.94	5.9
19930625	06/24 07：00～06/28 13：00	46.5	−14.6	2.0	0.85	14.8
19940620	06/15 14：00～06/29 10：00	201.7	4.4	0.8	0.72	−7.7
19940711	07/10 20：00～07/13 13：00	96.0	−7.7	2.3	0.91	9.5
19950517	05/16 09：00～05/18 12：00	84.9	−17.6	2.2	0.87	15.0
19950628	06/27 19：00～06/30 13：000	65.8	−9.2	2.5	0.86	3.3
19960801	08/01 15：00～08/04 00：00	158.4	−1.0	2.0	0.72	15.1
19970506	05/06 05：00～05/08 18：00	77.9	−20.4	−1.0	0.80	18.4
19970623	06/23 11：00～06/24 20：00	68.7	0.3	1.7	0.75	−4.2
19970810	08/09 04：00～08/11 07：00	72.6	−18.6	0.0	0.96	12.5
19970904	09/04 07：00～09/05 14：00	60.5	−8.5	1.0	0.92	2.9
19980219	02/16 19：00～02/22 14：00	136.6	22.2	0.4	0.66	−12.1
19990728	07/26 21：00～07/29 03：00	86.9	−2.7	3.8	0.87	7.7
19991010	10/09 09：00～10/11 16：00	78.4	−16.3	1.0	0.88	28.8
20000426	04/25 17：00～04/27 06：00	69.5	−11.0	0.8	0.92	4.8
20000612	06/11 15：00～06/16 02：00	108.6	−0.7	1.8	0.76	1.3
20000619	06/17 14：00～06/22 21：00	153.2	1.2	2.5	0.90	−5.6
20000813	08/13 07：00～08/15 05：00	70.0	−11.8	2.0	0.75	10.1
20010507	05/06 12：00～05/09 13：00	59.9	−5.2	1.5	0.93	5.9
20020615	06/14 13：00～06/17 00：00	99.2	7.6	0.3	0.95	−5.5
20020806	08/05 00：00～08/08 10：00	90.4	−8.7	0.4	0.94	9.5
20030517	05/16 00：00～05/17 21：00	125.8	0.8	0.5	0.93	−0.5
20030921	09/20 06：00～09/22 16：00	131.5	0.5	0.9	0.80	36.4

表 6-14 验证结果

场次	场次起止时间（月/日 时：分）	P/mm	$R_f/\%$	$\Delta t/\text{h}$	NSE	$R_r/\%$
20050512	05/11 04：00 ~ 05/13 11：00	101.2	-8.3	1.1	0.85	14.8
20050524	05/22 18：00 ~ 05/26 00：00	110.1	-9.9	0.6	0.75	10.8
20050901	08/31 18：00 ~ 09/05 09：00	161.7	-3.3	0.6	0.94	1.5
20051003	10/02 08：00 ~ 10/04 04：00	122.7	-10.1	0.8	0.92	17.4
20060518	05/17 02：00 ~ 05/21 11：00	82.9	-10.2	1.3	0.90	15.5
20060601	05/29 22：00 ~ 06/04 17：00	175.5	13.1	-0.5	0.55	-36.9
20060608	06/06 04：00 ~ 06/12 16：00	147.9	9.5	0.2	0.79	-13.4
20080729	07/26 22：00 ~ 07/30 09：00	164.1	-2.1	2.3	0.89	8.5
20090703	07/02 12：00 ~ 07/05 20：00	98.2	-12.0	1.3	0.80	14.7
20090810	08/08 11：00 ~ 08/11 19：00	141.9	6.8	2.0	0.85	-3.4
20100406	04/06 01：00 ~ 04/07 07：00	68.0	-18.4	2.0	0.82	18.3
20100615	06/14 00：00 ~ 06/17 06：00	142.1	-2.2	-1.2	0.93	2.2
20110830	08/29 22：00 ~ 09/01 03：00	113.5	-13.7	2.9	0.72	5.3
20120803	08/02 03：00 ~ 08/05 15：00	114.5	-9.6	1.2	0.89	9.6
20130830	08/29 14：00 ~ 08/31 13：00	95.1	-18.8	0.9	0.68	6.1
20140527	05/26 17：00 ~ 05/27 20：00	27.9	-15.4	1.2	0.84	9.4
20140618	06/18 10：00 ~ 06/20 22：00	98.9	-7.6	1.0	0.88	16.5
20150809	08/07 21：00 ~ 08/12 08：00	143.6	0.3	0.0	0.98	0.0

表 6-15 模型率定与验证总体情况

类别	率定	验证
场次/场	38	18
时期	1989 ~ 2003 年	2004 ~ 2015 年
R_f 均值/%	8.83	9.52
Δt 均值/h	1.42	1.17
NSE 均值	0.85	0.83
R_r 均值/%	10.39	11.35

由表 6-13 和表 6-15 可知，率定过程中，仅 3 场洪水的洪峰相对误差在 20% ~ 30%，其余场次均在 20% 以内，且 38 场洪水的平均洪峰相对误差仅为 8.83%；仅有 1 场洪水的峰现时间误差（3.8h）超过 3h，另外 37 场洪水的峰现时间误差均在 3h 以内；38 场洪水模拟的确定性系数均值达到 0.85，且大部分场次的模拟结果超过 0.8；仅有 2 场洪水的径流深相对误差（28.8% 和 36.4%）超过 20%，平均径流深相对误差为 10.39%。

由表 6-14 和表 6-15 可知，验证过程中，18 场洪水的洪峰相对误差均在 20% 以内（0.3% ~ 18.8%），峰现时间误差均值为 1.17h，确定性系数均值达到 0.83，且大部分场次的模拟结果超过 0.8；仅有 1 场洪水的径流深相对误差（-36.9%）超过 20%，平均径流深相对误差为 11.35% 。因此，梅溪流域分布式水文模型的参数率定效果较好，率定后的模型可用于洪水预报。

6.5　本　章　小　结

　　本章首先介绍了基于全国山洪灾害调查评价成果进行流域数字化的方法和小流域重点特征参数的提取，其次对以中国山洪水文模型技术框架为基础构建的梅溪流域分布式水文模型进行了阐述，介绍了梅溪流域分布式水文模型中的蒸散发模型、产流模型、汇流模型、河道洪水演进模型，以及水库调蓄模型的计算原理，指出了模型需要率定的 13 个主要参数，并采用 SCE-UA 算法对参数进行了率定，利用洪峰相对误差 R_f、峰现时间误差 Δt、确定性系数 NSE、径流深相对误差 R_r 等指标对模型率定结果进行了评估，表明率定后的分布式水文模型可用于梅溪流域的洪水预报。

第7章 气象水文耦合预报效果分析

7.1 气象水文耦合模式

在进行降雨预报前，梅溪流域分布式水文模型采用实测降雨提前10天开始计算运行。对于雷达测雨和临近预报，则在预报时刻直接接入实测或预报的网格化数据，逐小时进行滚动预报；而对于WRF模式的数值降雨预报，则需在为水文模型提供模拟降雨前，提前进行12h的模式预热，再为水文模型提供逐小时的网格化预报降雨，共计24h，以此驱动水文模型进行计算。需要说明的是，GFS数据每6h更新一次，因而为获得更为准确的数值降雨预报，WRF模式的预见期为6h，在采用数据同化的情况下，WRF模式的预见期与雷达数据的同化频次一致。以降雨场次Ⅰ为例，WRF模式与水文模型的计算过程如图7-1所示。

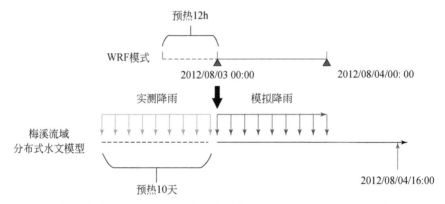

图 7-1　WRF 模式与梅溪流域分布式水文模型的计算过程示意图

由于雷达测雨和临近预报，以及WRF模式输出的预报降雨均为逐小时的网格型数据，而水文模型是按照小流域为计算单元，要求的降雨输入为逐小时的小流域面雨量，因此需要对不同来源的网格型降雨进行处理。对于雷达测雨和临近预报来说，其网格为$1km^2$，与梅溪流域平均子流域面积$15.7km^2$相比小得多，也比最小子流域面积$1.45km^2$小，在网格降雨转化为子流域面雨量时，制定规则为网格完全在子流域内或网格超过50%在子流域内，则将该网格划分在对应的子流域内，子流域的面雨量由划分在子流域内的所有网格雨量取平均值（图7-2）。而WRF模式预报降雨的网格面积为$16km^2$，基于网格降雨进行逐小时小流域面雨量计算时，制定规则为①子流域完全在网格内，则子流域的面雨量等于该网格的降水量；②子流域不完全在一个网格内（与多个网格有重叠部分），则首先计算子流域与各网格重叠部分占子流域面积的比例，以此为权重求得各网格雨量的加权平均值，作为该网格的降水量。

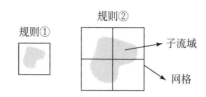

图 7-2 网格降雨计算子流域面雨量示意图

7.2 雷达测雨驱动下的洪水预报

鉴于修正强降水识别的雷达反演降雨效果优于常规雷达反演降雨和强降水识别雷达反演降雨,本书采用经过修正强降水识别的雷达反演降雨资料,作为梅溪流域分布式水文模型的输入,进行洪水预报。

由表 7-1 和图 7-3 可知,降雨场次 Ⅰ 洪峰相对误差为 -35.7% ,峰现时间误差为 -0.3h,确定性系数为 0.68,径流深相对误差为 -32.4% 。降雨场次 Ⅱ 洪峰相对误差为 -13.7% ,峰现时间误差为 -1.0h,确定性系数为 0.90,径流深相对误差为 1.1% 。降雨场次 Ⅲ 洪峰相对误差为 6.9% ,峰现时间误差为 -3.2h,确定性系数为 0.57,径流深相对误差为 -18.0% 。结果表明,基于修正强降水识别的雷达反演降雨资料的三场不同类型降水的洪水模拟效果较为可靠。

表 7-1 耦合雷达 QPE 的洪水预报效果

降雨场次	R_f/%	Δt/h	NSE	R_r/%
Ⅰ	-35.7	-0.3	0.68	-32.4
Ⅱ	-13.7	-1.0	0.90	1.1
Ⅲ	6.9	-3.2	0.57	-18.0

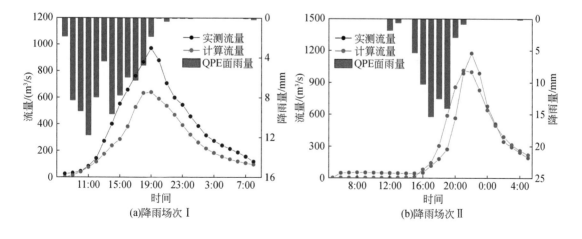

(a)降雨场次 Ⅰ　　　　(b)降雨场次 Ⅱ

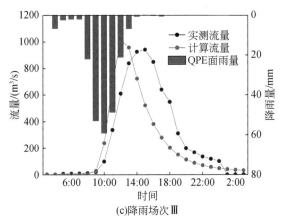

(c)降雨场次Ⅲ

图 7-3 基于雷达 QPE 的洪水预报过程

7.3 雷达临近预报驱动下的洪水预报

将不同预见期（1h、2h、3h）的雷达降雨临近预报数据，作为梅溪流域分布式水文模型的输入，进行洪水预报。

7.3.1 台风"苏拉"引发洪水的预报结果

如表 7-2 和图 7-4，对于降雨场次Ⅰ，耦合 1h 预见期雷达 QPF 计算的洪峰相对误差为 −22.1%，峰现时间误差为 −0.3h，确定性系数为 0.86，径流深相对误差为 −9.8%；耦合 2h 预见期雷达 QPF 计算的洪峰相对误差为 −42.6%，峰现时间误差为 0.7h，确定性系数为 0.62，径流深相对误差为 −24.4%；耦合 3h 预见期雷达 QPF 计算的洪峰相对误差为 −54.0%，峰现时间误差为 1.7h，确定性系数为 0.34，径流深相对误差为 −35.2%。从预报效果看，对于降雨时空分布较为均匀的降雨场次Ⅰ，耦合 1h 预见期雷达 QPF 的洪水预报结果较为可靠，延长预见期导致洪水预报精度显著下降。

表 7-2 台风"苏拉"耦合雷达 QPF 的洪水预报效果

降雨场次	预见期/h	R_f/%	Δt/h	NSE	R_r/%
	1	−22.1	−0.3	0.86	−9.8
Ⅰ	2	−42.6	0.7	0.62	−24.4
	3	−54.0	1.7	0.34	−35.2

7.3.2 台风"海贝斯"引发洪水的预报结果

如表 7-3 和图 7-5，对于降雨场次Ⅱ，耦合 1h 预见期雷达 QPF 计算的洪峰相对误差为

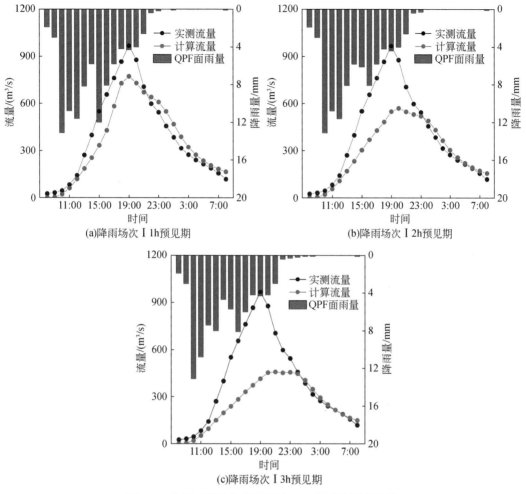

图 7-4 台风"苏拉"基于雷达 QPF 的洪水预报过程

-82.6%,峰现时间误差为-1.0h,确定性系数为-0.13,径流深相对误差为-79.9%;耦合
2h 预见期雷达 QPF 计算的洪峰流量相对误差为-89.9%,峰现时间误差为 1.0h,确定性系数
为-0.36,径流深相对误差为-88.9%。耦合 3h 预见期雷达 QPF 计算的洪峰流量相对误差为
-93.7%,峰现时间误差为 2.0h,确定性系数为-0.52,径流深相对误差为-93.5%。从预报
效果看,对于降雨时空分布极不均匀的降雨场次Ⅱ,耦合不同预见期雷达 QPF 的洪水预报结
果均较差,说明天气雷达对于此类降雨的预报结果还难以满足中小流域洪水预报的需要。

表 7-3 台风"海贝斯"耦合雷达 QPF 的洪水预报效果

降雨场次	预见期/h	R_f/%	Δt/h	NSE	R_r/%
	1	-82.6	1.0	-0.13	-79.9
Ⅱ	2	-89.9	1.0	-0.36	-88.9
	3	-93.7	2.0	-0.52	-93.5

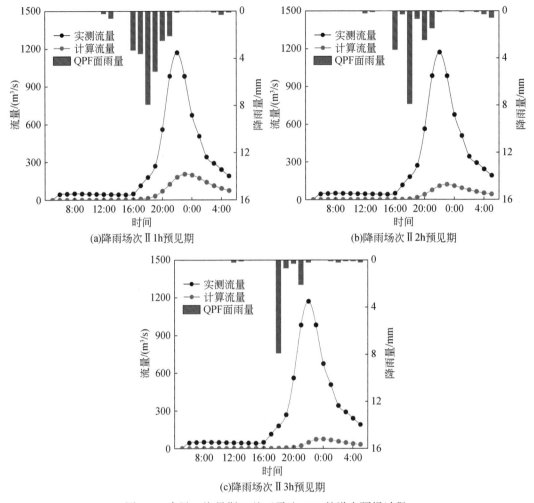

图 7-5 台风"海贝斯"基于雷达 QPF 的洪水预报过程

7.3.3 台风"尼伯特"引发洪水的预报结果

如表 7-4 和图 7-6 对于降雨场次Ⅲ，耦合 1h 预见期雷达 QPF 计算的洪峰相对误差为 2.3%，峰现时间误差为-2.2h，确定性系数为 0.69，径流深相对误差为-28.0%；耦合 2h 预见期雷达 QPF 计算的洪峰相对误差为-50.1%，峰现时间误差为-2.2h，确定性系数为 0.35，径流深相对误差为-58.9%；耦合 3h 预见期雷达 QPF 计算的洪峰相对误差为-83.7%，峰现时间误差为-2.2h，确定性系数为-0.37，径流深相对误差为-84.7%。从预报效果看，对于极端强降雨的降雨场次Ⅲ，耦合 1h 预见期雷达 QPF 的洪水预报结果基本满足洪水预报需要，但峰现时间误差较大，而延长预见期导致洪水预报结果显著下降。考虑到单场极端降雨在预报中的不确定性，总体而言，以中小流域洪水预报为目标的降雨临近预报仍有很大提升空间。

表 7-4 台风"尼伯特"耦合雷达 QPF 的洪水预报效果

降雨场次	预见期/h	R_f/%	Δt/h	NSE	R_t/%
Ⅲ	1	2.3	−2.2	0.69	−28.0
	2	−50.1	−2.2	0.35	−58.9
	3	−83.7	−2.2	−0.37	−84.7

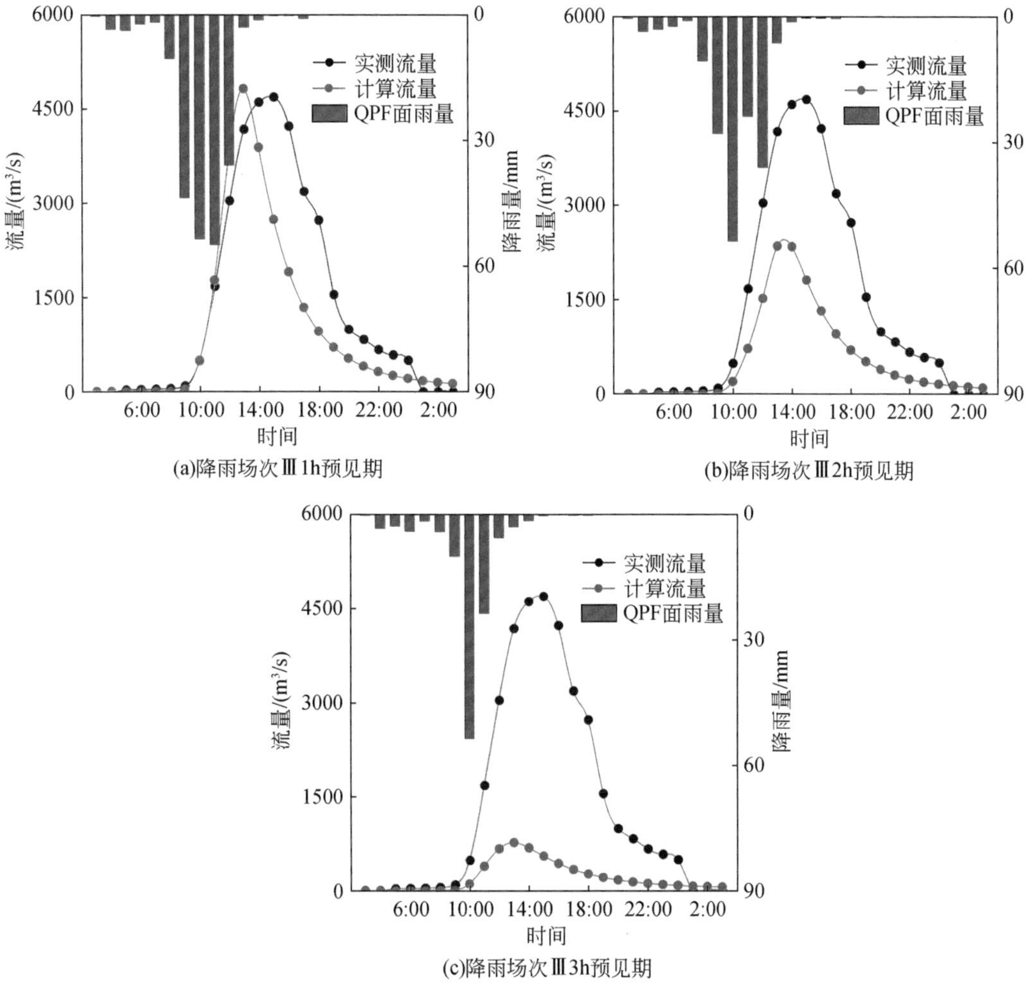

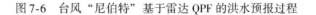

图 7-6 台风"尼伯特"基于雷达 QPF 的洪水预报过程

7.4 数值降雨预报驱动下的洪水预报

上述集合–三维变分混合同化较三维变分混合同化对数值降雨预报的提升效果并不显著,为了系统性对比不同同化方案对气象水文耦合洪水预报结果的影响,本书仅选用基于三维变分同化设置的 9 种不同同化试验方案下的预报降雨,驱动梅溪流域分布式水文模型进行洪水预报。降雨场次Ⅰ~Ⅲ的洪水预报的评估结果分别见表7-5~表7-7，洪水预报结果分别见图7-7~图7-9。

7.4.1 台风"苏拉"引发洪水的预报结果

由表7-5和图7-7可知，利用逐小时同化雷达径向速度（方案8）获得的预报降雨驱动水文模型，可获得降雨场次Ⅰ最佳的洪水预报结果。相比未开展数据同化（No DA）获得的洪水预报结果，综合各指标情况，仅方案8优于No DA，且洪水预报结果的优劣与降雨预报结果的优劣基本保持一致，但洪峰流量和峰现时间两个关键指标存在不确定性。例如，基于降雨评价指标的评估结果，方案1比方案2更优，方案8比方案7更优，但方案1的洪峰相对误差比方案2更大、峰现时间误差更小，方案8的洪峰相对误差较方案7更大、峰现时间误差更小。

表7-5 不同试验方案下降雨场次Ⅰ的洪水预报评估指标计算表

评估 指标	试验方案								
	No DA	方案1	方案2	方案3	方案4	方案5	方案6	方案7	方案8	方案9
R_f/%	−42.1	−70.5	−61.2	−81.9	−81.6	−48.0	−82.0	−25.2	−30.6	−54.9
Δt/h	2.2	1.3	6.1	−8.2	−6.9	2.1	−8.1	−5.2	1.9	8.0
NSE	0.74	0.22	0.09	−0.45	−0.29	0.57	−0.43	0.06	0.81	−0.07
R_r/%	1.9	−49.8	−39.3	−74.1	−69.4	−37.2	−73.5	−33.4	−5.3	−36.4

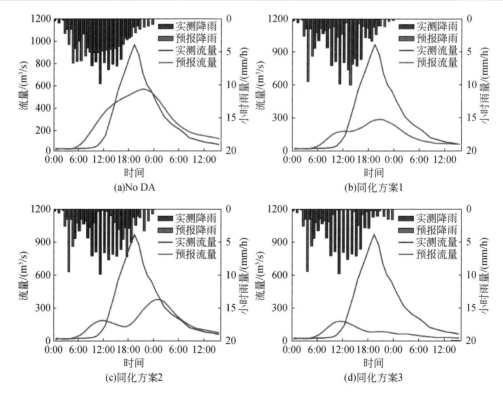

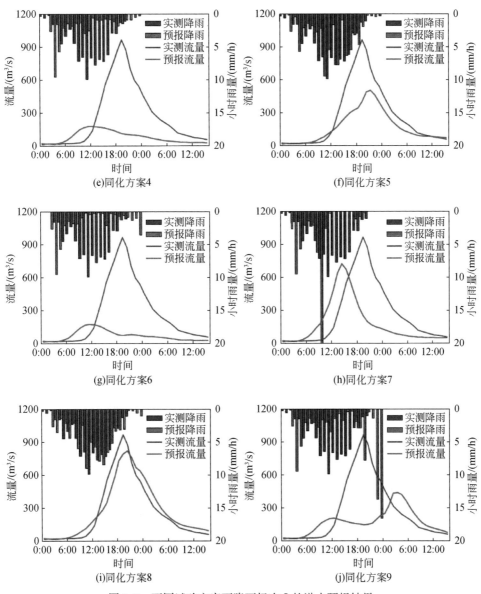

图 7-7　不同试验方案下降雨场次 I 的洪水预报结果

7.4.2 台风"海贝斯"引发洪水的预报结果

由表 7-6 和图 7-8 可知，经过数据同化，各方案均可获得比降雨场次 II 更优的洪水预报结果，这是由于数据同化改善了降雨场次 II 的降雨预报结果，且洪水预报结果的优劣与降雨预报结果的优劣基本保持一致，缩短同化时间间隔，有助于洪水预报效果的提升。但从降雨预报结果看，方案 2 的 RE 更高、CSI 更低、RMSE 更高，但其洪水预报结果却更好。这是由于降雨场次 II 属于降雨时空分布极不均匀的降雨，预报降雨的时空分布虽然与实测降雨有较大差异：①实测降雨主要发生在流域上游中部和流域下游中部，预报降雨主要发生在流域中游西部山区；②实测降雨与预报降雨的时间分布较为一致，但预报降雨的峰值远超过实测降雨，这使得方案2利用发生在流域中游西部山区更高的累积降水量和降雨峰值，获得了与实际发生在流域上游中部和流域下游中部较低的累积降水量和降雨峰值几乎相同的洪水过程。基于降雨评价指标，方案5比方案4和方案6的降雨预报结果更理想，但其洪水预报结果却较差，这与降雨场次Ⅱ降雨时空分布极不均匀相关，尽管方案5更接近实际降雨的情况，但还不足以刻画洪水的峰值。对比方案7~9，虽然方案8的洪峰相对误差较方案7大，但其他指标均优于方案7，从四个评价指标来看，方案8整体略优于方案9，总体预报效果较好。

表7-6   不同试验方案下降雨场次Ⅱ的洪水预报评估指标计算表

评估指标	试验方案								
	No DA	方案1	方案2	方案3	方案4	方案5	方案6	方案7	方案8	方案9
R_f /%	−67.9	−37.0	1.2	−21.9	−16.7	−55.9	12.6	−5.4	−12.7	−22.0
Δt /h	0.0	−1.0	0.0	2.1	−2.1	−2.0	−3.0	−2.0	1.0	1.0
NSE	0.49	0.79	0.89	0.65	0.61	0.52	−0.52	0.50	0.87	0.88
R_r /%	−40.3	−0.7	22.2	2.9	21.6	0.3	52.1	30.2	6.2	1.5

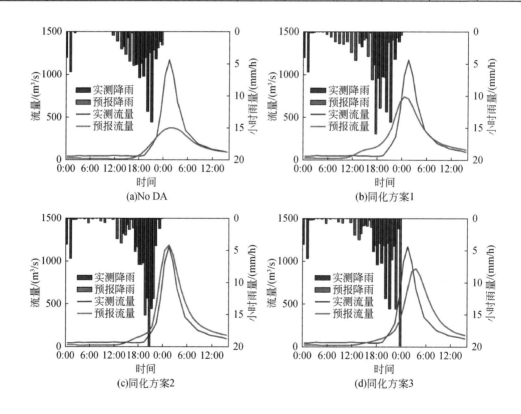

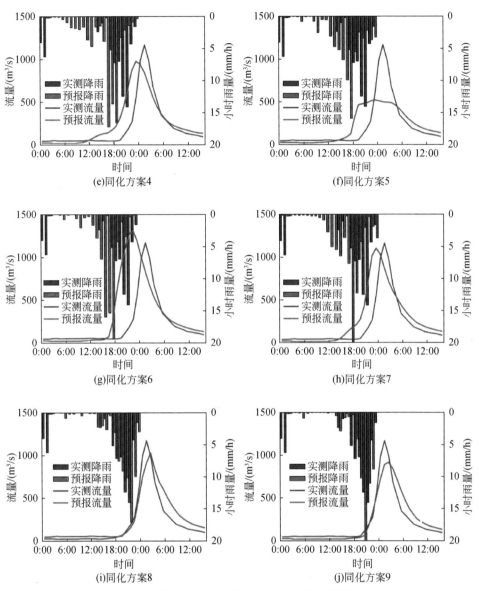

图 7-8 不同试验方案下降雨场次 II 的洪水预报结果

7.4.3 台风"尼伯特"引发洪水的预报结果

由表 7-7 和图 7-9 可知,经过数据同化,方案 1~4 的洪水预报结果与 No DA 相似,效果都不理想,这是由于这 4 种同化方案下的降雨预报并未得到有效改善。方案 5~9 的洪水预报结果均优于 No DA,且随着同化时间间隔缩短,因降雨预报结果得到改善,洪水预报效果也得到提升。其中,方案 8 的预报效果最佳,基本反映了洪水过程的变化特征,洪峰相对误差为-18.3%，峰现时间提前1.0h，确定性系数达到0.93，径流深相对误差仅-5.9%。

表7-7 不同试验方案下降雨场次Ⅲ的洪水预报评估指标计算表

评估指标	试验方案								
	No DA	方案1	方案2	方案3	方案4	方案5	方案6	方案7	方案8	方案9
R_f/%	-94.2	-96.0	-95.6	-96.9	-96.3	-91.8	-73.7	-69.7	-18.3	-59.0
Δt/h	3.1	6.0	5.1	4.9	4.1	-2.1	7.3	3.0	-1.0	-1.9
NSE	-0.32	-0.33	-0.32	-0.35	-0.33	-0.20	-0.28	-0.02	0.93	0.49
R_r/%	-92.2	-92.7	-91.7	-94.2	-92.7	-88.1	-70.9	-71.4	-5.9	-50.8

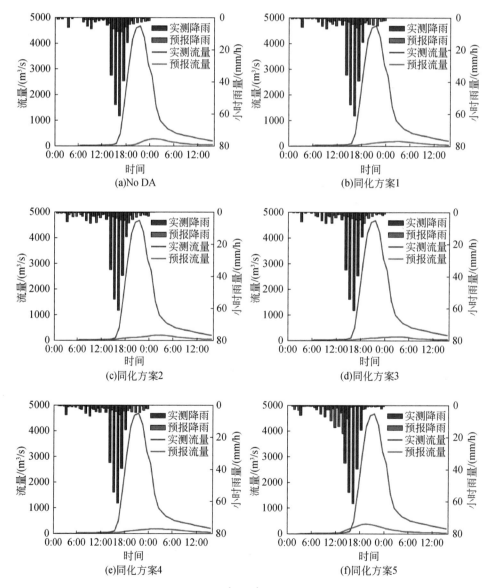

(a)No DA

(b)同化方案1

(c)同化方案2

(d)同化方案3

(e)同化方案4

(f)同化方案5

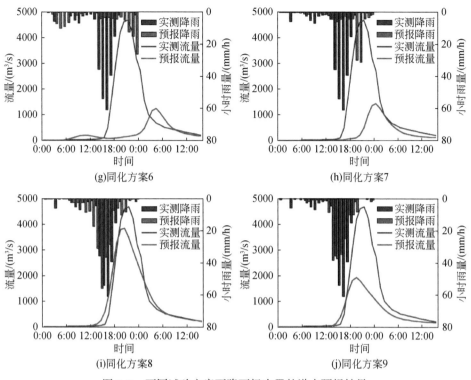

图7-9 不同试验方案下降雨场次 Ⅲ 的洪水预报结果

综上所述，经过雷达数据同化，洪水预报效果能够得到提升，且缩短了同化时间间隔，对洪水预报结果的改善更有帮助，同化雷达径向速度能够取得比同化其他雷达数据更好的预报结果。相比不开展数据同化，采用逐小时同化一次雷达径向速度的方案，可使三场洪水的洪峰相对误差减小 47.6%，峰现时间误差减小 0.5h，确定性系数提高 0.56，径流深相对误差减小 39.0%，这主要是降雨预报精度的提升，为水文模型提供了更可靠的输入，从而提高了洪水预报能力。但从三场降雨洪水过程的预报结果看，对于时空分布不均匀的降雨而言，与实测降雨差异较大的预报降雨，有时也能产生较好的洪水预报效果。

7.5 不同气象水文耦合模式下的对比分析

7.5.1 台风"苏拉"不同耦合模式洪水预报结果对比

由表7-8可知，对于降雨场次 Ⅰ，不同气象水文耦合模式下的洪水预报结果表明：基于1h预见期临近预报资料的洪水预报洪峰相对误差最小，为−22.1%；基于融合降雨和1h预见期临近预报资料的洪水预报峰现时间误差最小，均为−0.3h；基于1h预见期临近预报资料的洪水预报确定性系数最大，其次为利用逐小时同化雷达径向速度（方案8）获得的预报降雨资料的洪水预报；基于未开展数据同化（No DA）资料的洪水预报径流深相对误差最小，为1.9%。

表7-8　降雨场次 I 洪水预报对比分析

类别	预见期/h	方案	R_f/%	Δt/h	NSE	R_r/%
QPE	—	—	−35.7	−0.3	0.68	−32.4
QPF	1	—	−22.1	−0.3	0.86	−9.8
	2	—	−42.6	0.7	0.62	−24.4
	3	—	−54.0	1.7	0.34	−35.2
WRF	—	No DA	−42.1	2.2	0.74	1.9
	—	方案8	−30.6	1.9	0.81	−5.3

总的来说，降雨场次 I 的降雨时空分布较为均匀，不同来源的降雨数据驱动下的洪水预报，都取得了相对可靠的预报效果。其中，基于1h预见期临近预报资料的洪水预报的总体效果最为理想，其次为基于逐小时同化雷达径向速度（方案8）获得预报降雨驱动下的洪水预报。因此，对于此类降雨，在预见期较短时，推荐使用雷达临近预报的数据，作为中小流域洪水预报的依据。

7.5.2　台风"海贝斯"不同耦合模式洪水预报结果对比

由表7-9可知，对于降雨场次 II，不同气象水文耦合模式下的洪水预报结果表明：基于逐小时同化雷达径向速度（方案8）的洪水预报洪峰相对误差最小，为−12.7%；基于未开展数据同化（No DA）资料的洪水预报峰现时间误差最小，均为0.0h；基于修正强降水识别的雷达反演降雨资料的洪水预报确定性系数最大，其次为利用逐小时同化雷达径向速度（方案8）获得的预报降雨资料的洪水预报；基于修正强降水识别的雷达反演降雨资料的洪水预报径流深相对误差最小，为1.1%。

表7-9　降雨场次 II 洪水预报对比分析

类别	预见期/h	方案	R_f/%	Δt/h	NSE	R_r/%
QPE	—	—	−13.7	−1.0	0.90	1.1
QPF	1	—	−82.6	1.0	−0.13	−79.9
	2	—	−89.9	1.0	−0.36	−88.9
	3	—	−93.7	2.0	−0.52	−93.5
WRF	—	No DA	−67.9	0.0	0.49	−40.3
	—	方案8	−12.7	1.0	0.87	6.2

总的来说，降雨场次 II 为流域局部短历时降雨，降雨主要分布在东北部和西南部，其余地方降雨较少。依据四项评价指标可知，雷达测雨驱动下的洪水预报效果最好。对于不同预报降雨驱动下的洪水预报结果而言，数值降雨预报驱动下的洪水预报取得了更好的效果，而雷达临近预报驱动下的洪水预报效果并不理想。这表明对于此类降雨，雷达临近预报方法由于缺乏物理概念，仅通过临近资料外推的预报效果受限于临近资料的长短和完整

性，短历时降雨可供外推参考的临近资料差异大，导致更强的预报不确定性；而数值大气模式具有较为完整的物理概念，在经过雷达径向风的校正后，反而预报效果更好。因此，对于此类降雨，更推荐使用基于雷达数据同化的数值降雨预报数据，作为中小流域洪水预报的依据。

7.5.3 台风"尼伯特"不同耦合模式洪水预报结果对比

由表7-10可知，对于降雨场次Ⅲ，不同气象水文耦合模式下的洪水预报结果表明：基于1h预见期临近预报资料的洪水预报洪峰相对误差最小，为2.3%；基于逐小时同化雷达径向速度（方案8）获得的预报降雨资料的洪水预报峰现时间误差最小，为−1.0h；基于逐小时同化雷达径向速度（方案8）获得的预报降雨资料的洪水预报确定性系数最大，其次为基于1h预见期临近预报资料的洪水预报；基于逐小时同化雷达径向速度（方案8）获得的预报降雨资料的洪水预报径流深相对误差最小，为−5.9%。

表 7-10 降雨场次Ⅲ洪水预报对比分析

类别	预见期/h	方案	R_f/%	Δt/h	NSE	R_r/%
QPE	—	—	6.9	−3.2	0.57	−18.0
QPF	1	—	2.3	−2.2	0.69	−28.0
	2	—	−50.1	−2.2	0.35	−58.9
	3	—	−83.7	−2.2	−0.37	−84.7
WRF	—	No DA	−94.2	3.1	−0.32	−92.2
	—	方案8	−18.3	−1.0	0.93	−5.9

总的来说，降雨场次Ⅲ为历时相对较长的典型极端强降雨，是防洪减灾中最为关心的。依据四项评价指标可知，雷达QPE驱动下的洪水预报效果较为可靠，而对于不同类型预报降雨而言，基于逐小时同化雷达径向速度（方案8）获得的预报降雨资料的洪水预报和基于1h预见期降雨临近预报资料的洪水预报效果均较为可靠，但从洪峰相对误差这一指标看，1h预见期降雨临近预报作为中小流域洪水预报的依据更为合理，而雷达数据同化支持下的数值降雨预报也可以作为中小流域洪水预报的重要参考。

7.6 降雨时空分布对洪水过程影响的讨论

从上述三场降雨洪水过程的预报结果看，对于时空分布不均匀的降雨而言，与实测降雨差异较大的预报降雨，有时也能产生较好的洪水预报效果。因此，降雨的时空分布特征对洪水预报结果的影响较大，有必要开展降雨时空分布对洪水过程的影响研究。

7.6.1 降雨情境设定

实际的降雨过程不确定性很大，为了尽可能考虑并突出不同类型降雨的特点，降雨情境的设置更为理想化。降雨空间分布的情境设为①只发生在流域上游；②只发生在流域中游；③只发生在流域下游；④流域内均匀分布。前3种情境体现了降雨落区的特殊性，情境4作为参照情境。降雨空间分布的研究仍然借助于WRF模式划分4km×4km网格。覆盖梅溪流域且网格面积在梅溪流域内的部分占比超过50%的网格数共计60个，因此流域上游、中游、下游各分配19、20、21个网格，如图7-10所示。

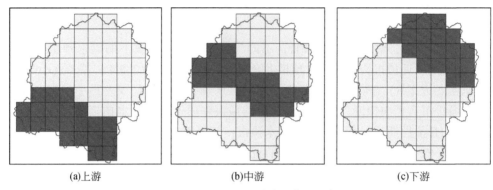

(a)上游　　　　　　　　　(b)中游　　　　　　　　　(c)下游

图7-10　上、中、下游降雨落区示意图

由于福建（包括梅溪流域）的强降雨多为单峰型，且降雨历时不同，因此降雨时程分配的情境设为①单峰型降雨3h；②单峰型降雨6h；③单峰型降雨12h；④均匀降雨24h。前3种情境体现了降雨过程的密集程度，情境4作为参照情境。具体降雨情境设定如表7-11所示。假设最大1h降水量为X，则与之相邻的两个小时的降水量为$2/3X$，与这两个小时相邻的另外两个小时的降水量为$(2/3)^2X$，以此类推，进行降雨时程分配的情境设计，如图7-11所示。计算时，前3种情境的最大雨强出现时间保持一致。

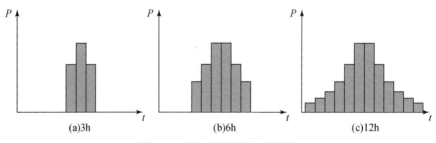

(a)3h　　　　　　　　　(b)6h　　　　　　　　　(c)12h

图7-11　降雨时程分配示意图

降雨总量的设定与上述三场典型降雨的累积降水量一致，分别为84mm、66mm和242mm，此外再增加120mm、160mm、20mm和40mm四种情况，用于分析雨量大小对洪水过程的影响。每一种累积降水量都分别计算表7-11中的16种情境。需说明的是，16个情境中，降雨的时程分配在每一个网格都相同。

表7-11　降雨情境设计

情境序号	空间分布	时间分布
1	只发生在流域上游	单峰型降雨3h

情境序号	空间分布	时间分布
2	只发生在流域上游	单峰型降雨 6h
3	只发生在流域上游	单峰型降雨 12h
4	只发生在流域上游	均匀降雨 24h
5	只发生在流域中游	单峰型降雨 3h
6	只发生在流域中游	单峰型降雨 6h
7	只发生在流域中游	单峰型降雨 12h
8	只发生在流域中游	均匀降雨 24h
9	只发生在流域下游	单峰型降雨 3h
10	只发生在流域下游	单峰型降雨 6h
11	只发生在流域下游	单峰型降雨 12h
12	只发生在流域下游	均匀降雨 24h
13	流域内均匀分布	单峰型降雨 3h
14	流域内均匀分布	单峰型降雨 6h
15	流域内均匀分布	单峰型降雨 12h
16	流域内均匀分布	均匀降雨 24h

7.6.2 降雨时空分布特性指标

降雨空间特征采用 λ 表征，定量描述降雨落区到流域出口的距离指数：

$$\lambda = \frac{\frac{1}{P}\sum_i p_i l_i}{\frac{1}{N}\sum_i l_i} \tag{7.1}$$

式中，p_i 为第 i 个网格的累积降水量；P 为流域累积面雨量，即所有网格累积降水量之和；l_i 为第 i 个网格中心点到流域出口的汇流路径长度；N 为网格数，即式（7.1）的分母表示流域的平均汇流路径长度，分子表示降雨落区到流域出口的距离。$\lambda<1$，则降雨更靠近流域出口，$\lambda>1$，则降雨远离流域出口。

降雨时程分配特征采用变差系数 C_v 表征，定量描述降雨过程中逐小时降水量间的变化幅度，在一定累积降水量条件下的单峰型降雨中，也可反映降雨的集中程度：

$$C_v = \sqrt{\frac{\sum_{i=1}^{n}(K_i-1)^2}{n}} \tag{7.2}$$

式中，$K_i=x_i/\bar{x}$；x_i 为流域第 i 个小时的面雨量；$\bar{x}$ 为 i 个小时面雨量的平均值；n 为降雨小时数，本书中 n 取 24。

7.6.3　不同情境的洪水模拟结果

利用梅溪流域分布式水文模型计算不同情境下的洪水过程及其指标，具体结果见表 7-12、表 7-15、表 7-18、表 7-21、表 7-24，以及图 7-12～图 7-16。其中，流域 24h 累积面平均雨量为 84mm、120mm、160mm 的各情境计算时，流域初始状态与降雨场次 I 一致；流域 24h 累积面平均雨量为 66mm 的各情境计算时，流域初始状态与降雨场次 II 一致；流域 24h 累积面平均雨量为 242mm 的各情境计算时，流域初始状态与降雨场次 III 一致。雨强最大值出现时间与洪峰的峰现时间差记为 ΔT。为了识别降雨空间分布、降雨时程分配对洪水过程的影响，计算降雨不同时间分布情境下各洪水过程指标的均值，得到表 7-13、表 7-16、表 7-19、表 7-22、表 7-25；计算降雨不同空间分布情境下各洪水过程指标的均值，得到表 7-14、表 7-17、表 7-20、表 7-23、表 7-26。

7.6.3.1　242mm 雨量下的洪水模拟

由表 7-12～表 7-14 及图 7-12 可知，当流域 24h 累积面平均雨量为 242mm 时，降雨空间分布（上、中、下游）对洪峰流量的影响比降雨时程分配（3h、6h、12h）小，不同时程分配（3h、6h、12h、24h）下，降雨发生在上、中、下游的洪峰流量之间的最大相对偏差分别为 6.4%、6.6%、5.0%、8.0%，且洪峰流量呈现出下游>中游>上游的特点；降雨空间分布对峰现时间的影响比降雨时程分配大，呈现出降雨越靠近上游，峰现时间越滞后的特征，降雨发生在上游与中游的峰现时间平均相差 0.25h，中游与下游相差 1h。

降雨的时程分配对洪峰流量的影响更大，3h、6h、12h 降雨引起的洪峰流量之间平均相差约 1500m³/s，不同降雨空间分布（上游、中游、下游、均匀）下，3h、6h、12h 降雨引起的洪峰流量之间的最大相对偏差分别为 32.7%、33.6%、33.7%、32.5%，且呈现出降雨越集中，洪峰流量越大的特征，24h 降雨的洪峰流量偏差则相差更大；降雨时程分配对峰现时间影响较小，但时程分配绝对均匀的降雨与其他类型降雨有很大差别。

表 7-12　不同降雨情境下的洪水过程评估（242mm）

情境序号	λ	C_v	洪峰流量 /(m³/s)	峰现时间 （年/月/日 时：分）	ΔT/h	径流深/mm
1	1.379	2.707	9 872.9	2016/7/9 14：00	3	192.14
2	1.379	1.850	8 190.0	2016/7/9 14：00	3	191.68
3	1.379	1.365	6 646.8	2016/7/9 14：00	3	190.38
4	1.379	0.000	2 377.3	2016/7/10 00：00	13	185.25
5	0.985	2.707	10 364.8	2016/7/9 14：00	3	202.22
6	0.985	1.850	8 643.7	2016/7/9 14：00	3	201.54
7	0.985	1.365	6 882.0	2016/7/9 14：00	3	188.08
8	0.985	0.000	2 535.4	2016/7/9 23：00	12	194.60
9	0.617	2.707	10 549.1	2016/7/9 13：00	2	207.75

续表

情境序号	λ	C_v	洪峰流量/(m³/s)	峰现时间(年/月/日 时：分)	$\Delta T/h$	径流深/mm
10	0.617	1.850	8 763.6	2016/7/9 13：00	2	207.26
11	0.617	1.365	6 999.4	2016/7/9 13：00	2	174.47
12	0.617	0.000	2 583.7	2016/7/9 22：00	11	201.54
13	1.000	2.707	6 590.1	2016/7/9 14：00	3	152.94
14	1.000	1.850	5 346.4	2016/7/9 15：00	4	151.64
15	1.000	1.365	4 448.0	2016/7/9 15：00	4	148.68
16	1.000	0.000	2 266.3	2016/7/9 22：00	11	139.66

表7-13　降雨不同时间分布情境均值下不同空间分布对洪水过程的影响（242mm）

λ	洪峰流量均值/(m³/s)	ΔT均值/h	径流深均值/mm
1.379	6771.8	5.50	189.86
0.985	7106.5	5.25	196.61
0.617	7224.0	4.25	197.76
1.000	4662.7	5.50	148.23

表7-14　降雨不同空间分布情境均值下不同时间分布对洪水过程的影响（242mm）

C_v	洪峰流量均值/(m³/s)	ΔT均值/h	径流深均值/mm
2.707	9344.2	2.75	188.76
1.850	7735.9	3.00	188.03
1.365	6244.1	3.00	175.40
0.000	2440.7	11.75	180.26

7.6.3.2　160mm雨量下的洪水模拟

由表7-15～表7-17及图7-13可知，当流域24h累积面平均雨量为160mm时，降雨空间分布（上、中、下游）对洪峰流量的影响比降雨时程分配（3h、6h、12h）小，不同时程分配（3h、6h、12h、24h）下，降雨发生在上、中、下游的洪峰流量之间的最大相对偏差分别为7.6%、7.3%、5.5%、7.6%，但洪峰流量呈现出中游>下游>上游的特点，而中游与下游之间的洪峰流量相差较小；降雨空间分布对峰现时间的影响比降雨时程分配大，呈现出降雨越靠近上游，峰现时间越滞后的特征，其中降雨发生在上游与中游的峰现时间平均相差0.25h，中游与下游相差1h。

降雨的时程分配对洪峰流量的影响更大，3h、6h、12h降雨引起的洪峰流量之间平均相差1079m³/s，不同降雨空间分布（上游、中游、下游、均匀）下，3h、6h、12h降雨引起的洪峰流量之间的最大相对偏差分别为33.6%、35.1%、32.8%、27.9%，且呈现出降雨越集中，洪峰流量越大的特征，24h降雨的洪峰流量偏差则相差更大；降雨时程分配对峰现时间影响较小，但时程分配绝对均匀的降雨与其他类型降雨有很大差别。

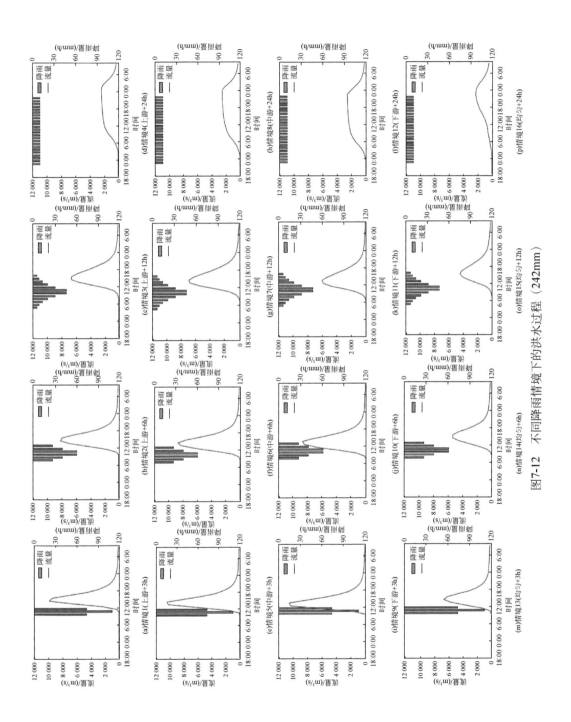

图7-12 不同降雨情境下的洪水过程（242mm）

表 7-15　不同降雨情境下的洪水过程评估（160mm）

情境序号	λ	C_v	洪峰流量/（m³/s）	峰现时间（年/月/日 时：分）	ΔT/h	径流深/mm
1	1.379	2.707	6921.4	2012/08/03 15：00	3	137.05
2	1.379	1.850	5578.3	2012/08/03 15：00	3	136.84
3	1.379	1.365	4594.5	2012/08/03 15：00	3	136.22
4	1.379	0.000	1590.2	2012/08/04 02：00	14	133.62
5	0.985	2.707	7489.1	2012/08/03 15：00	3	145.63
6	0.985	1.850	6020.1	2012/08/03 15：00	3	145.42
7	0.985	1.365	4861.1	2012/08/03 15：00	3	144.60
8	0.985	0.000	1702.3	2012/08/04 01：00	13	141.74
9	0.617	2.707	7158.4	2012/08/03 14：00	2	146.26
10	0.617	1.850	5940.6	2012/08/03 14：00	2	146.08
11	0.617	1.365	4813.6	2012/08/03 14：00	2	145.46
12	0.617	0.000	1720.6	2012/08/04 00：00	12	143.16
13	1.000	2.707	4784.6	2012/08/03 15：00	3	121.87
14	1.000	1.850	4244.0	2012/08/03 15：00	3	121.33
15	1.000	1.365	3452.3	2012/08/03 16：00	4	119.44
16	1.000	0.000	1568.2	2012/08/04 00：00	12	115.36

表 7-16　降雨不同时间分布情境均值下不同空间分布对洪水过程的影响（160mm）

λ	洪峰流量均值/（m³/s）	ΔT均值/h	径流深均值/mm
1.379	4671.10	5.75	135.93
0.985	5018.15	5.50	144.35
0.617	4908.30	4.50	145.24
1.000	3512.30	5.50	119.50

表 7-17　降雨不同空间分布情境均值下不同时间分布对洪水过程的影响（160mm）

C_v	洪峰流量均值/（m³/s）	ΔT均值/h	径流深均值/mm
2.707	6588.4	2.75	137.70
1.850	5445.8	2.75	137.42
1.365	4430.4	3.00	136.43
0.000	1645.3	12.75	133.47

7.6.3.3　120mm 雨量下的洪水模拟

由表 7-18～表 7-20 及图 7-14 可知，当流域 24h 累积面平均雨量为 120mm 时，降雨空间分布（上、中、下游）对洪峰流量的影响比降雨时程分配（3h、6h、12h）小，不同时程分配（3h、6h、12h、24h）下，降雨发生在上、中、下游的洪峰流量之间的最大相对偏差分别为 10.0%、3.7%、3.6%、7.8%，总体上洪峰流量呈现出中游>下游>上游的特点，而中游与下游之间的洪峰流量相差较小，部分降雨发生在下游引起的洪峰流量也高于中游；降雨空间分布对峰现时间的影响比降雨时程分配大，呈现出降雨越靠近上游，峰现

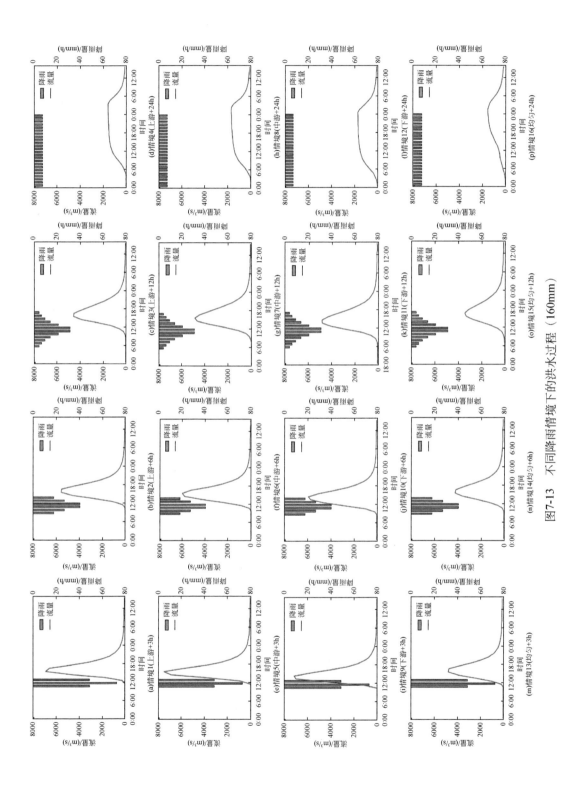

图7-13 不同降雨情境下的洪水过程（160mm）

时间越滞后的特征，降雨发生在上游与中游、中游与下游的峰现时间平均都相差1h，比242mm 和 160mm 降雨在上、中、下游的峰现时间差值略大。

降雨的时程分配对洪峰流量的影响较大，3h、6h、12h 降雨引起的洪峰流量平均相差772m³/s，不同降雨空间分布（上游、中游、下游、均匀）下，3h、6h、12h 降雨引起的洪峰流量之间的最大相对偏差分别为32.0%、36.5%、32.6%、31.9%，且呈现出降雨越集中，洪峰流量越大的特征，24h 降雨的洪峰流量偏差则相差更大；降雨时程分配对峰现时间影响较小，但时程分配绝对均匀的降雨与其他类型降雨有很大差别。

表 7-18　不同降雨情境下的洪水过程评估（120mm）

情境序号	λ	C_v	洪峰流量/(m³/s)	峰现时间（年/月/日 时：分）	ΔT/h	径流深/mm
1	1.379	2.707	4898.9	2012/08/03 16：00	4	100.14
2	1.379	1.850	4128.8	2012/08/03 16：00	4	99.87
3	1.379	1.365	3333.1	2012/08/03 16：00	4	98.86
4	1.379	0.000	1173.1	2012/08/04 02：00	14	96.44
5	0.985	2.707	5443.4	2012/08/03 15：00	3	105.76
6	0.985	1.850	4285.6	2012/08/03 15：00	3	105.38
7	0.985	1.365	3458.8	2012/08/03 15：00	3	104.42
8	0.985	0.000	1247.9	2012/08/04 01：00	13	101.73
9	0.617	2.707	5059.5	2012/08/03 14：00	2	106.49
10	0.617	1.850	4286.6	2012/08/03 14：00	2	106.23
11	0.617	1.365	3412.4	2012/08/03 14：00	2	105.31
12	0.617	0.000	1271.8	2012/08/04 00：00	12	103.12
13	1.000	2.707	3070.6	2012/08/03 16：00	4	82.59
14	1.000	1.850	2621.4	2012/08/03 16：00	4	81.71
15	1.000	1.365	2092.0	2012/08/03 17：00	5	80.37
16	1.000	0.000	1068.2	2012/08/04 01：00	13	75.84

表 7-19　降雨不同时间分布情境均值下不同空间分布对洪水过程的影响（120mm）

λ	洪峰流量均值/(m³/s)	ΔT 均值/h	径流深均值/mm
1.379	3383.5	6.5	98.83
0.985	3608.9	5.5	104.32
0.617	3507.6	4.5	105.29
1.000	2213.1	6.5	80.13

表 7-20　降雨不同空间分布情境均值下不同时间分布对洪水过程的影响（120mm）

C_v	洪峰流量均值/(m³/s)	ΔT 均值/h	径流深均值/mm
2.707	4618.1	3.25	98.75
1.850	3830.6	3.25	98.30
1.365	3074.1	3.50	97.24
0.000	1190.3	13.00	94.28

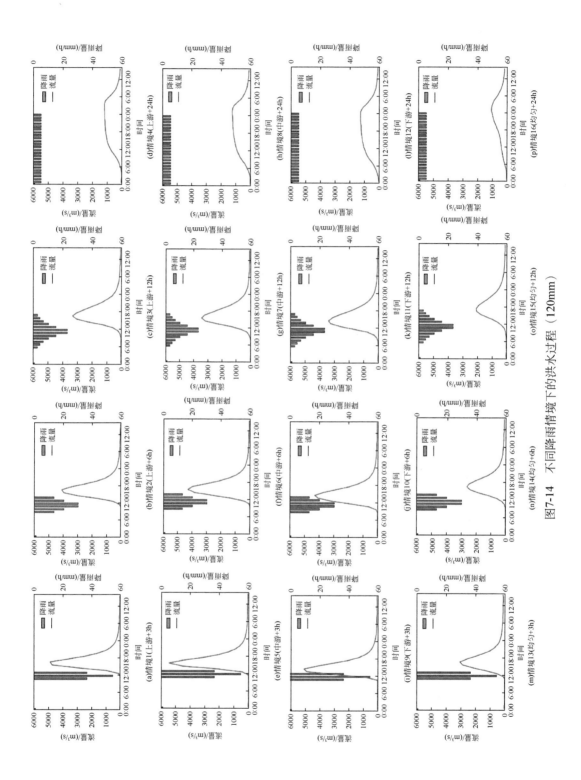

图7-14 不同降雨情境下的洪水过程（120mm）

7.6.3.4　84mm 雨量下的洪水模拟

由表 7-21～表 7-23 及图 7-15 可知，当流域 24h 累积面平均雨量为 84mm 时，降雨空间分布（上、中、下游）对洪峰流量的影响比降雨时程分配（3h、6h、12h）小，不同时程分配（3h、6h、12h、24h）下，降雨发生在上、中、下游的洪峰流量之间的最大相对偏差分别为 6.6%、3.7%、3.3%、7.1%，总体上洪峰流量呈现出中游>下游>上游的特点，但也存在降雨发生在下游引起的洪峰流量高于中游的情况；降雨空间分布对峰现时间的影响比降雨时程分配大，呈现出降雨越靠近上游，峰现时间越滞后，降雨发生在上游与中游、中游与下游的峰现时间平均都相差 1.25h，比 120mm 降雨在上、中、下游的峰现时间差值略大。

降雨的时程分配对洪峰流量的影响较大，3h、6h、12h 降雨引起的洪峰流量平均相差约 510.7m³/s，不同降雨空间分布（上游、中游、下游、均匀）下，3h、6h、12h 降雨引起的洪峰流量之间的最大相对偏差分别为 37.1%、36.5%、32.1%、36.0%，且呈现出降雨越集中，洪峰流量越大的特征，24h 降雨的洪峰流量偏差则相差更大；降雨时程分配对峰现时间影响较小，但时程分配绝对均匀的降雨与其他类型降雨有很大差别。

表 7-21　不同降雨情境下的洪水过程评估（84mm）

情境序号	λ	C_v	洪峰流量/(m³/s)	峰现时间（年/月/日 时：分）	ΔT/h	径流深/mm
1	1.379	2.707	3357.0	2012/08/03 16：00	4	67.07
2	1.379	1.850	2622.9	2012/08/03 17：00	5	66.62
3	1.379	1.365	2111.1	2012/08/03 17：00	5	65.97
4	1.379	0.000	815.5	2012/08/04 02：00	14	64.40
5	0.985	2.707	3437.8	2012/08/03 15：00	3	70.26
6	0.985	1.850	2698.1	2012/08/03 15：00	3	69.97
7	0.985	1.365	2182.4	2012/08/03 15：00	3	69.14
8	0.985	0.000	851.3	2012/08/04 02：00	14	67.19
9	0.617	2.707	3211.5	2012/08/03 14：00	2	70.82
10	0.617	1.850	2722.7	2012/08/03 14：00	2	70.62
11	0.617	1.365	2181.1	2012/08/03 14：00	2	69.97
12	0.617	0.000	878.2	2012/08/04 00：00	12	68.32
13	1.000	2.707	1536.4	2012/08/03 16：00	4	48.13
14	1.000	1.850	1272.1	2012/08/03 17：00	5	47.39
15	1.000	1.365	982.7	2012/08/03 17：00	5	46.19
16	1.000	0.000	517.5	2012/08/04 02：00	14	41.71

表 7-22　降雨不同时间分布情境均值下不同空间分布对洪水过程的影响（84mm）

λ	洪峰流量均值/(m³/s)	ΔT 均值/h	径流深均值/mm
1.379	2226.6	7	66.02
0.985	2292.4	5.75	69.14
0.617	2248.4	4.5	69.93
1.000	1077.2	7	45.86

表 7-23　降雨不同空间分布情境均值下不同时间分布对洪水过程的影响（84mm）

C_v	洪峰流量均值/(m³/s)	ΔT 均值/h	径流深均值/mm
2.707	2885.7	3.25	64.07
1.850	2328.9	3.75	63.65
1.365	1864.3	3.75	62.82
0.000	765.6	13.5	60.41

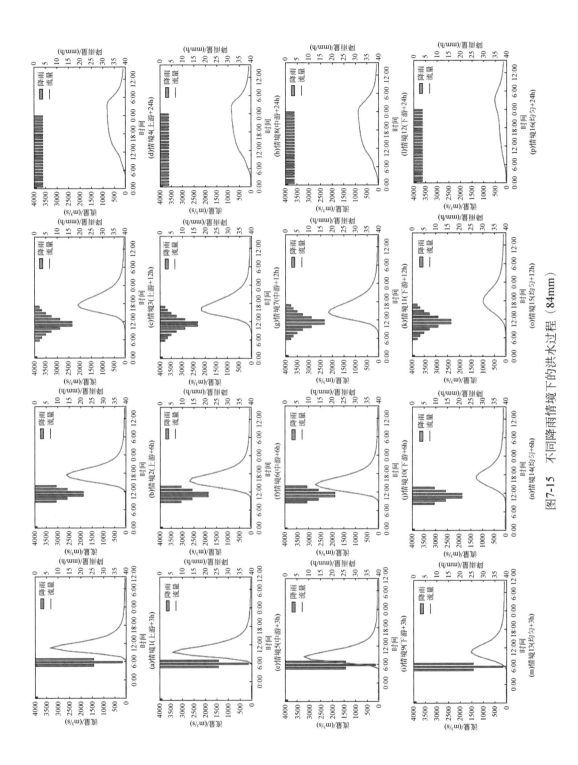

图7-15 不同降雨情境下的洪水过程（84mm）

7.6.3.5 66mm 雨量下的洪水模拟

由表 7-24 ~ 表 7-26 及图 7-16 可知，当流域 24h 累积面平均雨量为 66mm 时，降雨空间分布（上、中、下游）对洪峰流量的影响比降雨时程分配（3h、6h、12h）小，不同时程分配（3h、6h、12h、24h）下，降雨发生在上、中、下游的洪峰流量之间的最大相对偏差分别为 1.48%、1.94%、0.95%、6.54%，总体上洪峰流量呈现出下游>中游>上游的特点；降雨空间分布对峰现时间的影响比降雨时程分配大，呈现出降雨越靠近上游，峰现时间越滞后的特征，降雨发生在上游与中游的峰现时间平均相差 1.25h，中游与下游相差 1.75h，比 84mm 降雨在上、中、下游的峰现时间差值略大。

表 7-24 不同降雨情境下的洪水过程评估（66mm）

情境序号	λ	C_v	洪峰流量 /(m³/s)	峰现时间（年/月/日 时：分）	ΔT/h	径流深/mm
1	1.379	2.707	2161.7	2014/6/18 23：00	5	54.80
2	1.379	1.850	1823.0	2014/6/19 00：00	6	54.89
3	1.379	1.365	1463.5	2014/6/19 00：00	6	49.06
4	1.379	0.000	608.7	2014/6/19 09：00	15	35.84
5	0.985	2.707	2219.1	2014/6/18 21：00	3	56.19
6	0.985	1.850	1856.6	2014/6/18 23：00	5	56.25
7	0.985	1.365	1476.4	2014/6/18 23：00	5	49.99
8	0.985	0.000	618.1	2014/6/19 08：00	14	36.07
9	0.617	2.707	2252.4	2014/6/18 20：00	2	58.97
10	0.617	1.850	1859.0	2014/6/18 21：00	3	59.14
11	0.617	1.365	1462.4	2014/6/18 21：00	3	52.82
12	0.617	0.000	651.3	2014/6/19 06：00	12	38.89
13	1.000	2.707	850.3	2014/6/18 23：00	5	29.47
14	1.000	1.850	660.9	2014/6/19 00：00	6	27.61
15	1.000	1.365	551.8	2014/6/19 01：00	7	26.37
16	1.000	0.000	281.9	2014/6/19 08：00	14	22.04

表 7-25 降雨不同时间分布情境均值下不同空间分布对洪水过程的影响（66mm）

λ	洪峰流量均值/(m³/s)	ΔT 均值/h	径流深均值/mm
1.379	1514.2	8.00	66.02
0.985	1542.6	6.75	69.14
0.617	1556.3	5.00	69.93
1.000	586.2	8.00	45.86

表 7-26 降雨不同空间分布情境均值下不同时间分布对洪水过程的影响（66mm）

C_v	洪峰流量均值/(m³/s)	ΔT 均值/h	径流深均值/mm
2.707	1870.9	3.75	64.07
1.850	1549.9	5.00	63.65
1.365	1238.5	5.25	62.82
0.000	540.0	13.75	60.41

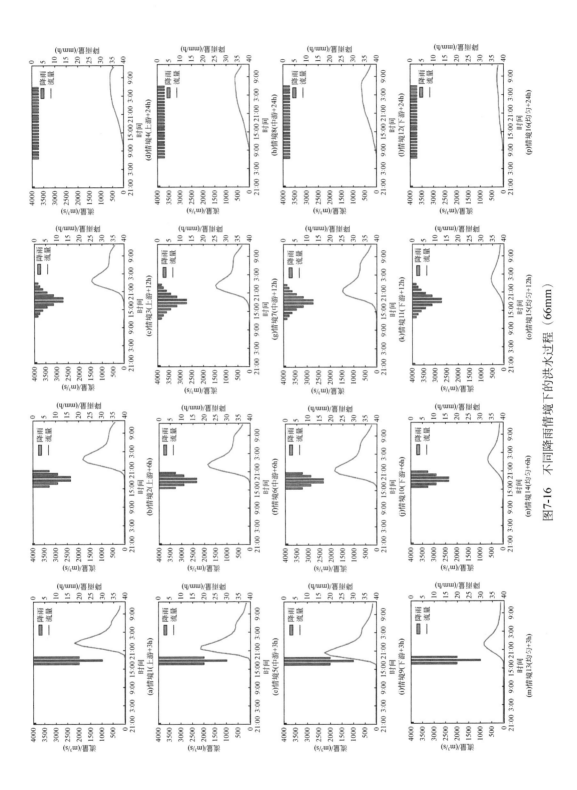

图7-16 不同降雨情境下的洪水过程（66mm）

降雨的时程分配对洪峰流量的影响较大，3h、6h、12h 的降雨引起的洪峰流量平均相差 316.2m³/s，不同降雨空间分布（上游、中游、下游、均匀）下，3h、6h、12h 降雨引起的洪峰流量之间的最大相对偏差分别为 32.3%、33.5%、35.1%、35.1%，且呈现出降雨越集中，洪峰流量越大的特征，24h 降雨的洪峰流量偏差则相差更大；降雨时程分配对峰现时间影响较 84mm 大，雨量最集中的 3h 的峰现时间较 6h 提前 1.25h，6h 的峰现时间较 12h 提前 0.25h，但时程分配绝对均匀的降雨与其他类型降雨有很大差别。

7.6.3.6 40mm 雨量下的洪水模拟

由表 7-27 ~ 表 7-29 及图 7-17 可知，当流域 24h 累积面平均雨量为 40mm 时，降雨空间分布（上、中、下游）对洪峰流量的影响比降雨时程分配（3h、6h、12h）小，不同时程分配（3h、6h、12h、24h）下，降雨发生在上、中、下游的洪峰流量之间的最大相对偏差分别为 14.4%、12.9%、7.9%、2.3%，总体上洪峰流量呈现出中游>上游>下游的特点；降雨空间分布对峰现时间的影响比降雨时程分配大，呈现出降雨越靠近上游，峰现时间越滞后的特征，降雨发生在上游与中游的峰现时间平均相差 1.5h，中游与下游平均相差 2h，比 66mm 降雨在上、中、下游的峰现时间差值略大。

表 7-27 不同降雨情境下的洪水过程评估（40mm）

情境序号	λ	C_v	洪峰流量 /(m³/s)	峰现时间 （年/月/日 时：分）	ΔT/h	径流深/mm
1	1.379	2.707	1047.4	2012/08/03 17：00	5	25.26
2	1.379	1.850	862.4	2012/08/03 18：00	6	24.98
3	1.379	1.365	680.8	2012/08/03 18：00	6	24.51
4	1.379	0.000	330.6	2012/08/04 04：00	16	23.12
5	0.985	2.707	1139.0	2012/08/03 16：00	4	25.69
6	0.985	1.850	918.0	2012/08/03 16：00	4	25.37
7	0.985	1.365	681.6	2012/08/03 17：00	5	24.87
8	0.985	0.000	329.3	2012/08/04 02：00	14	23.55
9	0.617	2.707	974.5	2012/08/03 14：00	2	25.42
10	0.617	1.850	799.7	2012/08/03 14：00	2	25.11
11	0.617	1.365	627.6	2012/08/03 15：00	3	24.62
12	0.617	0.000	337.1	2012/08/04 00：00	12	23.51
13	1.000	2.707	392.0	2012/08/03 17：00	5	14.74
14	1.000	1.850	350.5	2012/08/03 17：00	5	14.41
15	1.000	1.365	299.6	2012/08/03 17：00	5	13.88
16	1.000	0.000	137.4	2012/08/04 01：00	13	12.80

表 7-28 降雨不同时间分布情境均值下不同空间分布对洪水过程的影响（40mm）

λ	洪峰流量均值/(m³/s)	ΔT均值/h	径流深均值/mm
1.379	730.3	8.25	24.47
0.985	767.0	6.75	24.87
0.617	684.7	4.75	24.67
1.000	294.9	7.00	13.96

表 7-29 降雨不同空间分布情境均值下不同时间分布对洪水过程的影响（40mm）

C_v	洪峰流量均值/(m³/s)	ΔT均值/h	径流深均值/mm
2.707	888.2	4.00	22.78
1.850	732.7	4.25	22.47
1.365	572.4	4.75	21.97
0.000	283.6	13.75	20.75

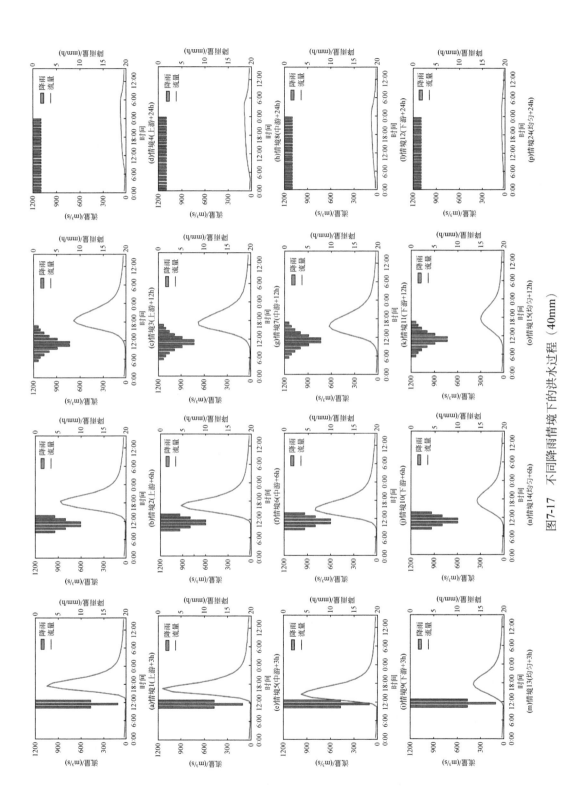

图7-17 不同降雨情境下的洪水过程（40mm）

降雨的时程分配对洪峰流量的影响较大，3h、6h、12h 降雨引起的洪峰流量相差 157.9m³/s，不同降雨空间分布（上游、中游、下游、均匀）下，3h、6h、12h 降雨引起的洪峰流量之间的最大相对偏差分别为 35.0%、40.2%、35.6%、23.6%，且呈现出降雨越集中，洪峰流量越大的特征，24h 降雨的洪峰流量偏差则相差更大；降雨时程分配对峰现时间影响也较明显，降雨越集中，峰现时间越早，3h 峰现时间比 6h 提前 0.25h，6h 峰现时间比 12h 提前 0.5h，但时程分配绝对均匀的降雨与其他类型降雨有很大差别。

7.6.3.7　20mm 雨量下的洪水模拟

由表 7-30～表 7-32 及图 7-18 可知，当流域 24h 累积面平均雨量为 20mm 时，降雨空间分布（上、中、下游）对洪峰流量的影响比降雨时程分配（3h、6h、12h）小，不同时程分配（3h、6h、12h、24h）下，降雨发生在上、中、下游的洪峰流量之间的最大相对偏差分别为 16.3%、9.1%、6.5%、20.2%，总体上洪峰流量呈现出中游>上游>下游的特点；降雨空间分布对峰现时间的影响比降雨时程分配大，呈现出降雨越靠近上游，峰现时间越滞后的特征，降雨发生在上游与中游平均相差 1.75h，中游与下游平均相差 1.5h，也比 66mm 降雨在上、中、下游的峰现时间差值略大。

表 7-30　不同降雨情境下的洪水过程评估（20mm）

情境序号	λ	C_v	洪峰流量 /(m³/s)	峰现时间 (年/月/日 时：分)	ΔT/h	径流深/mm
1	1.379	2.707	274.5	2012/08/03 18：00	6	8.90
2	1.379	1.850	221.8	2012/08/03 19：00	7	8.59
3	1.379	1.365	182.6	2012/08/03 19：00	7	8.29
4	1.379	0.000	74.1	2012/08/04 02：00	14	7.42
5	0.985	2.707	305.3	2012/08/03 16：00	4	9.24
6	0.985	1.850	241.3	2012/08/03 16：00	4	9.00
7	0.985	1.365	194.2	2012/08/03 17：00	5	8.69
8	0.985	0.000	92.9	2012/08/04 02：00	14	8.89
9	0.617	2.707	255.4	2012/08/03 15：00	3	8.74
10	0.617	1.850	219.4	2012/08/03 15：00	3	8.49
11	0.617	1.365	181.5	2012/08/03 15：00	3	8.22
12	0.617	0.000	78.6	2012/08/04 00：00	12	7.51
13	1.000	2.707	162.5	2012/08/03 17：00	5	6.78
14	1.000	1.850	145.3	2012/08/03 17：00	5	6.57
15	1.000	1.365	121.6	2012/08/03 17：00	5	6.17
16	1.000	0.000	46.1	2012/08/04 01：00	13	4.93

表 7-31　降雨不同时间分布情境均值下不同空间分布对洪水过程的影响（20mm）

λ	洪峰流量均值/(m³/s)	ΔT 均值/h	径流深均值/mm
1.379	188.3	8.50	8.30
0.985	208.4	6.75	8.96
0.617	183.7	5.25	8.24
1.000	118.9	7.00	6.11

表 7-32　降雨不同空间分布情境均值下不同时间分布对洪水过程的影响（20mm）

C_v	洪峰流量均值/(m³/s)	ΔT 均值/h	径流深均值/mm
2.707	249.4	4.50	8.42
1.850	207.0	4.75	8.16
1.365	170.0	5.00	7.84
0.000	72.9	13.25	7.19

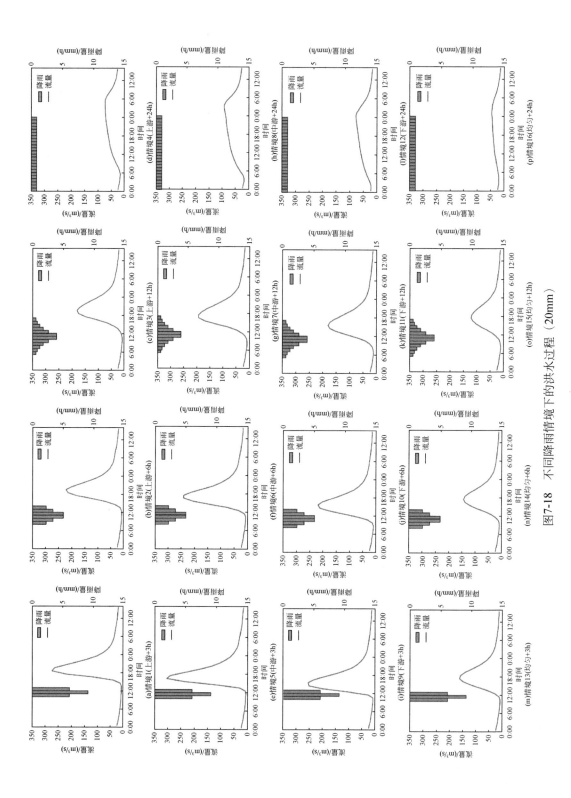

图7-18 不同降雨情境下的洪水过程（20mm）

降雨的时程分配对洪峰流量的影响较大，3h、6h、12h 降雨引起的洪峰流量相差约 39.7m³/s，不同降雨空间分布（上游、中游、下游、均匀）下，3h、6h、12h 降雨引起的洪峰流量之间的最大相对偏差分别为 33.5%、36.4%、28.9%、25.2%，且呈现出降雨越集中，洪峰流量越大的特征，24h 降雨的洪峰流量偏差则相差更大；降雨时程分配对峰现时间影响也较明显，降雨越集中，峰现时间越早，3h 峰现时间比 6h 提前 0.25h，6h 峰现时间比 12h 提前 0.25h，但时程分配绝对均匀的降雨与其他类型降雨有很大差别。

综上所述，对于 1000km² 左右的流域，在相同累积面雨量的情况下，降雨空间分布（上、中、下游）对峰现时间的影响更大，降雨时程分配（3h、6h、12h）对洪峰流量的影响更大；降雨越靠近上游，峰现时间越滞后，降雨越集中，洪峰流量越大。随着累积面雨量的减小，洪峰流量减小，峰现时间滞后，降雨落区对峰现时间的影响增大，降雨时程分配对峰现时间的影响也趋于明显；降雨时程分配对洪峰流量的影响程度与累积面雨量关系不大，尽管降雨落区对洪峰流量的影响比降雨时程分配小，但情况却更加复杂。如图 7-19 所示，降雨时程分配越集中，累积面雨量越小时，洪峰流量趋于呈现出中游>上游>下游的特征，累积面雨量越大时，洪峰流量趋于呈现出中游>下游>上游的特征；降雨时

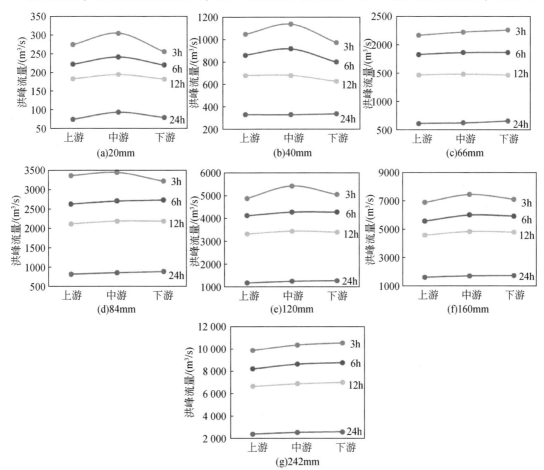

图 7-19　不同降雨时程分配下降雨落区对洪峰流量的影响

程分配越均匀，累积面雨量越小时，洪峰流量趋于呈现出中游>下游>上游的特征，累积面雨量越大时，洪峰流量趋于呈现出下游>中游>上游的特征。当降雨在时空分布都均匀的情况下，洪峰流量远小于时空分布不均匀的情境，峰现时间也远滞后于时空分布不均匀的情境。

7.6.4 典型洪水模拟结果检验与分析

选取降雨场次Ⅱ数据同化方案2的预报降雨分别计算流域累积面雨量 P、λ、C_v、洪峰流量 Q、峰现时间 T，并指出实测降雨的相应指标值；选取降雨场次Ⅲ数据同化方案8的预报降雨分别计算流域累积面雨量 P、λ、C_v、洪峰流量 Q、峰现时间 T，并指出实测降雨的相应指标值，结果如下。

对于降雨场次Ⅱ，数据同化方案2对于洪峰流量与峰现时间的预报结果与实测洪水过程非常接近，结合表7-33、图7-19和7.6.3节可知，预报的累积面雨量略大于实测值，使洪峰流量有升高且 ΔT 有减小的趋势，预报降雨落区更趋近于上游且降雨较实际不集中，使洪峰流量有降低且 ΔT 有增大的趋势，这导致预报洪水的洪峰流量与实际值接近而 ΔT 增加1h，由于预报雨强最大值出现时间比实际提前了1h，峰现时间与实际一致。

对于降雨场次Ⅲ，数据同化方案8的预报效果最佳。结合表7-33、图7-19和7.6.3节可知，预报的累积面雨量略小于实际值、降雨落区更趋近于上游且降雨较实际不集中，均使洪峰流量有降低且 ΔT 有增大的趋势，这导致预报洪水的洪峰流量较实际值低而 ΔT 增加1h，但由于预报雨强最大值出现时间比实际提前了2h，最终预报峰现时间较实际提前了1h。

表7-33 典型洪水模拟结果分析

降雨场次	实测						预报					
	P/mm	λ	C_v	Q/(m³/s)	T	ΔT	P/mm	λ	C_v	Q/(m³/s)	T	ΔT
Ⅱ	66	0.938	1.461	1170	22：00	3	80.88	0.989	1.452	1184	22：00	4
Ⅲ	242	0.992	1.749	4691	15：00	4	227.96	1.036	1.526	3835	14：00	5

7.7 本章小结

本章介绍了雷达测雨和临近预报、WRF模式数值降雨预报等不同来源、不同预见期的降雨数据与梅溪流域分布式水文模型的耦合模式，对比分析了不同降雨输入条件下的洪水预报效果。结果表明：①基于强降水识别并经过雨量计订正的雷达反演降雨进行洪水预报，三场不同类型降水的洪水模拟的整体效果较为可靠；②基于雷达临近预报降雨进行洪水预报，随着预见期的延长，洪水预报精度显著降低；③降雨场次Ⅰ（时空分布较为均匀的降雨）和降雨场次Ⅲ（极端强降水）的1h预见期洪水预报结果基本满足中小流域洪水预报的需求，而降雨场次Ⅰ和Ⅲ其他预见期和降雨场次Ⅱ（时空分布极不均匀的降雨）的预报结果则无法满足要求；④降雨是影响洪水预报的关键因素，在逐小时同化雷达径向速度获得降雨预报的驱动下，三场典型洪水的预报效果较不开展数据同化显著提升；⑤对于降雨空间分布较为均匀的降雨，短临预报推荐采用雷达临近预报作为中小流域洪水预报的依据；⑥对于局部短历时降雨，短临预报推荐采用基于雷达数据同化支持下的数值降雨预报作为中小流域洪水预报的依据；⑦对于极端强降雨，推荐采用雷达临近预报作为中小流域洪水预报的依据，数值降雨预报作为重要参考；⑧在相同累积面雨量的情况下，降雨空间分布（上、中、下游）对峰现时间的影响更大，降雨时程分配（3h、6h、12h）对洪峰流量的影响更大；⑨降雨越靠近上游，峰现时间越滞后，降雨历时越短，洪峰流量越大，随着累积面雨量减小，洪峰流量减小，峰现时间滞后，降雨落区对峰现时间的影响增大，降雨时程分配对峰现时间的影响也趋于明显；⑩降雨时程分配对洪峰流量的影响程度与累积面雨量关系不大，降雨落区对洪峰流量的影响比降雨时程分配小。

第8章 结论与展望

8.1 主 要 结 论

本书是在总结分析国内外降雨洪水预报和气象水文耦合预报研究进展的基础上，选取福建梅溪流域三场典型降雨为研究对象，以提高中小流域洪水预报精准度、延长预见期为目标，开展了雷达降雨反演和临近预报研究、数值大气模式物理参数化方案选取、不同数据同化方法支持下的数值降雨预报研究、梅溪流域分布式水文模型构建，以及气象水文耦合预报效果分析。重点阐述了天气雷达强降水识别方法、基于谱分解的变分光流外推临近预报法、数值大气模式物理参数化方案选取方法、三维变分同化、集合–三维变分混合同化、抗噪声的速度退模糊算法、流域分布式水文模型构建方法、气象水文耦合预报方法等气象水文耦合预报关键技术。主要结论分为三个部分：雷达测雨与临近预报、数值降雨预报，以及气象水文耦合洪水预报。

1）通过对雷达测雨和临近预报结果进行分析，结论如下。

①强降水识别能够显著改善雷达 QPE，利用雨量计订正后的雷达 QPE 能够满足中小流域尺度降雨监测的需要；②集合预报有利于降低临近预报的不确定性；③对于降雨时空分布均匀的降雨，0~3h 临近预报效果较好；④对于降雨时空分布极不均匀的降雨和极端强降雨，不同预见期的预报结果误差均较大；⑤随着预见期的延长，雷达临近预报效果会显著下降，单纯从预报效果看，雷达临近预报还有很大提升空间。

2）通过对 WRF 模式降雨预报结果进行分析，结论如下。

①微物理过程 WSM6、长/短波辐射 RRTMG/RRTMG、积云对流方案 KF 的表现优于其他方案，确定三种物理参数化方案的组合方案 13 为梅溪流域降雨预报的物理参数化方案；②当降水量级相近时，WRF 模式对于时空分布较均匀的降雨的模拟精度更高；③当降雨时空分布都不均匀时，WRF 模式对于量级较小的降雨重现能力较强，而对于局地短历时强降雨的适应性较差；④在福建山丘区，局地短历时强降雨时有发生，而且成灾洪水多来源于此，单纯依靠 WRF 模式开展降雨预报可靠性较差，有必要通过数据同化方法提升降雨预报精度；⑤抗噪声的速度退模糊算法的退模糊准确率可达近 90%，可显著提升径向速度数据质量；⑥对于时空分布较均匀的降雨，当 WRF 模式已能够较好地重现降雨时，开展数据同化需慎重，而对于时空分布不均匀的降雨，不同雷达数据同化方案都能不同程度地提升降雨预报精度；⑦当同化时间间隔为 6h 时，雷达反射率的同化效果最佳；⑧当同化时间间隔为 3h 和 1h 时，雷达径向速度的同化效果最好；⑨当同化时间间隔为 1h 时，雷达径向速度的同化效果最好，其预报降雨的结果得到明显提升，与实际降雨情况更加接近，预报效果最佳；⑩当同化雷达反射率时，提高雷达反射率的同化频次，并不能保证降

雨预报的精度的提升；⑪当同时同化雷达反射率和径向速度时，总体上随着同化时间间隔的下降，同化效果逐渐提升，但个别评价指标还存在波动；⑫当同化雷达径向速度时，同化效果随着同化时间间隔缩短，降雨预报结果的改善程度逐步提高；⑬相比较三维变分同化，集合–三维变分混合同化能够从整体上提升 WRF 模式的降雨预报水平，但对中小流域尺度更为细致的时空分布特征描述还有待提高，且计算量远超三维变分同化，仍需进一步深入研究。

3）通过对气象水文耦合洪水预报结果对比分析，结论如下。

①利用 SCE–UA 算法，基于 56 场历史洪水对梅溪流域分布式水文模型的 13 个参数进行了率定和验证，表明梅溪流域分布式水文模型可用于该流域的洪水预报；②基于强降水识别并经过雨量计订正的雷达反演降雨进行洪水预报，三场不同类型降水的洪水模拟的整体效果较为可靠；③基于雷达临近预报降雨进行洪水预报，随着预见期的延长，洪水预报精度显著降低；④降雨场次 I（时空分布较为均匀的降雨）和降雨场次 III（极端强降雨）的 1h 预见期洪水预报结果基本满足中小流域洪水预报的需求，而降雨场次 I 和降雨场次 III 的其他预见期和降雨场次 II（时空分布极不均匀的降雨）的预报结果则无法满足要求；⑤降雨是影响洪水预报的关键因素，在逐小时同化雷达径向速度获得降雨预报的驱动下，三场典型洪水的预报效果较不开展数据同化显著提升；⑥对于降雨空间分布较为均匀的降雨，短临预报推荐采用雷达临近预报作为中小流域洪水预报的依据；⑦对于局部短历时降雨，短临预报推荐采用基于雷达数据同化的数值降雨预报作为中小流域洪水预报的依据；⑧对于极端强降雨，推荐采用雷达临近预报作为中小流域洪水预报的依据，数值降雨预报作为重要参考；⑨在相同累积面雨量的情况下，降雨空间分布（上、中、下游）对峰现时间的影响更大，降雨时程分配（3h、6h、12h）对洪峰流量的影响更大；⑩降雨越靠近上游，峰现时间越滞后，降雨历时越短，洪峰流量越大，随着累积面雨量减小，洪峰流量减小，峰现时间滞后，降雨落区对峰现时间的影响增大，降雨时程分配对峰现时间的影响也趋于明显；⑪降雨时程分配对洪峰流量的影响程度与累积面雨量关系不大，降雨落区对洪峰流量的影响比降雨时程分配小。

8.2　展　望

对于中小流域而言，气象水文耦合预报技术还有较大的提升空间。结合本书的研究结论和国内外研究进展，提出未来气象水文耦合预报技术的主要发展方向。

1）关于天气雷达数据质量。多普勒天气雷达易受观测环境、地形等影响，数据质量及稳定性往往难以保证，需要进一步研究提高雷达反射率和径向速度数据质量的算法，以适应不同环境、不同条件、不同雷达的数据质量控制，为雷达降雨反演和数值大气模式数据同化提供质量可靠的数据。

2）关于雷达测雨。雷达测雨不仅受雷达反射率质量的影响，最关键的是受 Z-I 关系的影响。提出适应不同降雨场次和同一场降雨不同区域和时间段的不同类型降雨的动态可变 Z-I 关系非常必要，并研发雨量计融合或订正方法，对于中小流域而言，应避免单点雨量计测到强降雨的均化问题，提高中小流域面雨量的监测精度。

3）关于雷达临近预报。基于物理机制的雷达临近预报和基于深度学习的临近预报是未来的发展方向，在临近预报中考虑物理机制，有助于提升对短历时强降雨的临近预报精度，而随着雷达观测数据的积累，深度学习也将发挥更重要的作用。

4）关于数值降雨预报。数据同化是提高数值降雨预报精度的重要技术手段。不同类型数据、不同同化方法、不同同化模式的对比分析还需进一步研究深化，并在我国不同气候分区、水文分区选取典型区域进行验证。其中，降雨预报应采用集合预报的模式，且应增加 WRF 模式降雨模拟与预报结果对网格嵌套方案的敏感性分析；对于变分数据同化，本书采用的背景场误差协方差矩阵为 CV3，但在进一步的研究中，应探索背景场误差协方差矩阵的本地化方法，基于前期大量的气象数据，构建研究区特有的背景场误差协方差矩阵，使数据同化的结果得到进一步改进；集合–变分混合同化可作为数据同化方法的重要研究方向。

5）关于气象水文耦合预报。气象水文耦合预报有必要探索双向耦合情况下的预报效果，即水文过程应对陆面模式、数值大气模式进行水量和能量的反馈作用。对于中小流域洪水预报而言，在具有实测资料的情况下，引入实时校正技术非常必要，可进一步提高气象水文耦合洪水预报精度。流域洪水过程是多方面因素导致的，降雨是最关键的因素，但也不能忽略前期土壤含水量、地形等下垫面条件因素，在开展气象水文耦合预报研究时，还应综合考虑下垫面条件，提出影响中小流域洪水预报的关键因子，为水文模型的改进提供依据。

参 考 文 献

［1］陆桂华，吴志勇，何海．水文循环过程及定量预报［M］．北京：科学出版社，2010．

［2］杨传国，林朝晖，郝振纯，等．大气水文模式耦合研究综述［J］．地球科学进展，2007，22（8）：810-817．

［3］雷晓辉，王浩，廖卫红，等．变化环境下气象水文预报研究进展［J］．水利学报，2018，49（1）：9-18．

［4］张运凤，雷宏军，谷红梅，等．水库防洪应急体系及洪水预报理论与实践［M］．郑州：黄河水利出版社，2009．

［5］魏炳乾，杨坡，罗小康，等．半干旱无资料中小流域设计洪水方法研究［J］．自然灾害学报，2017，26（2）：32-39．

［6］董滇红，宁亚伟，王晶，等．防洪减灾规划中的中小流域暴雨洪水研究［J］．人民黄河，2012，34（6）：53-55．

［7］郭良，丁留谦，孙东亚，等．中国山洪灾害防御关键技术［J］．水利学报，2018，49（9）：1123-1136．

［8］河南郑州"7·20"特大暴雨灾害调查报告公布［J］．中国应急管理，2022（2）：4．

［9］吴泽斌，万海斌．2021年河南郑州山区4市"7·20"特大暴雨灾害简析［J］．中国防汛抗旱，2022，32（3）：27-31．

［10］王栋，贾建伟，刘昕．"2021.8.12"柳林镇山洪灾害暴雨洪水分析及成因初探［J］．中国防汛抗旱，2021，31（S1）：57-60．

［11］刘佳，邱庆泰，胡春岐，等．基于时效匹配法的融合降雨临近预报研究［J］．中国水利水电科学研究院学报，2021，19（1）：63-73．

［12］刘昱辰，刘佳，邱庆泰，等．基于网格追踪算法的雷达外推降雨临近预报在大清河流域的应用［J］．水利水电技术（中英文），2021，52（7）：85-94．

［13］李英睿．基于深度学习的雷达降水临近预报研究［D］．青海大学，2021．

［14］袁雅鸣，陈新国．雅砻江流域降雨天气特征及致洪暴雨预报［J］．人民长江，2013，44（3）：1-5+19．

［15］卢韦伟，周建中，陈璐，等．考虑预报因子选择的神经网络降雨径流模型［J］．水电能源科学，2013，31（6）：21-25．

［16］盛春岩，曲巧娜，范苏丹，等．基于目标对象的数值模式区域降水预报选优方法［J］．气象，2021，47（10）：1206-1218．

［17］俞小鼎，王秀明，李万莉，等．雷暴与强对流临近预报［M］．北京：气象出版社，2020．

［18］陈元昭，兰红平，刘琨．深圳市气象局临近预报技术进展［J］．气象科技进展，2019，9（3）：100-107．

［19］Dixon, M., Wiener, G. TITAN：Thunderstorm Identification, Tracking, Analysis, and Nowcasting—A Radar-based Methodology［J］．American Meteorological Society，1993，10（6）：785-797．

［20］Jung, S. H., Lee, G., Kim, H. W., et al. Development of Convective Cell Identification and Tracking Algorithm using 3-Dimensional Radar Reflectivity Fields［J］．Atmosphere，2011，21（3）：243-256．

［21］ Johnson, J. T., MacKeen, P. L., Witt, A., et al. The Storm Cell Identification and Tracking Algorithm: An Enhanced WSR-88D Algorithm ［J］. American Meteorological Society, 1998, 13: 263-276.

［22］ Handwerker, J. Cell tracking with TRACE3D—a new algorithm ［J］. Atmospheric Research, 2002, 61 (1): 15-34.

［23］ 张培昌. 雷达气象学 ［M］. 北京：气象出版社, 1985.

［24］ 陈明轩, 王迎春, 俞小鼎. 交叉相关外推算法的改进及其对流临近预报中的应用 ［J］. 应用气象学报, 2007 (5): 690-701.

［25］ RINEHART, R. E., GARVEY, E. T. Three-dimensional storm motion detection by conventional weather radar ［J］. Nature, 1978, 273 (5660): 287-289.

［26］ Wilson, J. W., Crook, N. A., Mueller, C. K., et al. Nowcasting Thunderstorms: A Status Report ［J］. Bulletin of The American Meteorological Society, 1998, 79 (10): 2079-2100.

［27］ 陈雷, 戴建华, 陶岚. 一种改进后的交叉相关法（COTREC）在降水临近预报中的应用 ［J］. 热带气象学报, 2009, 25 (1): 117-122.

［28］ Novák, P., Březková, L., Frolík, P. Quantitative precipitation forecast using radar echo extrapolation ［J］. Atmospheric Research, 2008, 93 (1): 328-334.

［29］ 韩雷, 王洪庆, 林隐静. 光流法在强对流天气临近预报中的应用 ［J］. 北京大学学报（自然科学版）, 2008 (5): 751-755.

［30］ Han, L, Zheng, Y. G., Wang, H. Q., et al. 3-D Storm Automatic Identification Based on Mathematical Morphology ［J］. Acta Meteorologica Sinica, 2009, 23 (2): 156-165.

［31］ 张晰莹, 那济海, 张礼宝. 新一代天气雷达在临近预报中的分析与应用 ［M］. 北京：气象出版社, 1990.

［32］ 程丛兰, 陈明轩, 王建捷, 等. 基于雷达外推临近预报和中尺度数值预报融合技术的短时定量降水预报试验 ［J］. 气象学报, 2013, 71 (3): 397-415.

［33］ Lukáš P, Zbyněk S, Mináŕiová J. Nowcasting of the probability of accumulated precipitation based on the radar echo extrapolation ［J］. Atmospheric Research, 2018, 216: 245-257.

［34］ 雷明. 机器学习——原理、算法与应用 ［M］. 北京：清华大学出版社, 2019.

［35］ Li, A. M., Fan, M., Qin, G. D., et al. Comparative Analysis of Machine Learning Algorithms in Automatic Identification and Extraction of Water Boundaries ［J］. Applied Sciences, 2021, 11 (21): 10062.

［36］ 李航. 机器学习方法 ［M］. 北京：清华大学出版社, 2022.

［37］ Hinton, G. E., Salakhutdinov, R. R. Reducing the Dimensionality of Data with Neural Networks ［J］. Science, 2006, 313 (5786): 504-507.

［38］ Yin, X. Y., Hu, Z. Q., Zheng, J. F., et al. Study on Radar Echo-Filling in an Occlusion Area by a Deep Learning Algorithm ［J］. Remote Sensing, 2021, 13 (9): 1779.

［39］ 刘雅忱. 人工智能下深度学习在气象预报中应用综述 ［J］. 计算机产品与流通, 2020 (11): 121+135.

［40］ Yin, J., Gao, Z. Q., Han, W. Application of a Radar Echo Extrapolation-Based Deep Learning Method in Strong Convection Nowcasting ［J］. Earth and Space Science, 2021, 8 (8): e2020EA001621.

［41］ 黄兴友, 马玉蓉, 胡苏蔓. 基于深度学习的天气雷达回波序列外推及效果分析 ［J］. 气象学报, 2021, 79 (5): 817-827.

［42］ 郝伊一, 唐伟, 周勇, 等. 机器学习在卫星资料中的应用 ［J］. 卫星应用, 2020 (1): 52-55.

［43］ 梁振清, 陈生. 基于深度学习和雷达观测的华南短临预报精度评估 ［J］. 气象研究与应用, 2020,

41（1）：41-47.

［44］杜智涛，姜明波，杜晓勇，等．机器学习在气象领域的应用现状与展望［J］．气象科技，2021，49（6）：930-941.

［45］贺洁颖，唐伟，周勇，等．人工智能在气象科学中应用的机遇和挑战［J］．中国信息化，2019（12）：79-81.

［46］Pierce, C. E., Hardaker, P. J., Collier, C. G., et al. GANDOLF：a system for generating automated nowcasts of convective precipitation［J］．Meteorological Applications，2000，7（4）：341-360.

［47］吴卓升．CAPPI 雷达回波图的外推方法［D］．广东工业大学，2021.

［48］Dong, Y. B., Li, M. J., Li, G. X. An Improved Fast Normalized Cross Correlation Algorithm［J］．Advanced Materials Research，2013，860-863（860-863）：2800-2803.

［49］Clements, R. R. Computer algebra for engineers：the Maple alternative［J］．Engineering Science and Education Journal，1997，6（6）：233-238.

［50］Choi, J. H., Kim, Y. H., Oh, S. N. A Verification of VSRF Model in five- River Basins［J］．Asia-Pacific Journal of Atmospheric Sciences，2005，41（3）：347-357.

［51］Eilts, M. Severe weather warning decision support system［C］．SLS 1996：Proceedings of the 18th conference on Local Severe Storms. San Francisco：American Meteorological Society. 1996：536-540.

［52］王珏，冷亮，吴涛．SWAN 系统中 QPE 产品的应用评估［J］．气象科技，2015，43（3）：380-386.

［53］Wang, G. L., Yang, J., Wang, D., Liu L. P. A quantitative comparison of precipitation forecasts between the storm- scale numerical weather prediction model and auto- nowcast system in Jiangsu, China［J］．Atmospheric Research，2016，181：1-11.

［54］张志才，陈喜，程勤波，等．流域示踪水文模型研究综述［J］．水文，2020，40（6）：1-9.

［55］广州"雨燕"：翱翔 2008 北京奥运——基于 GRAPES 的综合临近预报系统（雨燕 GRAPES-SWIFT）项目介绍［J］．广东科技，2008（19）：46.

［56］梁丰．对流天气临近预报业务系统的新发展［J］．沙漠与绿洲气象，2011，5（6）：1-6.

［57］张玉玲，吴辉碇，王晓林．数值天气预报［M］．北京：科学出版社，1986.

［58］王澄海，隆霄，杨毅．大气数值模式及模拟［M］．北京：气象出版社，2011.

［59］孙健，赵平．用 WRF 与 MM5 模拟 1998 年三次暴雨过程的对比分析［J］．气象学报，2003，61（6）：692-701.

［60］吴志勇．定量降雨与实时洪水预报研究［D］．南京：河海大学，2008.

［61］Mohapatra, G. N., Rakesh, V., Ramesh, K. V. Urban extreme rainfall events：Categorical skill of WRF model simulations for localised and non-localised events［J］．Quarterly Journal of the Royal Meteorological Society，2017，143（707）：2340-2351.

［62］Xu, H., Li, X. Torrential rainfall processes associated with a landfall of Typhoon Fitow (2013)：A three-dimensional WRF modeling study［J］．Journal of Geophysical Research Atmospheres，2017，122（11）：6004-6024.

［63］任华荣，高志球，李煜斌，等．不同边界层方案对一次华北暴雨数值模拟的敏感性研究［J］．气象科学，2017，37（1）：10-20.

［64］倪悦，苏源，郑敏煜．中尺度 WRF 模式对福建典型暴雨的模拟效果评估［A］．中国气象学会．第 35 届中国气象学会年会 S1 灾害天气监测、分析与预报［C］．中国气象学会：中国气象学会，2018：11.

［65］吴胜刚，刘屹岷，邹晓蕾，等．WRF 模式对青藏高原南坡夏季降水的模拟分析［J］．气象学报，

2016, 74 (5): 744-756.

[66] 闵锦忠, 张申, 杨婷. 一次梅雨锋暴雨发生发展机制的诊断与模拟 [J]. 大气科学学报, 2018, 41 (2): 155-166.

[67] 张杰, 彭丽霞, 史培军. 区域性暴雨的数值模拟和诊断分析的对比研究——以北京 2012 年 7 月 21 日暴雨为例 [J]. 灾害学, 2017, 32 (3): 191-196+215.

[68] 曹巧莲, 马旭林, 宋方超, 等. "7.09" 山西暴雨数值模拟与诊断分析 [J]. 云南大学学报 (自然科学版), 2016, 38 (4): 575-585.

[69] Dravitzki, S., Mcgregor, J. Predictability of heavy precipitation in the Waikato river basin of New Zealand [J]. Monthly Weather Review, 2011, 139 (7): 2184-2197.

[70] Barstad, I., Caroletti, G. N. Orographic precipitation across an island in southern Norway: model evaluation of time-step precipitation [J]. Quarterly Journal of the Royal Meteorological Society, 2013, 139 (675): 1555-1565.

[71] Amengual, A., Homar, V., Jaume, O. Potential of a probabilistic hydrometeorological forecasting approach for the 28 September 2012 extreme flash flood in Murcia, Spain [J]. Atmospheric Research, 2015, 166: 10-23.

[72] Tian, J., Liu, J., Wang, J., et al. A spatio-temporal evaluation of the WRF physical parameterisations for numerical rainfall simulation in semi-humid and semi-arid catchments of Northern China [J]. Atmospheric Research, 2017, 191: 141-155.

[73] Li, J., Chen, Y., Wang, H., et al. Extending flood forecasting lead time in a large watershed by coupling WRF QPF with a distributed hydrological model [J]. Hydrology and Earth System Sciences, 2017, 21 (2): 1279-1294.

[74] Yu, W., Nakakita, E., Kim, S., et al. Improving the accuracy of flood forecasting with transpositions of ensemble NWP rainfall fields considering orographic effects [J]. Journal of Hydrology, 2016, 539: 345-357.

[75] Kalnay, E. 大气模式、资料同化和可预报性 [M]. 北京: 气象出版社, 2005.

[76] 张建云. 中国水文预报技术发展的回顾与思考 [J]. 水科学进展, 2010, 21 (4): 435-443.

[77] Schneider, W., Bott, A. On the time-splitting errors of one-dimensional advection schemes in numerical weather prediction models: a comparative study [J]. Quarterly Journal of the Royal Meteorological Society, 2015, 140 (684): 2321-2329.

[78] Voudouri, A., Khain, P., Carmona, I., et al. Objective calibration of numerical weather prediction models [J]. Atmospheric Research. 2017, 190: 128-140.

[79] Dravitzki, S., Mcgregor, J. Predictability of heavy precipitation in the Waikato river basin of New Zealand [J]. Monthly Weather Review. 2011, 139 (7): 2184-2197.

[80] Barstad, I., Caroletti, G. N. Orographic precipitation across an island in southern Norway: model evaluation of time-step precipitation [J]. Quarterly Journal of the Royal Meteorological Society. 2013, 139 (675): 1555-1565.

[81] 马雷鸣, 鲍旭炜. 数值天气预报模式物理过程参数化方案的研究进展 [J]. 地球科学进展. 2017, 32 (7): 679-687.

[82] 栾澜, 孟宪红, 吕世华, 等. 青藏高原一次对流降水模拟中边界层参数化和云微物理的影响研究 [J]. 高原气象. 2017, 36 (2): 283-293.

[83] 田济扬, 刘佳, 李传哲, 等. 中尺度数值大气模式 WRF 在水文气象领域的研究 [J]. 南水北调与水利科技. 2015, 13 (6): 1025-1030+1050.

［84］ Bannister, R. N. A review of operational methods of variational and ensemble-variational data assimilation ［J］. Quarterly Journal of the Royal Meteorological Society. 2017, 143 (703): 607-633.

［85］ 马建文. 数据同化算法研发与实验［M］. 北京：科学出版社，2013.

［86］ 倪飞，房世龙，周春煦. 大区域空间直角坐标转换的多项式拟合法研究［J］. 南通航运职业技术学院学报，2016，15（2）：71-76.

［87］ 韩文卿. 数据处理中的变权自动分段多项式拟合法［J］. 数据采集与处理，1987（2）：38-44.

［88］ 朱海堂. 降雨频率分析的切氏多项式拟合解［J］. 郑州工学院学报，1995（1）：44-47.

［89］ Levitus, S. Climatological Atlas of the World Ocean ［J］. Eos, Transactions American Geophysical Union, 1983, 64 (49): 962-963.

［90］ Jun, K. K., Ho, C. J., Sang, Y. C. Synthesis of Radar Measurements and Ground Measurements using the Successive Correction Method (SCM) ［J］. Journal of Korea Water Resources Association, 2008, 41 (7): 681-692.

［91］ Bratseth, A. M. Statistical interpolation by means of successive corrections ［J］. Tellus A: Dynamic Meteorology and Oceanography, 2016, 38 (5): 439-447.

［92］ 苏志侠，陈玉春，李晓霞. 逐步订正法中不同分析方案对降水预报影响的对比试验［J］. 高原气象，1996（01）：31-39.

［93］ Glahn, H. R. Comments on "Error Determination of a Successive Correction Type Objective Analysis Scheme" ［J］. American Meteorological Society, 1987, 1: 120-130.

［94］ Bucci, O. M., Gennarelli, C. Optimal interpolation of radiated fields over a sphere ［J］. IEEE Transactions on Antennas and Propagation, 1991, 39 (11): 1633-1643.

［95］ Miquel, T. B., Santiago, B., Sergio, V. S., et al. Optimal Interpolation scheme to generate reference crop evapotranspiration ［J］. Journal of Hydrology, 2018, 560: 202-219.

［96］ Wilkin, J. L., Bowen, M. M., Emery, W. J. Mapping mesoscale currents by optimal interpolation of satellite radiometer and altimeter data ［J］. Ocean dynamics, 2002, 52 (3): 95-103.

［97］ Kim, S. W., Noh, N. K., Lim G. H. A comparison of retrospective optimal interpolation with 4D-Var using Observing System Simulation Experiment ［J］. Climate Dynamics, 2013, 262-263.

［98］ Song, H. J., Lim, G. H., Lee, D. I., et al. Comparison of retrospective optimal interpolation with four-dimensional variational assimilation ［J］. Tellus A: Dynamic Meteorology and Oceanography, 2016, 61 (3): 428-437.

［99］ 勾亚彬，刘黎平，杨杰，等. 基于雷达组网拼图的定量降水估测算法业务应用及效果评估［C］. 第31届中国气象学会年会S1：气象雷达探测技术研究与应用. 中国气象学会，2014：621-641.

［100］ 龚建东. 同化技术：数值天气预报突破的关键——以欧洲中期天气预报中心同化技术演进为例［J］. 气象科技进展. 2013，3（3）：6-13.

［101］ 李建通，杨维生，郭林，等. 提高最优插值法测量区域降水量精度的探讨［J］. 大气科学，2000（2）：263-270.

［102］ Sasaki, Y. Some basic formalisms in numerical variation analysis ［J］. American Meteorological Society, 1970, 98: 875-883.

［103］ Ramakanta, M. An introduction to calculus of variations and integral equations ［M］. Germany: Sciendo, 2021.

［104］ Ambrosio, L., Caffarelli, L., Crandall, M. G., et al. Calculus of Variations and Nonlinear Partial Differential Equations ［M］. Germany: Springer, Berlin, Heidelberg, 2007.

［105］ 陈敏，陈明轩，范水勇. 雷达径向风观测在华北区域数值预报系统中的实时三维变分同化应用试

验［J］. 气象学报. 2014, 72（4）: 658-677.

［106］ Li, Z., Ballard, S. P., Simonin, D. Comparison of 3D-Var and 4D-Var data assimilation in an NWP-based system for precipitation nowcasting at the Met Office［J］. Quarterly Journal of the Royal Meteorological Society, 2018.

［107］ 马建文, 秦思娴. 数据同化算法研究现状综述［J］. 地球科学进展. 2012, 27（7）: 747-757.

［108］ 许小永. 四维变分和集合卡尔曼滤波同化多普勒雷达资料的方法及其反演暴雨中尺度结构的研究［D］. 南京信息工程大学. 2005.

［109］ 秦永元, 张洪钺, 汪叔华. 卡尔曼滤波与组合导航原理［M］. 西安: 西北工业大学出版社, 2012.

［110］ Charles, K. C., 陈关荣. 卡尔曼滤波及其实时应用［M］. 北京: 清华大学出版社, 2018.

［111］ 李漫漫, 石朋, 尚艳丽, 等. 基于集合卡尔曼滤波的新安江模型状态变量实时修正方法［J］. 河海大学学报（自然科学版）, 2019, 47（3）: 209-214.

［112］ 乔小湜, 闵锦忠, 王世璋. 集合卡尔曼滤波同化中雷达位置的敏感性研究［J］. 气象学报, 2016, 74（5）: 796-814.

［113］ 干莉, 张卫民. 不同初始场估计对集合卡尔曼滤波同化多普勒雷达资料的影响［C］. 第十七届计算机工程与工艺年会暨第三届微处理器技术论坛论文集（上册）. 中国计算机学会计算机工程与工艺专业委员会, 2013: 348-352.

［114］ 张涵斌, 李玉焕, 陈敏, 等. 集合变分混合同化方案在快速循环同化系统中的应用研究［J］. 大气科学, 2020, 44（6）: 1349-1363.

［115］ Shen, F., Xue, M., Min, J. A comparison of the limited-area 3DVAR and ETKF-En3DVAR data assimilation using radar observations at convective-scale for the Prediction of Typhoon Saomai（2006）［J］. Meteorological Applications. 2017, 24（4）: 628-641.

［116］ 马旭林, 陆续, 于月明, 等. 数值天气预报中集合—变分混合资料同化及其研究进展［J］. 热带气象学报. 2014, 30（6）: 1188-1195.

［117］ Shen, F., Xue, M., and Min, J. A comparison of limited-area 3DVAR and ETKF-En3DVAR data assimilation using radar observations at convective scale for the prediction of Typhoon Saomai（2006）［J］. Meteorological Applications. 2017, 24: 628-641.

［118］ Wang, Y., Wang, X. Direct assimilation of radar reflectivity without tangent linear and adjoint of the nonlinear observation operator in the GSI-Based EnVar System: Methodology and Experiment with the 8 May 2003 Oklahoma City Tornadic Supercell［J］. Monthly Weather Review. 2017, 145（4）: 1447-1471.

［119］ 孟晓文. 常规探空资料同化对重庆地区一次大暴雨过程的数值模拟研究［D］. 兰州大学, 2018.

［120］ Ha, J. H., Lim, G. H., Choi, S. J. Assimilation of GPS Radio Occultation Refractivity Data with WRF 3DVAR and Its Impact on the Prediction of a Heavy Rainfall Event［J］. Journal of Applied Meteorology and Climatology, 2014, 53（6）: 1381-1398.

［121］ Seto, R., Koike, T., Rasmy, M. Heavy rainfall prediction applying satellite-based cloud data assimilation over land［J］. Journal of Geophysical Research Atmospheres, 2016, 121（16）: 9737-9755.

［122］ Routray, A., Osuri, K. K., Kulkarni, et al. A comparative study on performance of analysis nudging and 3DVAR in simulation of a heavy rainfall event using WRF modeling system［J］. International Scholarly Research Notices: Meteorology, 2012, 2012（3）: 1191-1213.

［123］ 丁伟钰, 万齐林, 闫敬华, 等. 对流天气系统自动站雨量资料同化对降雨预报的影响［J］. 大气

科学 . 2006, 30 (2)：317-326.

[124] Tu, C. C., Chen, Y. L., Chen, S. Y., et al. Impacts of including rain-evaporative cooling in the initial conditions on the prediction of a coastal heavy rainfall event during TiMREX [J]. Monthly Weather Review. 2017, 145 (1)：253-277.

[125] 任静, 潘小多 . 基于 WRF 模式的多源遥感降水资料数据同化研究 [J]. 遥感技术与应用 . 2017, 32 (4)：593-605.

[126] 曹小群, 宋君强, 张卫民, 等 . 多源卫星观测数据在全球四维变分同化系统中的应用 [J]. 测绘通报 . 2014 (S1)：102-107.

[127] Chambon, P., Zhang, S. Q., Hou, A. Y., et al. Assessing the impact of pre-GPM microwave precipitation observations in the Goddard WRF ensemble data assimilation system [J]. Quarterly Journal of the Royal Meteorological Society. 2014, 140 (681)：1219-1235.

[128] 杨文宇, 李哲, 倪广恒, 等 . 基于天气雷达的长江三峡暴雨临近预报方法及其精度评估 [J]. 清华大学学报（自然科学版）. 2015, 55 (6)：604-611.

[129] 范水勇, 王洪利, 陈敏, 等 . 雷达反射率资料的三维变分同化研究 [J]. 气象学报 . 2013, 71 (3)：527-537.

[130] Wang, H., Sun, J., Fan, S., et al. Indirect Assimilation of Radar Reflectivity with WRF 3D-Var and Its Impact on Prediction of Four Summertime Convective Events [J]. Journal of Applied Meteorology and Climatology. 2013, 52 (4)：889-902.

[131] Liu, J., Tian, J., Yan, D., et al. Evaluation of Doppler radar and GTS data assimilation for NWP rainfall prediction of an extreme summer storm in northern China：from the hydrological perspective [J]. Hydrology and Earth System Sciences. 2018, 22：4329-4348.

[132] Steiner, M., Smith, J. A. Use of three-dimensional reflectivity structure for automated detection and removal of non-precipitating echoes in radar data [J]. Journal of atmospheric and oceanic technology, 2002, 19：673-686.

[133] Kessinger, C., Ellis, S., Andel, J. V. The radar echo classifier：A fuzzy logic algorithm for the WSR-88D [R]. Preprints-CD, 3rd Conf. Artificial application to environmental science, AMS, Long Beach, P1. 6. 2003.

[134] Berenguer, M., Torres, D. S., Corral, C., et al. A fuzzy logic technique for identifying nonprecipitating echoes in radar scans [J]. Journal of atmospheric and oceanic technology, 2006, 23 (9)：1157-1180.

[135] 崔哲虎, 程明虎 . 区域膨胀法在剔除 Doppler 雷达径向速度中地物杂波的应用 [J]. 气象科技, 2004, 32 (1)：63-64.

[136] 孙鸿娉, 汤达章, 李培仁, 等 . 多普勒雷达非降水回波在临近预报中的应用研究 [J]. 气象科学, 2007, 27 (3)：272-279.

[137] 张林, 杨洪平, 邓鑫, 等 . 基于模板匹配法的常客雷达超强折射回波识别 [J]. 气象, 2014, 40 (3)：364-372.

[138] He, G. X., Li, G., Zou, X. L., et al. Applications of a velocity dealiasing scheme to data from the China new generation weather radar system (CINRAD) [J]. Weather and Forecasting, 2012, 27 (1)：218-230.

[139] 楚志刚 . CINRAD-SA 多普勒天气雷达速度模糊特征及退模糊方法研究 [D]. 南京信息工程大学, 2013.

[140] Hennington, L. Reducing the effects of Doppler radar ambiguities [J]. Journal of applied meteorology

and climatology, 1981, 20 (12): 1543-1546.

［141］ Merritt, M. W. Automatic velocity dealiasing for real-time application//Preprints, 22nd Cong. On Radar Meteorology, 1984, Zurich, Switzerland, American Meteorological Society, 528-533.

［142］ Eilts, M. D., Smith, S. D. Efficient dealiasing of Doppler velocities using local environment constraints ［J］. Journal of atmospheric and oceanic technology, 1990, 7 (1): 118-128.

［143］ 朱立娟, 龚建东. OIQC 技术在雷达反演 VAD 廓线资料退模糊中的应用研究 ［J］. 高原气象, 2006 (5): 862-869.

［144］ Tabary, P., Scialom, G., Germann, U. Real-time retrieval of the wind form aliased velocities measured by Doppler radars ［J］. Journal of atmospheric and oceanic technology, 2001, 18 (6): 875-882.

［145］ Li, N., Wei, M. An automated velocity dealiasing method based on searching for zero isodops ［J］. Quarterly journal of the royal meteorological society, 2010, 136 (651): 1572-1582.

［146］ Zhang, J., Wang, S. X. An automated 2D multipass Doppler radar velocity dealiasing scheme ［J］. Journal of atmospheric and oceanic technology, 2006, 23 (9): 1239-1248.

［147］ Witt, A., Brown, R. A., Jing, Z. Q. Performance of a new velocity dealiasing algorithm for the WSR-88D//Preprints, 34th Conf. on Radar Meteorology. Williamsburg, VA, American meteor society, 2009, P4. 8.

［148］ 田济扬. 天气雷达多源数据同化支持下的陆气耦合水文预报 ［D］. 中国水利水电科学研究院, 2017.

［149］ 张晗昀, 王振会, 楚志刚, 等. 天气雷达反射率资料订正前后在 ARPS 模式中的同化试验对比 ［A］. 中国气象学会. 第 35 届中国气象学会年会 S1 灾害天气监测、分析与预报 ［C］. 中国气象学会: 中国气象学会, 2018: 14.

［150］ 钟兰頔, 朱克云, 王炳赟, 等. 陡峭地形特大暴雨的雷达资料变分同化试验研究 ［J］. 成都信息工程大学学报, 2017, 32 (2): 165-174.

［151］ 汤鹏宇, 何宏让, 钱贞成, 等. 多普勒雷达观测在北京 7.21 暴雨数值模拟中的三维变分同化研究 ［J］. 气象科学, 2016, 36 (3): 349-357.

［152］ 潘敖大, 王桂臣, 张红华, 等. 多普勒雷达资料对暴雨定量预报的同化对比试验 ［J］. 气象科学, 2009, 29 (6): 755-760.

［153］ 张晗昀. 雷达反射率因子订正前后的同化对比试验 ［D］. 南京信息工程大学, 2017.

［154］ 张晓辉, 王云峰, 李刚, 等. 多普勒雷达资料同化的稀疏化方式对暴雨过程的影响研究 ［J］. 大气科学学报, 2016, 39 (3): 409-416.

［155］ 苏万康. 多普勒天气雷达资料同化在一次强飑线过程数值模拟中的应用 ［D］. 兰州大学, 2011.

［156］ 刘志雨. 我国洪水预报技术研究进展与展望 ［J］. 中国防汛抗旱, 2009, 19 (5): 13-16.

［157］ 刘金平, 张建云. 中国水文预报技术的发展与展望 ［J］. 水文, 2005 (6): 1-5+64.

［158］ 梁家志, 刘志雨. 中国水文情报预报的现状及展望 ［J］. 水文, 2006 (3): 57-59+80.

［159］ 胡庆武. 辽宁省西部朝阳地区实用洪水预报方案修订过程中的几点体会 ［J］. 安徽农业科学, 2015, 43 (19): 346-347+354.

［160］ 余钟波. 流域分布式水文学原理及应用 ［M］. 北京: 科学出版社, 2008.

［161］ 魏林虹. 时空尺度对洪水模拟的影响研究 ［D］. 南京: 河海大学, 2005.

［162］ 伍远康, 王红英, 陶永格, 等. 浙江省无资料流域洪水预报方法研究 ［J］. 水文, 2015, 35 (6): 24-29.

［163］ Linsley, R. K., Crawford, N. H. Computation of a synthetic streamflow record on a digital computer ［J］. Hydrological Sciences Bulletin, 1960, 51: 526-538.

［164］ Schroeder, C., Tank, J., Boschmann, M., et al. Selective norepinephrine reuptake inhibition as a human model of orthostatic intolerance ［J］. Circulation, 2002, 105 (3): 347-353.

［165］ 周倩倩, 曾经, 许苗苗, 等. 城市内涝区改造措施的降雨径流模拟和评估 ［J］. 水电能源科学, 2018, 36 (1): 13-15+47.

［166］ 刘金平, 乐嘉祥. 萨克拉门托模型参数初值分析方法研究 ［J］. 水科学进展, 1996 (3): 69-76.

［167］ 赵人俊. 流域水文模拟——新安江模型和陕北模型 ［M］. 北京: 水利电力出版社, 1984.

［168］ 汤川. 半干旱半湿润地区洪水预报模型的比较研究 ［D］. 华中科技大学, 2016.

［169］ Abbott, M. B., Bathurst, J. C., Cunge, J. A., et al. An introduction to the European Hydrological System - Systeme Hydrologique Europeen, "SHE", 1: History and philosophy of a physically-based, distributed modelling system ［J］. Journal of Hydrology, 1986, 87 (1): 61-77.

［170］ Beven, K. J., Kirkby, M. J. A physically based variable contributing area model of basin hydrology ［J］. Hydrological Sciences Bulletin, 1979, 24 (1): 43-69.

［171］ Liang, X., Lettenmaier, D. P., Wood, E. F., et al. Asimple hydrologically based model of land surface water and energy fluxes for general circulation models ［J］. Journal of Geophysical Research, 1994, 99 (7): 14415-14428.

［172］ Abbaspour, K. C., Yang, J., Maximov, I., et al. Modelling hydrology and water quality in the pre-alpine/alpine Thur watershed using SWAT ［J］. Journal of Hydrology, 2007, 333 (2): 413-430.

［173］ 曾志强, 杨明祥, 雷晓辉, 等. 流域河流系统水文-水动力耦合模型研究综述 ［J］. 中国农村水利水电, 2017 (9): 72-76.

［174］ 王达桦. 小流域水文水动力耦合模型的研究及应用 ［D］. 华北水利水电大学, 2020.

［175］ 江春波, 周琦, 申言霞, 等. 山区流域洪涝预报水文与水动力耦合模型研究进展 ［J］. 水利学报, 2021, 52 (10): 1137-1150.

［176］ 宋雄, 李大成, 马黎, 等. 二维水动力模型在无资料河段水位流量关系分析中的应用 ［J］. 水力发电, 2022, 48 (4): 17-23.

［177］ 蒋卫威, 鱼京善, 王纤阳, 等. 基于三维水动力模型与经验公式的桥梁壅水模拟与计算 ［J］. 水利水电技术, 2020, 51 (9): 97-104.

［178］ 于汪洋. 基于自适应网格的水文水力耦合模型研究 ［D］. 北京: 清华大学, 2019.

［179］ Atabay, S. Accuracy of the ISIS bridge methods for prediction of afflux at high flows ［J］. Water and Environment Journal, 2008, 22 (1): 64-73.

［180］ René, J. R., Madsen, H., Mark, O. A methodology for probabilistic real-time forecasting-an urban case study ［J］. Journal of Hydroinformatics, 2013, 15 (3): 751-762.

［181］ Patro, S., Chatterjee, C., Mohanty, S., et al. Flood inundation modeling using MIKE FLOOD and remote sensing data ［J］. Journal of the Indian Society of Remote Sensing, 2009, 37 (1): 107-118.

［182］ Brunner, G. W. HEC-RAS river analysis system ［Z］. Hydraulic Reference Manual. Version 1. 0. 1995, Hydrologic Engineering Center Davis Ca.

［183］ Syme, W. J. TUFLOW-Two & One-dimensional unsteady flow software for rivers, estuaries and coastal waters ［C］. IEAust 2D Seminar, Sydney, 2001.

［184］ 宋利祥, 徐宗学. 城市暴雨内涝水文水动力耦合模型研究进展 ［J］. 北京师范大学学报 (自然科学版), 2019, 55 (5): 581-587.

［185］ Ali, K. H. M., Karim, O. Simulation of flow around piers ［J］. Journal of Hydraulic Research, 2002, 40 (2): 161-174.

［186］ Warren, I. R., Bach, H. K. MIKE 21: a modelling system for estuaries, coastal waters and seas ［J］.

Environmental Software, 1992, 7（4）：229-240.

[187] Jasak, H., Jemcov, A., Tukovic, Z. OpenFOAM：A C++ Library for complex physics simulations ［C］. International Workshop on Coupled Methods in Numerical Dynamics，IUC Dubrovnik Croatia, 2007.

[188] Godunov, S. K. A finite difference method for the computation of discontinuous solutions of the equations of fluid dynamics［J］. Matemati- eskij Sbornik, 1959, 47（89）：271-306.

[189] 张大伟，程晓陶，黄金池，等. 基于 Godunov 格式的溃坝水流数学模型［J］. 水科学进展，2010, 21（2）：167-172.

[190] 王静，李娜，程晓陶. 城市洪涝仿真模型的改进与应用［J］. 水利学报，2010, 41（12）：1393-1400.

[191] 陈丹凤，陈伟昌，赖峥嵘，等. 中小河流洪水预报难点及对策［J］. 农业灾害研究，2018, 8（3）：50-51.

[192] 李红霞，王瑞敏，黄琦，等. 中小河流洪水预报研究进展［J］. 水文，2020, 40（3）：16-23+50.

[193] 刘志雨，侯爱中，王秀庆. 基于分布式水文模型的中小河流洪水预报技术［J］. 水文，2015, 35（1）：1-6.

[194] 刘昌军，周剑，文磊，等. 中小流域时空变源混合产流模型及参数区域化方法研究［J］. 中国水利水电科学研究院学报，2021, 19（1）：99-114.

[195] 翟晓燕，郭良，刘荣华，等. 中国山洪水文模型研制与应用：以安徽省中小流域为例［J］. 应用基础与工程科学学报，2020, 28（5）：1018-1036.

[196] 瞿思敏，包为民，张明，等. 新安江模型与垂向混合产流模型的比较［J］. 河海大学学报（自然科学版），2003（4）：374-377.

[197] 郭良，孙东亚，李昌志，等. 全国山洪灾害调查评价技术总结报告［R］. 中国水利水电科学研究院，2018.

[198] 张文明，董增川，钱蔚，等. 基于 MMS/PRMS 的分布式水文模型构建及其应用［J］. 水电能源科学，2008（1）：9-13.

[199] Talbot, C. A., Ogden, F. L. Correction to "A method for computing infiltration and redistribution in a discretized moisture content domain"［J］. Water Resources Research, 2008, 44（10）：744-745.

[200] Green, W. H., Ampt, G. A. Studies on soil physics：I. Flow of air and water through soil［J］. J. Agric. Sci., 1911（4）：1-24.

[201] Smith, R. E., Corradini, C., Melone, F. Modeling infiltration for multistorm runoff events［J］. Water Resources Research, 1993, 29（1）：133-144.

[202] 郭良，丁留谦，孙东亚，等. 中国山洪灾害防御关键技术［J］. 水利学报，2018, 49（9）：1123-1136.

[203] Maidment, D. R., Olivera, F., Calver, A., et al. Unit hydrograph derived from a spatially distributed velocity field［J］. Hydrological Processes, 1996, 10（6）：831-844.

[204] 王国庆. 气候变化对黄河中游水文水资源影响的关键问题研究［D］. 河海大学，2006.

[205] 井立阳，张行南，王俊，等. GIS 在三峡流域水文模拟中的应用［J］. 水利学报，2004（4）：15-20.

[206] 李红霞. 无径流资料流域的水文预报研究［D］. 大连理工大学，2009.

[207] 毛能君，夏军，张利平，等. 参数区域化在乏资料地区水文预报中应用研究综述［J］. 中国农村水利水电，2016（12）：88-92.

[208] Sivapalan, M. Prediction in ungauged basins：a grand challenge for theoretical hydrology［J］.

Hydrological Processes, 2003, 17（15）：3163-3170.

[209] Zhang, Y. Q., Vaze, J., Chiew, F. H. S., et al. Predicting hydrological signatures in ungauged catchments using spatial interpolation, index model, and rainfall-runoff modelling［J］. Journal of Hydrology, 2014, 517：936-948.

[210] Merz, R., Blöschl, G. Regionalization of catchment model parameters［J］. Journal of Hydrology, 2004, 287：95-123.

[211] Young, A. R. Stream flow simulation within UK ungauged catchments using a daily rainfall-runoff model ［J］. Journal of Hydrology, 2005, 320（1）：155-172.

[212] Oudin, L., Andréassian, V., Perrin, C., et al. Spatial proximity, physical similarity, regression and ungaged catchments：A comparison of regionalization approaches based on 913 French catchments［J］. Water Resources Research, 2008, 44（3）：164-178.

[213] Li, H. X., Zhang, Y. Q., Chiew, F. H. S., et al. Predicting runoff in ungauged catchments by using Xinanjiang model with MODIS leaf area index［J］. Journal of Hydrology, 2009, 370（1）：155-162.

[214] Kay, A. L., Jones, D. A., Crooks, S. M., et al. A comparison of three approaches to spatial generalization of rainfall-runoff models［J］. Hydrological Processes, 2006, 20（18）：3953-3973.

[215] 刘昌军, 文磊, 周剑, 等. 小流域暴雨山洪水文模型与水动力学方法计算比较分析［J］. 中国水利水电科学研究院学报, 2019, 17（4）：262-270+278.

[216] 王雅莉. 基于分布式水文模型的山洪灾害预警预报关键技术及应用［D］. 河海大学, 2019.

[217] 黄一昕, 王钦钊, 梁忠民, 等. 洪水预报实时校正技术研究进展［J］. 南水北调与水利科技（中英文）, 2021, 19（1）：12-35.

[218] 朱华. 水情自动测报系统［M］. 北京：水利电力出版社, 1993.

[219] 周梦, 陈华, 郭富强, 等. 洪水预报实时校正技术比较及应用研究［J］. 中国农村水利水电, 2018（7）：90-95.

[220] 徐杰, 李致家, 霍文博, 等. 半湿润流域洪水预报实时校正方法比较［J］. 河海大学学报（自然科学版）, 2019, 47（4）：317-322.

[221] Hino, M. Runoff forecasts by linear predictive filter［J］. Journal of the Hydraulics Division, American Society of Civil Engineers, 1970, 96（Hy3）：681-702.

[222] 葛守西. 现代洪水预报技术［M］. 北京：中国水利水电出版社, 1999.

[223] Wood, E. F., Szöllösi-Nagy, A. An adaptive algorithm for analyzing short-term structural and parameter changes in hydrologic prediction models［J］. Water Resources Research, 1978, 14（4）：577-581.

[224] Kalman, R. E. A New Approach to Linear Filtering and Prediction Problems［J］. Journal of Basic Engineering, 1960, 82（1）：35-45.

[225] International Association of Hydrological Sciences. Hydrological forecasting proceedings, Oxford symposium［C］. Washington DC；IAHS-AISH publication129, 1980.

[226] 占车生, 宁理科, 邹靖, 等. 陆面水文—气候耦合模拟研究进展［J］. 地理学报. 2018, 73（5）：893-905.

[227] 王洋. 基于不同网格尺度的流域陆气耦合水文模拟研究［D］. 中国水利水电科学研究院. 2018.

[228] Mehralipour, M., Fathian, H., Nikbakht, S., et al. Analysis of flood forecast uncertainty using the WRF prediction of precipitation and air temperature［J］. Russian Meteorology and Hydrology. 2021, 45（11）：797-805.

[229] 郑辉. 北京大学陆气耦合模式的研发及检验［D］. 北京大学. 2014.

[230] Karsten, J., Joachim, G., Herbert, L. Advanced flood forecasting in Alpine watersheds by coupling meteorological observations and forecasts with a distributed hydrological model [J]. Journal of Hydrology, 2002, 267 (1-2): 40-52.

[231] Kenneth, J. W., Pascal, S., Clifford, F. M. Description and evaluation of a hydrometeorological forecast system for mountains watersheds [J]. Weather and Forecasting, 2002, 17 (2): 250-262.

[232] Ludwig, R., Taschner, S., Mauser, W. Modelling floods in the Ammer catchment: limitations and challenges with a coupled meteo-hydrological model approach [J]. Hydrology and Earth System Sciences, 2003, 7 (6): 833-847.

[233] Harald, K., Christiane, S. High resolution distributed atmospheric-hydrological modelling for Alpine catchments [J]. Journal of Hydrology, 2005, 314 (1): 105-124.

[234] 杨文发, 李春龙. 降水预报与洪水预报耦合应用初探 [J]. 水资源调查, 2003, 24 (1): 38-40.

[235] 王庆斋, 刘晓伟, 许珂艳. 黄河小花间暴雨洪水预报耦合技术研究 [J]. 人民黄河, 2003, 24 (1): 38-40.

[236] 郭靖, 郭生练, 张俊, 等. 汉江流域未来降水径流预测分析研究 [J]. 水文, 2009, 29 (5): 18-22.

[237] 殷志远, 王志斌, 李俊, 等. WRF 模式与 Topmodel 模型在洪水预报中的耦合预报试验研究 [J]. 气象学报, 2017, 75 (4): 672-684.

[238] 顾建峰. 多普勒雷达资料三维变分直接同化方法研究 [D]. 南京: 南京信息工程大学, 2006.

[239] Maiello, I., Ferretti, R., Gentile, S., et al. Impact of radar data assimilation for the simulation of a heavy rainfall case in central Italy using WRF-3DVAR [J]. Atmospheric Measurement Techniques, 2014, 7 (9): 2919-2935.

[240] 赵天保, 符淙斌, 柯宗建, 等. 全球大气再分析资料的研究现状与进展 [J]. 地球科学进展, 2010, 25 (3): 242-254.

[241] 郭良, 丁留谦, 孙东亚, 等. 中国山洪灾害防御关键技术 [J]. 水利学报, 2018, 49 (9): 1123-1136.

[242] 邓时琴. 土壤矿质颗粒及土壤质地 [J]. 土壤, 1983, (2): 77-80.

[243] 何小宁, 吴幸毓, 刘锦绣, 等. 1209 号台风 "苏拉" 路径南侧暴雨成因分析 [J]. 水利科技, 2013, (4): 1-4.

[244] 赖焕雄, 郑小琴, 吴建成, 等. "西马仑" 与 "海贝思" 台风特大暴雨对比分析 [J]. 气象与环境科学, 2015, 38 (3): 78-86.

[245] 叶爱玲, 柯婉茹, 李景祥. 台风 "海贝思" 为漳州市带来强降水的成因分析 [J]. 农业灾害研究, 2015, 5 (2): 31-34.

[246] 蔡菁, 赖巧珍, 唐寅. 1601 号 "尼伯特" 台风登陆后福建暴雨成因分析 [J]. 水利科技, 2017, (2): 5-10.

[247] 魏应值, 吴陈锋, 林长城, 等. 冷空气侵入台风 "珍珠" 的多普勒雷达回波特征 [J]. 热带气象学报, 2008, 24 (6): 599-608.

[248] 米永胜. 多普勒天气雷达原理及其发展概况 [C]. 中国气象学会 2006 年年会 "气象雷达及其应用" 分会场论文集. 中国气象学会, 2006: 270-275.

[249] 李柏. 天气雷达及其应用 [M]. 北京: 气象出版社, 2011.

[250] 葛润生. 美国天气雷达现况及发展趋势 [J]. 气象科技, 1980 (2): 6-10.

[251] 谢秉正. 我国天气雷达发展中有待解决的几个问题 [J]. 成都气象学院学报, 1992 (3): 15-18.

[252] 祁纯阳. 日本天气雷达发展概况 [J]. 气象, 1979 (12): 34-36.

［253］魏洪峰，杜智涛，王洋．国内外新体制天气雷达发展动态综述［J］．气象水文海洋仪器，2013，30（2）：124-128.

［254］张文煜，袁铁．多普勒天气雷达探测原理与方法［M］．北京：气象出版社，2018.

［255］刘黎平，胡志群，吴翀．双线偏振雷达和相控阵天气雷达技术的发展和应用［J］．气象科技进展，2016，6（3）：28-33.

［256］敖振浪，雷卫延，李建勇，等．新一代天气雷达［M］．北京：气象出版社，2017.

［257］俞小鼎，姚秀萍，熊廷南，等．多普勒天气雷达原理与业务应用［M］．北京：气象出版社，2006.

［258］胡明宝．天气雷达探测与应用［M］．北京：气象出版社，2007.

［259］江源．天气雷达观测资料质量控制方法研究及其应用［D］．中国气象科学研究院，2013.

［260］陈大任，陈刚．基于体扫模式的组合"RHI"自动实现［C］．中国气象学会雷达气象学与气象雷达委员会第二届学术年会文集．中国气象学会，2006：87.

［261］高玉春，杨金红，程明虎，等．相扫天气雷达扫描方式研究［J］．电子学报，2009，37（3）：485-488.

［262］滕玉鹏．相控阵天气雷达赋形波束的阵元参数求解［C］．第33届中国气象学会年会S18雷达探测新技术与应用．中国气象学会，2016：269-272.

［263］林光，陈纲．多普勒天气雷达发射机主要参数测量初探［C］．广东省气象学会2012年学术年会论文摘要文集．广东省科学技术协会科技交流部，2012：114.

［264］吴书成，魏爽，吴京生．雷达估测降水在区域站降水质控中的应用［J］．气象科技，2015，43（1）：49-52.

［265］陈静，钤伟妙，韩军彩，等．基于动态Z-I关系雷达回波定量估测降水方法研究［J］．气象，2015，41（3）：296-303.

［266］石娟，林建兴．雷达估测降水方法改进在降水预报中的应用［J］．内蒙古气象，2016（1）：33-37.

［267］黄安明，冷谦，袁博，等．郴州天气雷达估测降水量误差分析［J］．气象科技，2020，48（2）：178-184.

［268］阮征，李淘，金龙，等．大气垂直运动对雷达估测降水的影响［J］．应用气象学报，2017，28（2）：200-208.

［269］康磊．基于最优Z-I关系雷达定量估测降水动态订正方法研究［D］．兰州大学，2017.

［270］王丽荣，王立荣．水平距离和海拔高度对雷达估测降水影响及订正［J］．气象，2017，43（9）：1152-1159.

［271］徐八林，许彦艳，解莉燕，等．雷达估测降水在山洪灾害中的应用分析［J］．云南大学学报（自然科学版），2021，43（2）：326-334.

［272］周北平，杜爱军，苟尚，等．短时强降水监测和预警技术及其在山区的应用［J］．气象科技，2018，46（3）：490-496.

［273］任靖，黄勇，官莉，等．风云二号卫星资料在雷达降水估测中的应用［J］．遥感信息，2017，32（3）：39-44.

［274］陈秋萍，阮悦，陈齐川，等．台风短时强降水特征及临近预报［C］．第35届中国气象学会年会S1灾害天气监测、分析与预报．中国气象学会，2018：232-234.

［275］张晰莹．新一代天气雷达在临近预报中的分析与应用［M］．北京：气象出版社，2008.

［276］张卫国，范仲丽，钟伟，等．雷达回波外推方法在临近降雨预报中的应用［J］．中国农村水利水电，2018（9）：69-73+120.

[277] 杨春华, 冯联葵, 陶汝颂, 等. 雷达降雨观测精度分析与应用研究 [J]. 人民长江, 2014, 45 (11): 36-39.

[278] 李杰. 雷达降雨观测精度分析与应用研究 [J]. 科技创新导报, 2019, 16 (18): 130-131.

[279] Gallus, J. W., Bresch, J. F. Comparison of impacts of WRF dynamic core, physics package, and initial conditions on warm season rainfall forecasts [J]. Monthly Weather Review, 2006, 134 (9): 2632-2641.

[280] Evans, J. P., Ekstrom, M., Ji, F. Evaluating the performance of a WRF physics ensemble over South-East Australia [J]. Climate Dynamics, 2012, 39 (6): 1241-1258.

[281] Pieri, A. B., Hardenberg, J., Parodi, A., et al. Sensitivity of precipitation statistics to resolution, microphysics and convective parameterisation: a case study with the high-resolution WRF climate model over Europe [J]. Journal of Hydrometeorology, 2015, 16 (4): 1857-1872.

[282] Lin, Y. L., Farley, R. D., Orville, H. D. Bulk parameterisation of the snow field in a cloud model [J]. Journal of Climate and Applied Meteorology, 1983, 22 (6): 1065-1092.

[283] Hong, S. Y., Lim, J. O. J. The WRF single-moment 6-class microphysics scheme (WSM6) [J]. Journal of the Korean Meteorological Society, 2006, 42 (2): 129-151.

[284] 邓琳. 热带气旋降水不同云微物理方案模拟对比研究 [D]. 北京: 中国气象科学研究院, 2016.

[285] 段旭, 王曼, 陈新梅, 等. 中尺度 WRF 数值模式系统本地化业务试验 [J]. 气象, 2011, 37 (1): 39-47.

[286] 黄海波, 陈春艳, 朱雯娜. WRF 模式不同云微物理过程参数化方案及水平分辨率对降水预报效果的影响 [J]. 气象科技, 2011, 39 (5): 529-536.

[287] Yi, B., Yang, P., Liou, K., et al. Simulation of the global contrail radiative forcing: A sensitivity analysis [J]. Geophysical Research Letters, 2012, 39, L00F03.

[288] Collins, W. D., Rasch, P. J., Boville, B. A., et al. Description of the NCAR Community Atmosphere Model (CAM 3.0) [J]. National Center for Atmospheric Research, 2004, TN-485+STR.

[289] Janjic, Z. I. Comments on "Development and evaluation of a convection scheme for use in climate models" [J]. Journal of the Atmospheric Sciences, 2000, 57 (21): 3686.

[290] Kain, J. S. The Kain-Fritsch convective parameterisation: an update [J]. Journal of Applied Meteorology, 2004, 43 (1): 170-181.

[291] Grell, G. A., Freitas, S. R. A scale and aerosol aware stochastic convective parameterisation for weather and air quality modeling [J]. Atmospheric Chemistry and Physics, 2014, 13 (9): 5233-5250.

[292] 孙科. WRF 模式物理过程参数化方案对降水模拟影响研究 [D]. 北京: 华北电力大学, 2011.

[293] Hong, S. Y., Noh, Y., Dudhia, J. A new vertical diffusion package with an explicit treatment of entrainment processes [J]. Monthly Weather Review, 2006, 134 (9): 2318-2341.

[294] Chen, F., Liu, C., Dudhia, J., et al. A sensitivity study of high-resolution regional climate simulations to three land surface models over the western United States [J]. Journal of Geophysical Research: Atmospheres, 2014, 119 (12): 7271-7291.

[295] 王洋, 刘佳, 于福亮, 等. 基于数据同化的降雨数值空间分布模拟研究 [J]. 中国水利水电科学研究院学报, 2018, 16 (3): 185-194.

[296] 马永锋. Polar WRF 对南极地区天气过程的模拟试验研究 [D]. 北京: 中国气象科学研究院, 2012.

[297] 傅洁. 多普勒雷达径向速度三维变分同化方法试验研究 [D]. 南京: 南京信息工程大学, 2006.

[298] Hamill, T. M., Snyder, C. A hybrid ensemble Kalman filter-3D variational analysis scheme [J].

American Meteorological Society, 2000, 128（8）：2905-2919.

［299］ Lorenc, A. C. The potential of the ensemble Kalman filter for NWP-A comparison with 4D-VAR［J］. Quarterly Journal of the Royal Meteorological Society, 2003, 129: 3183-3203.

［300］ Wang, X., Hamill, T. M., Whitaker, J. S., et al. A comparison of hybrid ensemble transform Kalman filter-OI and ensemble square-root filter analysis schemes［J］. Monthly Weather Review, 2007, 135（3）：1055-1076.

［301］ Wang, X., Barker, D., Snyder, C., et al. A hybrid ETKF-3DVAR data assimilation scheme for the WRF model Part I：Observing system simulation experiment［J］. Monthly Weather Review, 2008, 136（12）：5116-5131.

［302］ Zhang, F., Zhang, M., Poterjoy, J. E3DVar：Coupling an Ensemble Kalman Filter with Three-Dimensional Variational Data Assimilation in a Limited-Area Weather Prediction Model and Comparison to E4DVar［J］. Monthly Weather Review, 2013, 141（3）：900-917.

［303］ Schwartz, C. S., Liu, Z. Q., Huang X. Y. Sensitivity of Limited-Area Hybrid Variational-Ensemble Analyses and Forecasts to Ensemble Perturbation Resolution［J］. Monthly Weather Review, 2015, 143：3454-3477.

［304］ Li, X., Ming, J., Xue, M., et al. Implementation of a dynamic equation constraint based on the steady state momentum equations within the WRF hybrid ensemble-3DVar data assimilation system and test with radar T-TREC wind assimilation for tropical Cyclone Chanthu（2010）［J］. Journal of Geophysical Research Atmospheres, 2015, 120（9）：4017-4039.

［305］ 杨雨轩, 张立凤, 张斌, 等. 四维集合变分同化方法在华南冬季暴雨模拟中的应用［J］. 热带气象学报, 2018, 34（2）：217-227.

［306］ Buehner, M., Houtekamer, P. L., Charette, C., et al. Intercomparison of variational data assimilation and the ensemble Kalman filter for global deterministic NWP Part I：Description and single-observation experiments［J］. Monthly Weather Review, 2010, 138（5）：1550-1566.

［307］ Fairbairn, D. Comparing variational and ensemble data assimilation methods for numerical weather prediction［J］. University of Surrey, 2014.

［308］ 曹小群, 黄思训, 张卫民, 等. 区域三维变分同化中背景误差协方差的模拟［J］. 气象科学, 2008, 28（1）：8-14.

［309］ Bannister, R. N. A review of forecast error covariance statistics in atmospheric variational data assimilation. I：Characteristics and measurements of forecast error covariances［J］. Quarterly Journal of the Royal Meteorological Society, 2008, 134（637）：1951-1970.

［310］ Liu, Z. Q., Schwartz, C, S., Snyder, C., et al. Impact of assimilating AMSU-A radiances on forecasts of 2008 atlantic tropical cyclones initialized with a limited area ensemble Kalman filter［J］. Monthly Weather Review, 2012, 140（12）：4017-4034.

［311］ 马旭林, 陆续, 于月明, 等. 数值天气预报中集合-变分混合资料同化及其研究进展［J］. 热带气象学报, 2014, 30（6）：1188-1195.

［312］ Lorenc, A. C. The potential of the ensemble Kalman filter for NWP—a comparison with 4D-Var［J］. Quarterly Journal of the Royal Meteorological Society, 2003, 129（595）：3183-3203.

［313］ Wang, X. G. Incorporating ensemble covariance in the gridpoint statistical interpolation variational minimization：a mathematical framework［J］. Monthly Weather Review, 2010, 138（7）：2990-2995.

［314］ Gong, J. D., Wang, L. L., Xu, Q. A three-step dealiasing method for Doppler velocity data quality control［J］. Journal of Atmospheric and Oceanic Technology, 2003, 20（12）：1738-1748.

[315] He, G. X., Li, G., Zou, X. L., et al. Applications of a velocity dealiasing scheme to data from the China new generation weather radar system (CINRAD) [J]. Weather and forecasting, 2012, 27 (1): 218-230.

[316] Zhang, J., Wang, S. X. An automated 2D multipass Doppler radar velocity dealiasing scheme [J]. Journal of atmospheric and oceanic technology, 2006, 23 (9): 1239-1248.

[317] 李照会. 基于 DEM 的山丘区小流域特征研究及应用 [D]. 中国水利水电科学研究院, 2019.

[318] 彭清娥, 赵明辉, 史学伟, 等. 山区流域坡面汇流时间参数优化试验研究 [J]. 工程科学与技术, 2018, 50 (5): 64-70.

[319] 黄涛, 王建龙, 史德雯, 等. 汇流路径对 SWMM 模型水量模拟结果的影响 [J]. 环境工程, 2020, 38 (4): 170-175.

[320] 李青, 王雅莉, 李海辰, 等. 基于洪峰模数的山洪灾害雨量预警指标研究 [J]. 地球信息科学学报, 2017, 19 (12): 1643-1652.

[321] 姚允龙. 长江下游干流南京至镇江河段水面比降分析 [J]. 水文, 2008 (2): 78-79+29.

[322] 喻丽莉. 新安江模型的径流预报特性研究 [D]. 武汉: 华中科技大学, 2018.

[323] 朱炬明. 新安江、SWAT 和 BTOPMC 模型的应用比较 [D]. 广州: 华南农业大学, 2016.

[324] 王雅莉. 基于分布式水文模型的山洪灾害预警预报关键技术及应用 [D]. 南京: 河海大学, 2019.

[325] 邓元倩, 李致家, 刘甲奇, 等. 基于 SCE-UA 算法新安江模型在沣河流域的应用 [J]. 水资源与水工程学报, 2017, 28 (3): 27-31.